불량천문학뒤집어보기

지구인들은모르는
우주이야기

불 량 천 문 학 뒤 집 어 보 기

지구인들은모르는
우주이야기

필립 C. 플레이트 지음 | 오상호 옮김

영화 같은 천문학이 오류는
인류에게 너무나 위험한 일이다!

시 작 하 며

　나는 공상과학영화를 좋아한다. 붉은 행성, 해저로의 여행, UFO 등 흑백이건 칼라이건 이런 유형의 오래된 텔레비전 프로그램들과 영화들을 좋아한다. 나는 그것들과 함께 자라났다. 나는 종종 늦게까지 텔레비전을 보았고, 때때로 가족들이 자러간 뒤 혼자서 보기도 했다. 초등학교 3학년이 되었을 때 집으로 돌아오면서 엄마에게 「로스트 인 스페이스」를 보아도 되는지 물었던 기억이 생생하다. 나는 그 영화의 로봇, 스미스 박사, 쥬피디 2호 등을 무척 좋아했다. 나는 다양한 색상의 V자 목 벨벳 우주복을 입고 싶었다.

　「지구로의 5백만 년」과 「지구 최후의 날」은 그 당시 내가 가장 좋아하던 영화였다. 그리고 현재도 그러하다. 나에게 가장 중요한 것은 그 영화가 말이 되는지 안 되는지가 아니었다. 나는 살바도르 달리가 시나리오를 썼을 것이라고 생각되는, 금성으로의 여행에 관한 말도 안 되는 이탈리아 영화를 기억한다. 중요한 것은 외계인과 로켓 우주선이 나온다는 사실이었다.

나는 어린 시절 다른 행성으로 여행하는 로켓을 타는 꿈을 꾸며 오랜 시간을 보냈다. 항상 스스로 과학자, 그 중에서도 천문학자가 될 것이라고 생각했다. 그 영화들에 나오는 불량(?) 과학 때문에 나의 용기가 꺾이지는 않았다. 오히려 나를 고무시켰다. 티끌 벌고 끼기 위안 로켓의 섬화 장면이나 우주에서 말소리를 들을 수 없다는 상식도 통용되지 않는 그 영화 속의 싱부들 따위는 중요하기 않았다. 나의 관심사는 외계로 나간다는 것이 있고, 우스앵스런 영화를 봄으로써 그렇게 할 수 있다는 생각을 하는 것만으로도 행복했다. 우주선에 탑승하여 이중성二重星을 눈앞에서 볼 수 있고 성운을 통과지나 여행일 수 있다면, 혹은 은하 평면 외부로 날아가 검은 어둠 속에서 흐릿하고 이상하게 빛나는 밤하늘 밤하늘 빌려서 바라볼 수 있다면 나는 모두 것을 더 줄 수 있었을 것이다.

이제는 나 자신이 그러한 여행을 위해 모든 것을 포기하기를 그렇게 버려졌다 아마 나이 때이이는 인생가 그렇게 여행할 수 있는 것이고 생각하지만…… 어쨌든 그 날은 아직 오지 않았다. 우리는 여전히 이곳 지구에 머물러 있고, 나 따나니 먼 곳을 볼 수 있는 단 하나의 방법은 망원경을 통하거나 영화 제작자의 눈을 통해서 대신하는 것뿐이다. 아마 영화의 눈들 중 하나는 분명 조금 더 명확히 초점이 맞을 것이다. 어린 시절 경험에도 불구하고 성인이 되어서도 그러한 영화들이 대중들에게 천문학을 알리는 역할을 하기를 원한다.

그 영화들은 흥미롭다. 내가 생각하기에 흥미는 영화의 가장 중요한 부분이긴 하지만, 나쁜 천문학으로 향하는 단점도 만들어낸다. 그것은 환상과 과학 사이, 무엇이 단순히 가정되었고 무엇이 실제로 일어날 수 있는지 사이에서 구별을 애매하게 만든다. 영화는 믿을 수밖에 없도록 현실적으로 그려야 하기 때문에 그 경계선이 흐려진다. 예를 들자면 우주여행이 어떻게 실현될 수 있는지에 관해 대부분의 사람들은 거의 이해하지 못한다고 말하는 것이 사실일 것이다. 우주여행은 복잡하고 어렵고, 친숙하지 않은 물리학에 근거를 두고 있다.

그러나 영화는 그것을 쉽게 보이도록 만든다. 단지 우주선에 타기만 하면 되니, 당신이 해야 할 모두 것은 흩어지는 유성우나 외계인 우주선을 바라보는 것이다. 그리고 보는 것은 왜 일 진행된다. 불운하게도 실제 우주에선 그러한 방식으로 되지 않는다. 만일 그렇다면 우리는 지금 당장 화성이나 다른 행성에 식민지를 건설할 수 있을 것이다.

나는 영화와 천문학에 관하여 시청자들과 대화를 나눈 적이 있다. 그럴 때면 항상 이러한 질문이 쏟아진다. "왜 인류는 이제 달에 가지 않나요?" "왜 우리는 우주선을 만들지 않나요?" 또는 "적어도 태양계에 이주해야 하지 않나요?" 때때로 이것은 솔직한 질문이다. 그리고 때때로 이 질문들엔 참을성이 없다. 마치 이 질문을 한 사람들은 미항공우주국Nasa(나사) 엔지니어가 「스타 트렉」의 스콧만큼 유능하지 못할 것을 염려하는 것 같다. 영화 산업은 사람들에게 큰 인상을 남긴다. 그리고 반복될수록 그 장면은 우리의 미릿속으로 기어 들어온다. 영화는 항상 우주여행을 보여준다. 그러나 그것을 부정확하게 보여준다. 대중에게 보여지는 대부분은 실제 그것이 작동되는 방법에 관하여 잘못된 인상을 준다.

만일 영화팬이 부정확한 과학을 피느라니까며, 문제는 거의 일어나지 않을 것이다. 결국 환상을 불러오는 것이 영화의 역할이기 때문이다. 문제는 거기서 끝나지 않는다는 것이다.

　뉴스 언론매체는 사실을 분명하게, 그것도 가능한 정확하게 보도하는 것이 임무이다. 그러나 불운하게도 항상 그렇지는 않다. 일반적으로 중앙 언론인 방송, 신문, 잡지는 과학 뉴스를 보도할 때 과학 전문가의 의견을 반영한다. 그러나 지역 뉴스는 자주 과학을 틀리게 보도하는 잘못을 저지른다. 지역 리포터들은 기술적 분야나 과학 분야에 경험이 부족하고, 그래서 때때로 놀랍도록 부정확한 내용을 보도한다. 이것은 쉽게 해결되지 않는 문제이다. 지역 방송국은 뉴스에서 다루어지는 광내한 분야 모두에 지식이 풍부한 전문가를 둘 여유가 없기 때문이니.

　그러나 사실 중앙 언론 뉴스도 예외가 아니다. 나는 1994년에 방송된 NBC 방송국의 「투데이쇼」를 생생히 기억한다. 우주왕복선을 궤도 위에 있있고 그 뒤편에 커다란 둥근 차폐막을 끄는 실험을 하고 있있다. 이것은 제설기가 길 밖으로 눈을 밀어내고 그 뒤편으로 깨끗한 길이 나듯이 사폐박이 지나가는 궤도 위의 입자를 깨끗이 밀어낼 수 있는지 신아보는 실험이있다. 차폐막 뒤의 진꿈 속에서 그미하 화성이 필요한 실험이 행해졌다.

　엔기 배트 라부어가 이 신쳐을 기르겠니. 그리고 보노가 끝났을 때 카티 쿠릭과 브라이언 검벨은 라우어가 그 내용을 읽기 어려웠을 것이라고 말했다. 세 사람 모두 웃었다. 그리고 라우어는 자신이 방금 말했던 것을 이해하지 못했다고 시인했다. 잠시 생각해보자. 미국의 가장 유명한 저널리스트 세 사람이 과학에 대한 자신들의 무지에 웃고 말았다!

　말할 필요도 없이 난 꽤 열을 잘 받는다. 이 사건이 실제로 나에게 불량 천문학에 대한 토론을 시작하게 만들었다. 미국에 있는 수백만 명의 사람들이 가장 단순한 과학조차 이해하지 못하는 사람으로부터 정보를 듣고 있다는 것을 깨달았을 때 나는 행동을 취하기로 결심했다. 그 보도 자체는 정확했다. 우주왕복선이 무엇을 하고 있는지 잘 알고 있는 사람이 보도 내용을 썼을 것이다. 그러나 대중들이 인상깊게 본 것은 과학에 관하여 무지한 세 명의 존경 받는 저널리스트였다.

이것은 바람직하지 않다. 사실 과학에 대해 무지한 것은 위험한 일이다. 우리의 생명과 생활은 과학에 의존하고 있다. 오늘날 세상에서 컴퓨터의 힘을 의심하는 사람은 없다. 컴퓨터는 동작과 그 성능을 개선하기 위하여 물리학에 의존한다. 과학은 우리의 집을 따뜻하게 하고 차를 움직이게 하며, 전화기를 울리게 한다. 의학 과학에서는 거의 매일 새로운 약, 치료법, 예방법이 나오면서 매우 급속도로 발전하고 있다. 우리가 신상에 관심을 가지고 있다면 치료분야의 과학을 이해해야만 한다.

불운하게도 믿을 만한 과학 정보를 얻는 것은 그리 쉽지 않다. 과학의 오해와 실수는 여러 형태로 언론에 의해 전파된다. 문제는 거기서 멈추지 않는다.

한 번이라도 따뜻한 맑은 날 밤 밖으로 나가 돗자리 위에 누워 별을 바라본 사람이라면 천문학의 깊은 즐거움을 알 것이다. 그러나 천문학을 이해하는 것은 또 다른 문제이다.

현대인들은 항상 사이비 과학에 의해 공격을 받는다. 많은 신문들은 점성술 칼럼을 연재하고, 심지어 스스로 심령술사라 주장하는 칼럼니스트도 있다. 그러나 과학의 새로운 결과에 대해서는 일주일에 한 페이지도 정규 칼럼으로 할애되지 않고 있다. 단순히 과학을 금방 들통이 날 우스운 주장으로 비틀고 악용하는 음모론이 도서에 널려 있을 뿐이다. 그리고 이것은 이 음모를 믿는 무리에 의해 대대적으로 받아들여지고 있다. 인터넷은 이런 저런 이론들을 빛의 속도로 전 세계로 전달하여 무엇이 진실이고 무엇이 환상인지 구별하기 어렵게 만든다. 이러한 분위기 속에서 과학에 대해 너무나 많은 혼란이 존재하는 것은 전혀 이상하지 않다.

하지만 희망이 있다. 과학은 재도약할 것이다. 디스커버리 방송은 조그맣게 시작했다. 또 많은 비평가들이 실패할 것이리고 예견했다. 그러나 몇 년 후에 이 방송은 가장 높은 평가를 받은 케이블 방송 채널이 되었다. 과학을 다루는 프로그램 진행자 빌 니는 텔레비전에서 아이들에게 흥미롭고 열성적인 방법으로 과학을 가르쳤다. 심지어 어른들도 그 쇼를 보고 배우게 되었어한다.

인터넷도 제 역할을 하고 있다. 나사 홈페이지는 가장 대중적인 사이트이다. 1997년 소저너 화성탐사선이 붉은 행성에 착륙했을 때 그 사이트는 수백만의 방문 횟수를 기록했다. 세계 그 이미 의 된 인터넷 역사에서 그 당시 따른 어떤 사이트보다 많은 방문 횟수였다. 그 이후 현재까지 그 사이트는 서의 수십억의 사람들이 방문을 했다. 1999년 말 우주왕복선이 허블 망원경을 수리했을 때 나사 사이트는 하루에 백만 회의 방문 횟수를 기록하기도 했다. 슈메이커-레비9 혜성이 목성에 충돌했을 때는 각기 다른 천문대에서 관측한 사진을 찾으려는 사람들로 너무나 붐비는 바람에 사이트는 거의 다운되다시피 했다. 당시 다른 과학 관련 사이트도 이와 비슷한 경향을 보였다고 알려져 있다.

대중들은 과학을 좋아할 뿐 아니라 더 많은 것을 원한다. 여론조사에 따르면 많은 사람들이 스포츠, 금융, 또는 코믹 뉴스보다 과학 뉴스를 더 원한다. 내가 허블 망원경의 결과에 대해 대중들에게 강의를 할 때 사람들은 나를 둘러싸고 질문을 한다. 그리고 나는 우주에 관한 호기심으로 눈을 반짝이는 사람들의 질문에 대답을 하느라 보통 늦게까지 남아 녹초가 된다.

이러한 분위기에도 불구하고, 많은 사람들이 천문학에 대해 이상한 관념을 간직하고 있다. 생각해보면 이것은 아마 어떤 욕구 때문일 것이다. 만일 당신이 어떤 것을 얻고자 한다면 당신은 그 공간을 채워줄 어떤 것을 가져야만 한다. 사람들은 우주에 관하여 천부적인 호기심을 갖고 있다. 호기심이 많은 사람은 탐험하고, 배우고, 발견하기를 좋아한다.

만일 믿을 만한 정보의 원천을 갖고 있지 못하면 덜 믿을 만한 어떤 것을 취하게 된다. 사람들은 세상이 신비한 마법으로 가득하기를 바란다. 외계 우주선을 보았다는 수많은 이야기는 단지 하늘에서 일어나는 일반적인 현상을 잘못 받아들였기 때문이라기보다 유에프오가 우리를 지켜보는 외계인이라고 믿는 것이 더 재미있기 때문에 퍼지는 것이다.

진실은 받아들이기가 매우 어려워 때론 허구를 믿는 것이 더 쉬울 때도 있다. 그 이야기는 당신이 의문을 품지 않을 만큼 진실의 테두리를 갖고 있다. 지구가 태양에 가까워졌다가 멀어지면서 계절이 발생하는가? 대낮에 우물 바닥에서 하늘을 보면 별을 볼 수 있는가?

수 년 동안 나는 천문학에 관해 이상한 발상을 갖고 있는 많은 사람들을 발견했다. 그것들은 사람들의 머릿속에서 떠다니는 다양한 잘못된 개념의 일부분에 불과하다. 내가 떠다닌다고 말했던가? 나의 의미는 견고하게 박혀있는 것을 말한다. 우리의 기억 속에 숨어서 자리잡고 있는 영화장면처럼 어떤 주제이든, 천문학에 대한 잘못된 개념은 우리의 마음에 뿌리를 내리고 있다. 그리고 없애기란 대난히 어렵다.

알리스터 프리저는 불량 과학 사이트에서 우슬리 추기경의 말을 이렇게 인용하고 있다.

"머릿속에 어떤 것을 기억시킬 때 매우 조심해라. 왜냐하면 당신은 그것을 결코 다시 꺼낼 수 없기 때문이다."

내가 추기경의 높은 명성에 반대하기는 참 어렵지만 나는 그가 틀렸다고 생각한다. 그 기억을 꺼내고 보다 건강한 생각을 심는 것이 가능하기 때문이다. 사실 때때로 그렇게 하는 것은 쉽다. 나는 권분희을 가느시며 심지어 불순한 학생도 천문학에 관련된 현상, 수, 날짜, 심지어 사진을 통해 건전하게 되돌릴 수 있음을 발견했다. 배울 것은 너무나 많고, 그 발과을 찾기란 데이 어렵다.

그러나 만일 싹 생들이 이미 알고 있는 어떤 것부터 시작한다면, 또는 알고 있다고 생각하는 것부터 시작한다면, 발과은 이미 거기에 있는 것이니. 지구가 타원으로 태양 주위를 돌고 있고 때때로 태양에 너 가까워지기 때문에 계절이 나타난다고 생각하는가? 좋다 궤질이 인신이 될 수 있는 니른 어떤 선을 빙괴게끄 수 있는가? 계절은 북반구와 남반구에서 반내가 된다. 남반구의 겨울은 북반구의 여름이다. 이 사실은 계절이 원인에 내한 우리의 이론에 무엇을 암시하는가?

나는 비밀에서 남을 시기끼지 않느니. 당신은 이 책에서 불량 천문학에 관한 보는 내용을 찾을 것이다. 당신이 나의 요지를 알았으면 한다. 만약 사람들의 머릿속에 이미 들어 있는 어떤 것부터 시작한다면 당신은 그것으로 하고자 하는 바를 할 수 있고, 그것으로 놀 수 있으며, 그것으로 사람들을 생각하게 만들 수 있다. 알고 있는 잘못된 개념부터 시작하는 것은 사람들의 생각을 사로잡을 수 있는 훌륭한 미끼가 된다. 그리고 그것은 재미있다. 그 발상에 관하여 비판적으로 생각하는 것은 크게 도움이 될 것이다. 그런데 당신이 잘못 알고 있다는 사실을 어떻게 아는가?

사람들은 영화를 기억한다. 그런가? 그렇다면 거기에서 시작하는 게 어떤가? 「스타워즈」에서는 한 솔로가 제국군을 피하기 위하여 밀레니엄 팔콘호로 소행성을 피해 전진한다. 「아마겟돈」에서는 지구와 수천 마일이나 떨어져 있는 커다란 소행성간의 충돌이 예견되어 있다. 「딥 임팩트」에서는 거대한 혜성이 지구 위에서 폭파되어 아름다운 불꽃놀이를 보여준다.

만일 당신이 이 영화들을 보았다면 이것은 당신이 기억할만한 장면들이다. 그것은 영화가 제공하는 단순한 환상일 뿐 아니라 진짜 천문학에 대해 토론할 많은 여지를 남겨준다. 당신은 소행성이 정말 어떻게 생겼는지 찾아낼 수 있다. 큰 소행성을 발견해내는 것이 얼마나 쉬운지, 소행성을 움직이는 게 얼마나 어려운지, 왜 그것들이 심지어 폭파한 후에도 예외적으로 위험한지 찾아낼 수 있을 것이다.

나의 부모님들은 내가 어렸을 때 그런 공상과학영화를 보면서 시간을 낭비했다고 생각해왔다. 그러나 후에 보니 그 시간은 나의 인생을 위해 기초공사를 하고 있었던 것이었다. 만약 당신이 올바른 곳에서부터 과학에 대한 관심을 쏟기 시작한다면 이 세상에 많이 퍼져 있는 불량 과학은 우량 과학으로 바뀔 수 있다.

이 책은 바로 그곳에서부터 시작했다. 우리는 모든 불량 천문학을 살펴볼 것이다. 그 예 중 어떤 것은 친숙하게 들리고 어떤 것은 그렇지 않을 것이다. 그것들은 내가 접한 잘못된 개념들이다. 그것들을 이야기하면 흥미롭고, 생각을 하면 더욱 재미있다.

우리는 앞으로 이 책을 통해 머릿속에서 잡초들을 뽑아내고 건강한 푸른 나무를 심을 것이다.

목 차

시작하며 · **4**

I 신비한 우주의 미스터리 속으로의 여행

1. 아폴로 달 착륙은 조작되었다? · **20**

2. 허블 망원경에 대한 6가지 불편한 진실 · **45**

3. 할리우드 영화 속으로 들어간 과학의 거짓 혹은 진실? · **62**

4. 하늘에 있는 모든 빛은 외계인 우주선일까? · **80**

5. 2000년에 지구가 멸망할 것이라고 생각했던 이유는 무엇일까? · **93**

6. 금성은 다른 행성과 동일한 시기에 탄생하지 않았다? · **104**

7. 왜 점성술은 맞지 않을까? · **120**

II 왜 그럴까?_지구에서 달까지의 진실 찾기

8. 하늘은 왜 푸를까? · **136**

9. 왜 여름 다음이 가을일까? · **149**

10. 항상 달은 얼굴을 바꾼다는데 사실일까? · **160**

11. 틸과 7석은 복잡 미묘한 관계이다? · **169**

12. 달을 볼 때 왜 착시작용이 일어날까? · **186**

Ⅲ 왜 그럴까?_밤하늘의 진실 찾기

13. 별은 왜 반짝일까? · 202

14. 별의 색깔은 다양하다? · 212

15. 대낮에 별보기가 왜 어려울까? · 220

16. 수행성은 지구에서 빗나깨 히비닌 내냥놏을 설치한다? · 230

17. 비밀을 간직하고 있는 우주의 실세는? · 242

18. 묵수성은 숭요한 별이지만 밝시는 않다? · 254

19. 일식을 직접 보면 눈이 멀어버릴까? · 262

20. 별 이름 붙이는 별 사기꾼이 있을까? · 273

Ⅳ 일싱에서 배 는 과하 사니들

21. 달걀을 세우는 날은 춘분뿐이라는 엄청난 오해 · 282

22. 뿍빈구와 남만구에서 벼기의 물은 다른 방향으로 내려길까? · 295

23. 우리도 모르게 사용하는 과학용어들의 숨겨진 의미 · 304

옮긴이 후기 · 314

찾아보기 · 316

I

신비한 우주의 미스터리 속으로의 여행

어떤 사람들은 지구의 나이가 6,000년이라고 믿는다. 어떤 사람들은 특정 사람이 죽은 이와 대화할 수 있다고 믿고, 별점이 하루의 일과를 정확히 맞출 수 있다고 믿는다. 또 외계인이 1년에 80만 명의 사람들을 납치한다고 믿는다.

나도 기괴한 것들을 믿는다. 나는 별이 붕괴할 수 있고, 우주에서 사라질 수 있다고 믿는다. 나는 우주 그 자체가 빅뱅으로 탄생했으며 아마도 또 다른 그 이전의 우주에서 시공간의 균열로 탄생했다고 믿는다. 나는 태양으로부터 수천억 킬로미터 떨어진 곳에 수백 킬로미터 넓이의 얼음 무리가 광대한 저장소에 존재한다고 생각한다.

그러나 나는 이 얼음 무리를 본 적이 없고 지구상의 어느 누구도 마찬가지로 보지 못했다. 이런 생각들 사이에는 무슨 차이가 있는가? 나 자신도 보지 못한 것을 믿고 있으면서 지구의 역사가 짧다는 것을 믿는 것이 잘못되었다고 말할 수 있는가?

나는 그런 질문에 대해 근거를 가지고 있다. 나는 믿음을 사실로 이끌어 낼 수 있는 잘 정리된 문서, 과학적인 관측과 실험 결과를 근거로 내세울 수 있다.

이 챕터는 논란이 많은 과학을 다루는 몇 개의 내용으로 구성되어 있다. 외면적으로는 과학처럼 보이지만 과학이 아닌 의견들이 포함되어 있다. 과학과 사이비 과학의 차이는, 과학은 반복이 가능하며 실험에 의해 명확한 예상을 할 수 있지만 사이비 과학은 일반적으로 하나의 사건으로 반복되지 않거나 실험이 불가능하다. 불량 천문학 중에서도 사이비 과학은 가장 질이 나쁘다. 앞으로 나올 몇몇 의견들에 당신은 아마 웃게 될 것이다.

나사가 달에 사람을 보내지 않았다는 것을 어떻게 믿을 수 있을까? 우주왕복선의 창밖에 떠다니는 몇 조각의 얼음 사진을 보고 이것이 외계인과 지구인 사이의 전쟁의 증거라고 어떻게 생각할 수 있을까?

나사가 사람을 달로 보냈다고 믿는 당신이 이상한 것인가? 왜 말도 되지 않는 이런 이야기들을 다루어야 하는가? 여기에는 여러 가지 이유가 있다. 가장 주요한 점을 정확한 사실을 알 수 없을 때 이성적이고 수많이는 결과를 도출해내는 일이다. 사이비 과학을 주장하는 사람들도 때로는 천문학을 이용한다. 천문학을 교묘히 비틀어서 천문학을 배우지 않은 사람은 말할 것도 없고, 때로는 천문학자조차도 어디에서 무엇이 잘못되었는지 분간하기 힘들게 만든다.

또 논란이 없는 사실 역시 때론 문제가 되기도 하나 물론 자신이 알고 있는 것이 전부라고 생각하는 사람들은 나 같은 사람의 말을 결코 듣지 않는다. 그러나 어떤 사실에 대해 한쪽 면만 들었던 사람들 사이에서는 진실을 알기 원하는 몇몇 사람들이 있을 것이다. 그들은 또 다른 과학의 이야기를 들을 필요가 있으며 그것이 바로 이 챕터의 내용들이다.

처음에는 사이비 과학자들의 이론들을 믿었으나 시간이 지날수록 의문이 생겨 이성적인 반면에도 관심을 기울인 사람들이 있다. 시간이 지나면서 나는 이들로부터 편지를 받게 되었다. 나는 결국 이성적인 사고가 승리할 것이라고 믿는다. 과학은 믿을 만한 결과를 만들어내기 때문이다.

칼 세이건은 다음과 같이 말했다.

"과학은 우리를 바보로 만들지 않는다."

그럼, 이제부터 누가 누구를 바보로 만들고 있는지 한번 살펴보기로 하자.

1

아폴로 달 착륙은 조작되었다?

나사는 곤경에 빠졌다. 우주 계획의 입안자들은 부주의하게도 큰 실수를 저질렀다. 그 실수는 너무 늦게 발견되었고 이미 전체 로켓에 영향을 미치고 있었다. 그들은 그것이 실패할 것을 알았고 끝내는 파국으로 치달을 것도 알고 있었다. 그래서 그들은 나사에 문제를 제기했다. 그러나 나사의 관계자들은 성공적인 발사에 대한 여론의 압력을 강하게 받고 있는 상태였다. 문제가 있다는 것을 받아들이면 우주 계획은(당연히 비용 지불도) 멈추어버릴 것도 알고 있었다. 그래서 그들은 계획이 실패할 것이라는 사실을 알면서도 어떻게든 발사하기로 결정했다.

사실 그들이 발사한 로켓은 아무도 타지 않은 모조품이었다. 실제 우주선 조종사들은 네바다 사막의 성급히 조립된 영화 세트에 감금되어 있었다. 물리적 위협 속에서 우주인들은 나사 관계자들의 명령에 따라 임무를 수행했던 것처럼 연기하기를 강요받았다. 그들이 몰랐던 사실은 나사가 비밀을 지키기 위하여 그들을 살해한 후, 로켓이 지구로 재진입하는 과정에서 우주인들은 모두 죽었다고 발표할 계획을 갖고 있었다는 사실이다. 나사는 타격을 받겠지만 결국에는 별문제 없이 끝날 것이다.

이 시나리오가 타당하게 들리는가? 어떤 사람에게는 그렇다. 이 이야기는 영화 제작사인 워너브라더스의 관심을 끌었고 1978년에 영화 「카프리콘」으로 만들어졌다. 실제로 이 영화는 엘리엇 굴드, 제임스 브롤린, O. J. 심슨 같은 스타들이 출연한 매우 좋은 상품이었다. 그러나 이것은 영화임을 기억하라. 진실이 아니다.

아니면 정말일까? 대다수의 사람들이 이 사실을 믿고 있음에도 불구하고 어떤 사람들은 영화가 사실을 대변하고 있다고 믿는다. 그들은 나사가 전체 아폴로 계획을 속였다고 주장한다. 모든 시대를 통틀어 가장 역사성인 피사체 법석이 아니 역세포를 인류에게 행해진 가장 위대한 사기극이었다는 것이다. 그들은 이 사기극이 현재도 계속되고 있다고 믿는다.

놀랍게도 이러한 사실을 보여주는 일들은 많다. 우주여행 및 우주역사 전문가인 제임스 오베르그는 나사가 달에 사람을 보냈다는 사실을 의심하는 사람이 미국에만 적어도 1천만에서 2천5백만 명이 있다고 추정한다. 이 숫자는 아마도 거의 맞을 것 같다. 1999년 여론 조사는 미국인의 6%에 달하는 1천2백만 명이 나사의 음모를 믿고 있다고 밝혔고, 1995년 《타임》 과 CNN의 여론조사에서도 비슷한 숫자가 발표되었다.

폭스 텔레비전은 많은 사람들이 이 발상에 흥미를 갖고 있다고 판단해 달 착륙 음모론을 덮으려는 나사에 관하여 1시간 동안 특별 프로그램을 방송하기도 했다. 이 프로그램은 2001년 2월과 3월, 미국에서만 두 차례 방송되었다. 그 후에는 몇몇 다른 나라에서도 방송될 정도로 주목을 받았다. 이 방송은 미국에서 1천5백만 명의 시청자가 관심을 가지고 지켜보았다. 웹상에서의 토론, 라디오와 텔레비전의 여러 방송, 방송 직후 내가 받은 엄청난 양의 이메일을 근거로 판단해보면 이 프로그램의 어떤 부분이 많은 사람들을 자극하고 있음에 틀림없었다.

또 '아폴로 달 조작'이라는 단어를 사용하여 인터넷에서 탐색해보면 적어도 700개 이상의 사이트가 나온다. 몇몇 책들에서조차도 인류는 아직 달에 발을 딛지 못했다고 확고하게 주장한다.

이 사건이 조작되었다고 믿는 사람들 중 가장 목소리가 큰 사람은 빌 케이싱이라는 사람이다. 그는 《우리는 결코 달에 가지 못했다》라는 책을 직접 써서 출간했다. 이 책은 나사의 조작을 주장하는 증거들을 상세히 다루었고 그 내용은 그를 따르는 사람들, 나사를 의심하는 사람들에 의해 퍼져 나갔다.

이처럼 많은 사람들이 달 착륙이 나사의 음모에 의해 조작되었다는 것을 믿는다는 사실은 흥미롭다. 달 착륙 그 자체에 대한 사실보다 사람들이 그것을 어떻게 생각하는지에 대해 더 궁금해진다. 그러나 가장 궁금한 의문은 증거에 대한 부분이다. 데이터의 어떤 섬이 팀을 여전히 사람이 발길이 닿지 않은 곳으로 확신하게 만드는가?

그 답은 우주인이 찍은 사진에 있다. 이 사건이 조작되었다고 믿는 사람들은 그 사진들을 주의 깊게 살펴보면 그 속에서 거짓을 찾을 수 있다고 말한다. 가치가 있는 증거는 보통 우주인들이 직접 달이나 그 궤도 상에서 찍은 사진에서 나온다. 우주인들이 찍은 사진은 수천 장에 달하고 그 중

몇몇은 꽤 유명하다. 어떤 사진은 유명한 포스터로 제작되었거나 텔레비전이나 신문에서 수도 없이 볼 수 있었던 것들이다. 이 사진들은 공기가 없는 외계 세상에서 역사상 처음으로 우주복을 입은 사람이 서 있다는 사실을 제외한다면 특별할 것도 없다. 물론 나사에 대해 한 치의 의구심도 없다면 이 사진은 이상하지 않다.

이 사건이 조작되었다고 믿는 사람들이 외치는 의심 가운데 부분을 나눔의 5가지이다.

1. 우주인이 찍은 사진에는 별이 없다.
2. 우주인들은 여행 동안 노출된 방사능에 살아남을 수 없다.
3. 착륙선의 아래쪽에 먼지가 있다.
4. 달의 놀랍도록 높은 온도는 우주인이 버티기 힘들다.
5. 표면의 빛과 그림자의 방향이 다르다.

이밖에도 의문점들이 많지만 먼저 가장 큰 의문점부터 살펴보기로 하자.

1. 우주인이 찍은 사진에는 별이 없다

아폴로 사진에는 회색빛 달 표면이 보이고, 비밀스런 임무를 수행하는 흰 우주복을 입은 우주인이 있다. 또 무슨 기능을 하는지 모르겠지만 때때로 표면에 놓여진 장비 부품들이 보인다.

이 사건이 조작되었다고 믿는 사람들은 바로 이 사진들을 가장 큰 증거물로 삼고 있다. 그들이 외치는 첫 마디는 이 사진들이 수많은 별을 보여주어야 한다는 것이다. 그러나 하나도 보이지 않는다! 케이싱 본인도 여러 번의 인터뷰에서 자주 이 부분을 지적했다. 그들은 말한다. 공기가 없는 달 표면에서 하늘은 검다. 그러므로 별들이 무수히 많아야 한다.

이 논쟁은 억지이다. 지구에서 밤에 하늘이 깜깜할 때 우리는 쉽게 별을 볼 수 있다. 달에서는 왜 이것이 가능하지 않은가?

실제로 답은 매우 간단하다. 별은 사진에서 보이기에 너무 어두웠다.

낮 동안 지구의 하늘은 밝고 푸르다. 대기 중의 질소 분자가 어디에서나 햇빛을 산란시키기 때문이다. 태양빛이 땅에 도달하기까지 이리저리 부딪힌다. 이것이 지상에 있는 우리에게 의미하는 비는 빛이 하늘의 모든 방향에서 오는 것처럼 느껴지게 하고 하늘이 밝은 것처럼 보이게 한다는 사실이다. 밤에 태양이 지고 나면 하늘은 더 이상 밝지 않고 검게 보인다. 어두운 하늘은 우리가 별을 볼 수 있음을 의미한다.

하지만 달에는 공기가 없어서 심지어 낮 시간에도 하늘이 검게 나타난다. 이것은 공기가 없어서 들어오는 빛이 산란되지 않고 태양으로부터 곧바로 들어오기 때문이다. 하늘의 어떤 부분도 태양에 의해 빛나지 않는다. 그래서 하늘은 검다.

이제 당신이 달에 있다고 상상해보자. 당신은 친구 우주인의 사진을 찍으려 한다. 낮 시간이므로 태양은 높이 떠 있지만 하늘은 검다. 흰 우주복을 입고 있는 우주인은 밝게 빛나는 달의 표면에서 그것도 그 밝은 태양빛 아래에서 뜀박질을 하고 있다. 여기에 결정적인 부분이 있다. 카메라의 노출시간을 선정할 때 카메라를 낮처럼 밝게 맞추게 될 것이다. 노출시간이 매우 짧아야만 우주인과 달의 경치가 과다 노출되는 것을 방지할 수 있다. 그래야만 사진이 찍혔을 때 우주인과 달의 경치는 적절하게 노출되었을 것이고 당연히 하늘은 쉽게 보일 것이다. 그러나 당신은 하늘에서 별을 조금도 볼 수 없다. 별은 그곳에 있지만 짧은 노출시간으로는 별들이 필름에

아폴로 조종사가 찍은 사진에는 아무런 별도 보이지 않는다. 이것은 조작의 증거라기보다 오히려 인류가 달에 갔었다는 증거가 된다. 밝은 표면과 강하게 반사하는 우주복의 사진은 짧은 노출이 사용되었음을 의미한다. 그리고 어두운 별들은 사진으론 찍히기에 노출 시간이 너무 짧았음을 실명해준다.

어떤 시간이 부족했나 실세트 그 사이에서 별이 보이티면 긴 노출시간이 필요할 것이다. 이 경우 사진 내의 다른 모두 것은 완전히 과다노출이 되어버린 것이다.

달리 생각해보자. 만약 지구에서 밤에 밖으로 나가 달에서 우주인들이 했던 것과 똑같은 조건으로 촬영을 한다면 별은 전혀 찍히지 않을 것이다. 별들은 너무 어둡다.

어떤 사람들은 실제로 지구의 대기가 별빛을 흡수하기 때문에 별을 어둡게 만들고 달의 표면에서는 별이 더 밝게 보이기 때문에 이것은 말이 되지 않는다고 주장한다. 이 주장은 옳지 않다. 대기가 많은 별빛을 흡수한다는 것은 미신일 뿐이다. 실제로 우리의 대기는 우리가 보는 파장의 빛에 대해서 놀랍도록 투명하다. 그리고 가시광선을 거의 그대로 투과시킨다.

나는 우주왕복선의 우주인이자 천문학자인 론 패리스와 이 사실에 대해 두 번이나 이야기를 나눈 적이 있다. 나는 우주에 있을 때 더 많은 별을 볼 수 있었는지 질문했고 그는 별들을 서의 보지 못했다고 답변했다. 어두운 별을 보기 위해선 왕복선 내부의 불을 꺼야만 했다. 그래도 계기판의 붉은 빛이 유리에 반사되어 별을 보는 것을 어렵게 했다고 말했다. 지구의 내기 외부로 나가는 것은 별들을 더 밝게 만들어주지 않는다.

이 사건이 조작되었다고 믿는 사람들이 아폴로 사진의 별들에 관해 제기한 의문은 처음에는 꽤 타당한 것으로 들렸지만 실제로는 간단한 설명으로 해결된다. 만약 그들이 전문 사진가나 또는 전 세계 수십만의 천문학자들에게 물어보았다면 그 답변을 쉽고 간단하게 들을 수 있었을 것이다. 그들 또한 카메라를 가지고 쉽게 그것을 증명해볼 수 있다.

나는 음모론자들이 이것을 가장 중요한 논점에 놓고 그들 주장의 제일 앞쪽에 넣었다는 사실에 솔직히 놀랐다. 실제로 이 내용들이 잘못되었다는 것을 증명하는 것은 어렵지 않다. 그러나 그들은 여전히 그것에 집착하고 있다.

2. 우주인들은 여행 동안 노출된 방사능에 살아남을 수 없다

1958년 미국은 익스플로러 1호라는 위성을 발사했다. 이 위성 발사로 지구 상공에는 표면에서 600킬로미터 정도에서 시작되는 강력한 방사능 대가 있다는 사실을 발견했다. 아이오와 대학의 물리학자 제임스 밴앨런은 처음으로 이 방사능대를 제대로 설명했다. 이 방사능대는 태양풍을 타고 와서 지구의 자기장에 붙잡힌 입자들로 구성되어 있다. 지구의 자기장은 철가루를 끌어당기는 막대자석처럼 태양풍으로부터 이 활발한 양성자와 전자를 붙잡아서 지구 상공 65,000킬로미터 높이에 있는 도넛 모양의 연속된 띠에 가두었다. 이 방사능 영역을 '밴앨런대'라고 부른다.

이 띠는 문제를 야기시킨다. 이 띠 속에서 방사능은 꽤 강해서 궤도를 선회하는 피격 시기틀에 손상을 입힐 수 있다. 더 나쁜 점은 우주에 있는 인간에게도 심각한 손상을 줄 수 있다는 것이다.

위성이니 탐사기에 실린 전사상비라면 이 방사능에 대해 견뎌낼 필요가 있다. 정교하고 세련된 컴퓨터 부품은 이 방사능 복사를 서녀낼 수 있어야만 하고 그렇지 못하다면 순간적으로 쓸모없이 되어버린다. 우주 공간에서 사용되는 컴퓨터가 농네 가게에서 살 수 있는 것보다 기술면에서 십수 년이나 뒤쳐진 것이라는 사실을 알았을 때 모든 사람들은 놀란다. 이것은 방사능에 저니는 장비를 개발해야 히는 과정 때문이나. 낭신의 집에 있는 컴퓨터가 아마 허블 우주망원경에 장착된 것보다 성능이 더 뛰어날 것이다. 그렇나 해노 낭신의 컴퓨터 역시 우주공간에서 단 15초 만에 쓸모없는 쓰레기로 변해버릴 것이다.

우주왕복선 조종사는 밴앨런대 아래에서 미끄러야 한다. 그리고 그들은 치사량의 방사능에 노출되어서는 안 된다. 분명히 그들이 방사능에 노출되는 양은 지상에서 머무를 때보다 많아진다. 그러나 밴앨런대 아래에 머무른다면 노출되는 양을 많이 줄일 수 있다.

이 사건이 조작되었다고 믿는 사람들은 밴앨런대를 두 번째 증거로 지목한다. 어떤 사람도 치사량 이상의 방사능에 노출되면서 달로 갈 수 없고 살아서 이야기를 할 수도 없다고 주장한다. 그래서 달 착륙은 거짓임에 분명하다고 강조한다.

우리는 이미 앞에서 이성적인 논리는 그들의 강력한 무기가 아님을 알았다. 이 문제에서도 역시 주제를 벗어났다는 것은 놀라운 일이 아니다.

한 가지 그들이 밴앨런대에 대해서 매우 헷갈리고 있는 내용이 있다는 사실에 주목해보자. 그들은 그 띠가 방사능으로부터 지구를 보호해주며 우리 위쪽 높은 곳에서 방사능을 끌어모은다고 주장한다. 띠 외부에서 방사능은 사람을 금방 죽여버릴 것이라고 생각한다.

이것은 적어도 부분적으로 사실이 아니다. 실제로는 안쪽에 하나, 바깥쪽에 하나 두 개의 띠가 있다. 둘 다 도넛 모양으로 생겼다. 내부의 것이 작지만 더 강력하다. 그러므로 더 위험하다. 외부의 것은 더 크지만 덜 위험한 성질을 띠고 있다. 두 띠 모두 태양풍에서 오는 입자를 끌어모은다. 그래서 우주인이 실제로 띠 내부에 있을 때 더 위험하다.

나는 이 문제에 대해 밴앨런 교수와 대화를 나누었고, 그는 나에게 나사에 있는 과학자들이 정말로 띠 내부 방사능에 대해 고민했다고 말해주었다. 위험을 줄이기 위해 아폴로 우주선을 내부 띠의 바로 안쪽을 따라 궤적을 그리도록 쏘았으며 가급적이면 우주인들이 적게 방사능 복사에 노출되도록 했다. 외부 띠에는 더 오랜 시간 동안 노출되었지만 그곳에서의 방사능 수준은 그리 높지 않다. 우주선의 금속 벽이 우주인들을 상당 부분 보호해주기도 했다. 또한 일반적인 생각과 달리 방사능으로부터 보호하기 위하여 납으로 된 보호 장구를 입을 필요는 없었다. 방사능에도 여러 종류가 있다. 예를 들면 알파선은 단지 매우 빨리 지나가는 헬륨 원자로서 보통의 유리벽도 투과하지 못한다.

밴앨런대 외부로 나가면 이 사건이 조작되었다고 믿는 사람들의 주장과 달리 방사능 수준이 떨어진다. 그래서 우주인들은 달로의 여행 동안 살아남을 수 있었다. 밴앨런대 바깥쪽에서는 아주 약간 높아지긴 하지만 완벽히 안전한 방사능 환경 하에 있게 된다.

하지만 위험도 있다. 보통의 환경 하에서 태양풍은 태양으로부터 발생하는 안정적인 입자의 흐름이다. 그러나 태양 플래어(태양 폭발현상-편집자 주)로부터 매우 큰 위험이 올 수 있다. 태양의 표면에서 플래어가 발생하면 태양이 방사하는 방사능의 양이 기록적으로 증가한다. 상당한 크기의 플래어는 거칠고 무시무시하게 우주인을 죽일 수 있다. 태양 플래어는 예측되지 않기 때문에 그런 의미에서 우주인은 실제로 달로 가기 위해 목숨을 걸어야만 한다. 큰 플래어가 발생했다면 역사상 어느 누구도 하지 못했던, 지구를 벗어난 곳에서 죽음을 맞을 수도 있었다. 운 좋게도 아폴로 계획 동안 태양의 활동은 저조했고 우주인들은 안전했다.

마침내 달로 갔다가 돌아오는 여행 동안 우주인들은 평균 1램 이하의 방사능에 노출되었으며 이것은 바닷가에 사는 사람이 3년 동안 측정되는 양에 대당한다. 매우 오랜 시간 동안 그만한 방사능 양에 노출되는 것은 실제로 위험하겠지만 달로의 여행 기간은 불과 며칠이었다. 태양으로부터 플래어가 없었으므로 우주인의 방사능 노출량은 적당한 수준 이내에 있었다.

음모론자들은 또한 달 탐사에 사용된 필름이 방사능에 노출되었을 것이라고 주장한다. 그러나 필름은 금속통에 보관되어 방사능으로부터 보호될 수 있었다.

흥미롭게도 현대의 디지털 카메라는 더 이상 필름을 사용하지 않는다. 빛에 민감한 전자검출기를 사용한다. 다른 컴퓨터 기기처럼 이 검출기 또한 방사능에 대단히 민감하다. 그래서 심지어 금속 내부에 보관하더라도 달에서는 쓸모없어질지도 모른다. 그 경우에는 과거의 기술이 현재의 기술보다 실제로 더 쓸모가 있는 셈이 된다.

3. 착륙선의 아래쪽에 먼지가 있다

달의 표면은 먼지로 덮여 있다. 우주선이 달에 착륙하기 이전에는 어느 누구도 실제의 표면이 어떠한지 몰랐다. 과학 분석가들은 달의 표면이 바위로 되어 있다고 주장했다. 그러나 실제 표면의 상태는 정확히 알려져 있지 않다. 몇몇 사람들만이 대기에 의해 차단되지 않은 자외선 등으로 구성된 강렬한 태양빛이 바위를 먼지로 부수었을 것이라고 추측할 뿐이었다. 미세한 운석의 부딪침도 동일한 작용을 할 것이다. 그러나 누구도 그 먼지가 정말로 존재하는지, 있다면 얼마나 많은지 확신할 수 없었다.

㈜소련과 미국의 탐사선에 의해 첫 번째 연착륙이 이루어졌을 때 그 먼지가 단지 수 밀리미터에서 수 센티미터의 두께란 것이 밝혀졌다. 이것은 큰 위안이 되었다. 아무도 아폴로 우주인들이 모래 함정에 빠지기를 원하지 않았을 것이다.

달에 있는 먼지는 독특하다. 그것은 잘 갈려진 밀가루처럼 대단히 미세한 가루이다. 또한 달에 있는 다른 것과 같이 대단히 건조하다. 지구와 달리 달에는 사실상 표면의 어떤 곳에도 물이 없다.

공기가 없는 환경 하에서 이 먼지의 성질에 대한 잘못된 이해가 이 사건이 조작되었다고 믿는 사람들의 다음 주장을 이끌어냈다. 그 주장은 달 착륙선LM(모듈)의 착륙 모습과 달에 내리기 위해 아폴로 우주인이 사용한 장치에 관한 것이다. 달 착륙선은 끝부분에 디스크 원판이 부착된 네 개의 착륙 다리가 붙어 있다. 그리고 그 중간에 달 착륙선이 표면에 접근할 때 하강 속도를 줄이기 위하여 사용하는 강력한 로켓이 있다.

음모론자는 로켓의 추진력이 10,000파운드나 되므로 달의 표면에 상당한 크기의 크레이터crater(달, 위성, 행성 표면에 있는 크고 작은 구멍을 말한다. 운석, 화산, 내부가스의 분출 등 다양한 원인에 의하여 생겨진다. 달에는 지름 1킬로미터 이상인 것이 수십만 개가 있으며, 화성에도 수많은 크레이터가 존재한다–편집자 주)가 남겨져야만 한다고 주장한다. 또한 그만한 추진력은 그 아래에 있는 모든 먼지를 날려버려야 한다고 말한다. 어떻게 착륙선의 다리와 우주인의 신발이 먼지에 찍혀서 남겨질 수 있는가? 그 모든 먼지늘은 사라져야만 한다!

이 주장은 모두 틀렸다. 첫째, 엔진은 최대 출력이 10,000파운드이다. 그러나 엔진은 불탔을 때 최대 출력으로 타오르는 촛불이 아니다. 엔진은 가스 페달로 출력 조절이 가능해서 발생하는 추진력의 양을 바꿀 수 있다. 달 표면의 위쪽에 있을 때 착륙선의 조종사들은 엔진은 최대 추진력으로 가동되어 새삘티 이상 속도를 늦추어야만 한다. 그러나 착륙선의 속도가 늦추어지면 보다 석은 추진력이 필요하고 조종사는 추진력을 줄이게 된다. 착륙선이 땅에 도달하는 순간에는 달에서 작용하는 자유성 가게이 무게를 지탱할 수 있을 성노인 최대 출력의 30%로 추진력을 줄인다.

3,000파운드의 추진력은 여전히 매우 큰 것 같지만 착륙선의 엔진 노즐은 꽤 크다. 노즐 끝단은 1.35미터이고 그 면적은 1.8제곱미터나 된다. 3,000파운드의 추진력이 이 면적에 분산되기 때문에 1제곱미터 당 1600 파운드의 압력이 발생된다. 이것은 꽤 작은 것이어서 실제로 먼지를 누르는 우주인의 압력보다도 더 작다. 이것이 착륙선 아래에 커다란 크레이터

가 없는 이유이다. 압력은 구덩이를 파기에 너무 약했다.

착륙선 옆의 먼지에 관한 두 번째 주장은 흥미롭다. 착륙 지점의 중심 부근에 먼지가 있어서 착륙선 다리와 우주인의 움직임이 자국을 남길 수 있었을까? 이것은 먼지가 이미 날라가버렸다는 일반적인 상식에 위배된다. 그러나 우리의 상식은 여기 지구 상에서 기초한 것이다. 달은 지구가 아니라는 사실을 기억해야 한다.

다시 한 번 달에는 공기가 없다는 사실을 띠올러보자. 밀가루를 한 포대 가져와서 부엌 바닥에 쏟는다고 상상해보자. 이제 얼굴을 바닥에서 몇 센티미터 위로 고정시키고 할 수 있는 만큼 강하게 불어보자.

바람을 멈추고 코에 묻은 밀가루를 재채기로 날려버린 후 주위를 살펴보자. 당신의 호흡에 의해 바닥의 멀리까지 밀가루가 퍼진 것을 볼 수 있을 것이다.

그러나 어떤 밀가루는 당신의 호흡으로 날려버릴 수 있는 것보다 더 멀리까지 갔음을 볼 수 있을 것이다. 당신의 호흡은 멈추기 전까지 불과 수십 센티미터밖에 전달되지 않기 때문에 팔을 뻗은 거리보다 더 멀리 날려보내기는 어렵다. 당신의 호흡이 도달할 수 있는 거리보다 먼지를 더 멀리 날려보낸 것은 이미 방안에 차 있던 공기였다. 당신은 허파에서 공기를 불어내었고 그 공기가 방안의 공기를 밀어내면서 당신의 호흡이 밀쳐낼 수 있는 거리보다 더 멀리 밀가루를 날려버린 것이다.

그러나 달에서는 공기가 없다. 달 착륙선 엔진의 추진력은 확실하지만 그것은 단지 먼지를 바로 아래로만 날려보낸다. 먼지의 일부분은 수백 미터나 날아가겠지만, 지구 상에 있는 우리의 경험과 달리 추진력이 닿은 영역의 바로 밖에 있던 먼지는 대부분 그대로 남아 있다. 그곳에는 많은 먼지가 그대로 남아 있어서 발자국을 남길 수 있다. 실제로 엔진에 의해 주변으로 날려간 먼지가 옆의 다른 먼지 입자에 부딪혀서 움직였기 때문에 주변에도 먼지가 조금 날려갔을 것이다.

아폴로 11호 착륙 기록에서 부즈 올드린이 표면에 다가가면서 "엔진으로부터 약간 먼지가 난다"라고 말하는 것을 들을 수 있을 것이다. 달 착륙선을 조종했던 닐 암스트롱은 날리는 먼지가 자신들이 얼마나 빨리 표면에 접근하는지 판단하기 어렵게 만든다고 불평했다.

또한 어떤 사람들은 뭉쳐진 것을 유지하려면 습기가 필요한데, 달의 흙에는 물이 없기 때문에 먼지들은 발자국을 보존하지 못한다고 주장한다. 이것도 맞지 않는다. 예를 들면 베이킹파우더는 믿기 어려울 만큼 건조하지만 그럼에도 쉽게 자국을 남길 수 있다. 이 주장들은 실험에 의해 쉽게 틀렸음을 증명할 수 있음에도 왜 사람들이 계속해서 주장하는지 알 수 없다. 적어도 이 경우에는 상식이 옳은 방향으로 당신을 인도해줄 것이다.

4. 달의 낮밤노록 높은 온도는 우주인이 버티기 힘들다

민시와 넌과뒤 뮤제로 달이 오트기 있다, 이뜨로 세릭는 넘이 낮에 행해졌다. 달의 표면 온도를 새어보면 물도 끓을 만큼 뜨거운 120도나 된다. 어떤 사람들은 우주인들이 그렇게 뜨거운 온도에서 살아남을 수 없었을 것이라고 지적한다.

어떤 의미에서 이 주장은 옳다. 그렇게 뜨거운 열기는 우주인을 죽일 수도 있다. 그러나 우주인들은 결코 그렇게 많은 열을 느끼지 못했다.

달은 대략 27일마다 자전을 한다. 이것은 달의 하루가 4주나 지속되며 2

주일은 낮이, 2주일은 밤이 됨을 의미한다. 쏟아지는 햇빛으로부터 열을 분배할 대기가 없으므로 달의 낮 부분은 대단히 뜨거워지고 어두운 부분은 -120도나 될 만큼 매우 추워진다.

그러나 표면은 태양빛이 닿는 순간에 곧바로 뜨거워지지 않는다. 태양이 뜰 때에 태양빛은 매우 낮은 각도로 달을 비추므로 효과적으로 땅을 데우지 못한다. 지구에서 하루 중 가장 온도가 올라가는 시각이 태양이 꼭대기에 이르는 시각보다 후에 나타나는 것처럼 달의 표면이 최고의 온도에 이르기까지는 수 일이 걸린다. 이것을 알고 있던 나사 관계자들은 이른 아침에 임무가 수행되도록 계획을 했기 때문에 착륙했을 때는 태양이 하늘 낮게 위치해 있었다. 이 사실은 표면에서 찍은 모든 사진에서 볼 수 있다. 그림자가 길다는 것은 태양이 하늘에 낮게 떠 있음을 의미한다.

우주복은 우주인의 체온을 적당하게 유지하도록 고안되었지만 이것은 외부의 열 때문이 아니다. 진공 상태에서 우주인은 자신의 몸에서 발생하는 열을 제거하기가 매우 어렵다. 단열된 옷은 내부에 많은 열을 발생시킨다. 그리고 그 열은 어떤 식으로든 쌓인다. 우주복은 우주인의 온도를 유지하기 위해 다소 고전적인 방법을 사용했다. 옷 아래에 부착된 튜브를 통하여 시원한 물을 공급하는 것이다. 물은 쌓인 열을 빼앗아서 열이 우주 공간으로 버려질 수 있도록 등 뒤의 주머니에 모인다.

그러므로 온도와 관련된 문제가 실제로 있긴 했지만 외부의 열 문제가 아닌 내부의 열 문제였다.

또 다른 사람들은 우주인이 걷는 과정에서 얼어 죽었을 것이라고노 주장한다.

우연히도 달의 표면에 있는 먼지는 열을 거의 전달하지 못한다. 가루 물질들은 대부분 그러하다. 비록 태양빛에 의해 먼지는 뜨거워지지만 신발을 통하여 우주인에게 열이 전달되지는 않는다. 기이하게도 심지어 달의 표면은 정오에 120도나 올라가지만 열이 잘 전달되지 못하기 때문에 먼지는 단지 조금만 데워진다. 그 아래의 바위는 영원히 차게 얼려져 있으며 바위와 먼지는 단열되어 있다. 태양이 지고 나면 먼지는 재빨리 차가워진다. 일식 동안 달이 지구의 그림자 속에 있을 때에도 달의 온도는 매우 빨리 떨어지는 것으로 측정되었다. 먼지는 바로 아래에 있는 바위만큼이나 차가워진다.

차가움을 얘기하다보니 한 우주인이 생각난다. 달에서 돌아다니는 동안 아폴로 16호 우주인이었던 존 영은 자신이 수집한 돌조각이 모두 작다는 사실을 깨달았다. 그는 과학사들을 놀라게 할 정말 큰 돌을 하나 주워 가져가고 싶었다. 그는 1킬로그램이나 되는 돌을 주워서 지구로 귀환할 때 가져가기 위해 착륙선 바로 아래 그림자 속에 두었다. 일을 마치고 난 뒤 그는 달 착륙선에 그 돌을 싣고 압력을 올렸다.

달 착륙선은 자동 제어 장치가 제어하지 못하는 무게의 불균형이 발생하면 이륙하는 동안 위험하게 기울어진다. 영은 착륙선의 균형을 잡기 위해 돌을 조금 옮겨야 될 필요성이 있다는 사실을 깨달았다. 그는 이미 장갑을 벗어버렸으므로 맨손으로 큰 돌을 잡았을 때 매우 놀랐다. 돌은 남은 열을 다 빼앗겨버릴 만큼 오랜 시간 동안 그늘에 있어서 대단히 차가워져 있었다! 실제로 영은 동상이 걸리지 않은 것만으로도 다행이었다. 영이 이 이야기를 나사의 지질학자이자 달 전문가인 파울 로만에게 했을 때 로만이 소리쳤다.

"나는 우주인이 실제로 느낀 달의 온도에 대해 처음으로 들었다!"

또 이 사건이 조작되었다고 믿는 사람들은 우주인들이 가져간 필름이 달의 뜨거운 열에 의해 녹아버렸을 것이라고 주장한다. 실제로는 그 반대의 문제가 있었다. 그들은 필름이 녹는 것을 고민하지 않았다. 오히려 필름이 얼어붙는 것을 방지하기 위해 단열시켜야만 했다.

5. 빛과 그림자의 방향이 다르다

나사 음모의 또 다른 증거는 달에서 찍은 빛과 그림자의 문제였다. 가장 일반적인 주장은 그림자의 검은색과 관계된 것이다. 이 사건이 조작되었다고 믿는 사람들의 말에 따르면 만약 태양이 유일한 빛의 원천이라면 공기로부터 산란된 빛이 없기 때문에 그림자는 검은색이어야 한다. 땅에 있는 그림자를 빛내는 빛이 없으므로 그것은 완벽하게 검은색이어야 한다.

지구에서는 그림자가 실제로 완전히 검은색이 아닌 사실에 익숙해져 있다. 이것은 주로 우리의 밝은 하늘 때문이다. 태양 그 자체는 예리한 그림자를 만들지만 하늘에 있는 공기에서 온 빛이 우리의 그림자를 밝히고 그곳에 있는 물체를 볼 수 있게 한다.

어떤 사람들은 하늘이 검기에 달에서는 달 표면의 그림자가 완전히 검은색이어야 한다고 주장한다. 만약 태양이 유일한 빛의 원천이라면 그림자는 완전히 새까매야 한다. 그러나 우주인의 사진에서 우리는 마치 또 다른 빛이 있는 것처럼 약간 내부가 보이는 그림자를 볼 수 있다. 아폴로 사진들을 지구에서 찍었다고 믿는 사람들에게 이 빛은 빌딩 내부의 공기로 인해 점광원에서 산란된 빛이라고 간주된다.

그러나 그들은 틀렸다. 달에는 빛의 원천이 있다. 이미 그것이 무엇인지 말했다. 바로 달 자신이다. 하늘은 검겠지만 달의 표면은 대단히 밝아서 태양빛을 반사하고 그림자에 영향을 준다. 이것은 복잡한 질문에 대한 단순한 답변이다.

흥미롭게도 때때로 달 표면에 나타나는 그림자가 햇빛 아래와 마찬가지로 빛나는 것처럼 보이기도 한다. 우스운 이야기지만 빛의 원천이 우주인 그 자신이 되어버린 것이다. 우주복과 착륙선은 태양과 달의 표면에 의해 밝게 빛나고 이 빛이 다시 달 표면에 반사되어 그림자를 약간 보이게 한다. 이와 정확히 똑같은 기법이 카메라맨과 사진사들에 의해 사용된다. 이들은 사진을 찍을 때 우산 같은 반사판을 사용하여 그늘을 밝게 만든다.

그러나 사진을 더욱 자세히 살펴본다면 문제가 좀 더 복잡해진다. 달에서 찍은 가장 유명한 사진은 닐 암스트롱이 아폴로 11호 착륙선 옆에 서 있는 부즈 올드린의 모습을 찍은 것이다. 우리는 부즈가 뒤쪽 오른편에서 태양빛을 받으면서 카메라를 향한 것을 볼 수 있다. 그의 헬멧에는 반사되어 나타난 닐의 모습과 함께 착륙선이 다리의 다양한 그림자를 볼 수 있다.

이 사건이 조작되었다고 믿는 사람들에게 이 사진은 최고로 중요한 사진이다. 그들 논쟁의 두 가지 중요한 사항이 포함되어 있기 때문이다. 지면과 올드린은 세계 시설 거누어진 ? 도표에 의해 분명이 빛나고 있다. 그리고 그의 앞창에 나타난 그림자로 보아 그 스트로보는 근처에 있는 것처럼 보인다.

이 사진은 이상하게 조명이 밝았지만 인공적인 조작에 의해서 그런 것은 아니다. 실제로 이 빛은 달 표면의 기이한 성질로 인한 것이다. 표면은 빛이 온 방향으로 다시 그 빛을 반사하는 경향이 있다. 이것을 '후방산란'이라고 하며 달에서 매우 강하게 나타난다. 만약 당신이 그곳에서 자신의

아폴로 우주비행의 유명한 사진들 가운데 하나인 '달 위의 사람' 사진. 부즈 올드린을 찍은 사진으로 음모론자들은 이 사진이 조작되었다는 많은 증거를 제시한다. 존재하지 않는 별, 빛나는 그림자, 스포트라이트 효과 등. 그러나 실제로 이 모든 것들은 이 사진이 진실임을 알려주는 증거이다. 올드린의 무릎을 살펴보자. 올드린이 떨어트리 도구를 줍기 위해, 또는 돌 샘플을 모으기 위해 무릎을 굽혔을 때 묻은 회색빛 달 표면 가루가 보인다. 다른 사람들이 무엇이라고 말하든 이 사진은 달의 표면에서 찍은 것임에 분명하다.

앞으로 플래시를 비춘다면, 그 빛이 강하게 당신 뒤로 반사되는 것을 볼 수 있을 것이다. 그러나 옆쪽 가장자리에 서 있는 어떤 사람은 반사된 빛을 거의 볼 수 없다.

실제로 이런 현상은 흔히 볼 수 있는 것이다. 반달의 밝기는 보름달 밝기의 거의 절반이라고 추측할 수 있다. 그러나 그렇지 않다. 보름달은 거의 10배나 더 밝다(H. N. 러셀, 〈행성과 그 위성들의 알베도에 관하여〉 천체물리학저널). 이것은 보름달일 때 태양이 바로 당신 뒤에서 달을 향해 똑바로 빛나기 때문이다. 그때 달의 토양은 빛을 반사하여 친절하게도 당신에게 곧바로 보내준다. 반달일 때에는 빛이 한쪽 옆에서 들어오고 당신의 방향으로 훨씬 적게 반사하여 달을 보다 어둡게 만든다.

이것이 바로 올드린이 빛 속에서 보이는 이유이다. 그가 서 있는 지역에서는 빛이 암스트롱의 카메라를 향해 곧바로 반사된다. 하지만 올드린에게서 먼 곳은 빛이 카메라로부터 멀리 반사되고 그래서 어둡게 된다. 이 효과는 올드린 주변에 빛무리를 일으킨다.

이 빛무리의 정식 명칭은 녹일어로 빛무리를 뜻하는 '할레이션'이다. 당신도 이슬 맺힌 아침에 이것을 볼 수 있다. 이슬 젖은 유리에 당신 머리의 그림자 뒤쪽에서 비쳐 나오도록 태양을 등지고서 바라보자. 머리 그림자 주변으로 후면산란된 태양빛이 빛무리처럼 보이는 광채를 볼 수 있을 것이다. 이 스트로보 효과는 당신도 알 수 있다시피 우주인이 태양을 등 뒤에 두고 찍은 여러 아폴로 사진에서 볼 수 있다. 빛무리는 스트로보가 아니라 단지 기이한, 하지만 자연적인 물리학이 작용한 것이다.

비가 오는 날 차를 몰 때 그 반대의 효과가 일어난다. 젖은 도로는 빛을 전방으로, 즉 당신 앞쪽으로 반사시킨다. 맞은편에서 오는 차는 도로에 반사된 당신의 전조등 빛을 볼 수 있다. 반면, 당신의 전조등은 당신의 앞 도로를 밝게 비추지 못한다. 빛은 당신의 앞쪽으로 비추어지고 당신에게 되돌아오지 않는다. 그래서 도로를 보기가 힘들어진다.

이 사진에 대한 두 번째 주장은 그림자를 다루고 있다. 올드린의 앞창을 들여다보면 그림자가 평행하지 않음을 알 수 있다. 만약 태양이 빛의 원천이라면 모든 그림자는 평행해야 한다. 그 대신에 그림자가 다른 방향이라는 것은 빛의 원천이 가까이 있음을 암시한다. 그러므로 이 사건이 조작되었다고 믿는 사람들은 그것이 태양이 아니라 스트로보라고 주장한다.

물론 우리는 이미 그것이 스트로보 빛이 아님을 확인해보았다. 그러므로 그것이 태양이라는 것을 알고 있다. 실제로 이 주장은 반박하기가 매우 쉽다. 우리는 굽은 앞창에 반사된 그림자를 본다. 앞창의 곡면이 극단초점 렌즈나 곡면거울처럼 비친 물체를 왜곡시킨다. 앞창이 굽어 있으므로 그림자도 굽어져 있다. 이것이 그 모든 이유이다. 일상생활 어떤 곳에서나 흔히 볼 수 있는 단순한 과학적 현상이다.

그러나 앞창에 반사된 것이 아닌 또 다른 사진도 있다. 그러나 여전히 그림자가 다른 방향을 가리키고 있다. 다시 태양이 단 하나의 빛의 원천이라면 그림자는 직선이고 평행할 것이다. 그러나 때때로 그 그림자들은 평행하지 않다. 물론 이 사건이 조작되었다고 믿는 사람들에게 이것은 사진이 거짓이란 또 다른 증거가 될 수 있다.

기찻길에 서서 두 선이 지평선 부근 먼 곳에서 어떻게 모이는지 본 적이 있는가? 물론 이것은 원근법 효과이다. 기찻길은 평행하다. 그러나 우리의 눈과 머리는 이것을 한 점에 수렴하는 것으로 해석한다.

달 사진에서도 동일한 일이 일어난다. 원근법 때문에 그림자는 평행하

우주인, 돌, 다른 표면의 그림자가 평행하지 않은 것처럼 보인다. 그러나 이것은 단지 원근법 효과로서 지평선상에서 기찻길이 모여 보이는 것과 유사하다.

게 보이지 않는다. 서로 다른 거리에 떨어져 있는 두 물체의 그림자 방향을 비교해볼 때 원근법 효과는 꽤 크게 작용한다. 나는 해질 무렵 큰 가로등 근처에 서서 이 가로등 그림자와 길 건너편 가로등 그림자를 비교함으로써 이 효과를 확인했다. 두 가로등 그림자는 서로 다른 방향으로 뻗은 것처럼 보인다. 사실 이것은 보기에 꽤 기괴한 장면이다.

다른 것과 마찬가지로, 이것은 당신의 앞마당에서 말 그대로 손쉽게 확인이 가능한 것이다. 수십억 달러를 들인 음모의 증거라고 보기 어렵다.

이 사건이 조작임을 믿는 사람들에 대해 꽤 흥미로운 사실이 있다.

대부분의 경우 그들은 단순한 물리학과 상식을 사용하여 그들의 주장을 펼친다. 보통 그들의 초기 관점은 그럴 듯하다. 그러나 그들은 물리학을 잘못 이해하는 경향이 있다. 그리고 상식은 외계 세계의 공기가 없는 표면에선 적용되지 않을 것이다. 상세한 조사를 해보면 그들의 주장은 항상 헛점 투성이이다.

나는 더 많은 예를 계속 들 수 있다. 조작임을 믿는 사람들의 주장을 폭로하는 것만으로도 이 책을 채울 수 있다. 그들이 쓴 책이 여러 권임을 고려한다면 이것은 그리 놀라운 일이 아니다. 그 음모를 다룬 책들이 잘 팔릴 것이란 점에 대해서도 의심의 여지가 없다. 음모에 관한 책은 항상 그러하다. 음모를 바로잡는 내용의 책이 잘 안 팔릴 것이라는 점에 대해서도 또한 의심하지 않는다. 음모론자들의 잘못을 지적하는 책은 진부하고 불필요하다고 인식된다. 앞에서 예로 든 것들은 그들이 주장하는 것 중 가장 대표적인 것이며 그 주장들이 근거가 없다고 밝혀졌을 때 일부 사람들은 사실을 수긍할 것이라고 나는 생각한다. 그들의 다른 주장은 앞의 것보다 약하다.

그러나 가장 재미있는 부분은 그들 주장에서 보이는 단순함이다. 예를 들면 아폴로 사진에서 별이 보이지 않는다는 주장은 너무나 단순하다. 그들이 주장하는 다른 논쟁들도 마찬가지로 그러하다.

그러나 여기서 제정신을 차리고 살펴보자. 달에 사람을 보내지 못한다는 것을 나사가 알았다고 가정해보자. 그리고 성공하지 못한다면 그 모든 비용을 다 잃게 될 것을 알았다고 생각해보자. 그들은 전체 달 프로젝트를 속이기로 결정했을 것이다. 그리곤 공들여서 세트장을 짓고 수백 명의 기술진, 카메라맨, 이 모든 것이 거짓임을 알만한 과학자 등을 고용했다. 그리고 마침내 조작에 수백만, 또는 수십억 달러의 돈을 들였다. 결국 역사상 가장 엄청난 조작을 하게 된다. 그럼에도 사진에 별을 담는 것을 잊어버렸을까?

또 있다. 1960년대에 ㈜소련도 달에 사람을 보내는 프로젝트를 추진하고 있었다고 알려졌다. 그들의 계획은 시작되지 못했지만 ㈜소련은 이 일을 매우 열심히 수행했고 미사기 방송을 했을 때 낭연히 그들도 주의 깊게 살펴보았다. 두 초강대국은 독자적으로 달 계획에 수십억 달러를 쏟아부었기, 만일 나사 편의 사진에서 보이면 일 빛사이, 또 살못된 방향으로 그림자가 비치는 등의 실수를 저질렀다면 미국 언론들은 그들을 믿을 수 없다고 잔인하게 비난했을 것이다.

《타스》나《프리우다》같은 ㈜소련 기관지가 미국의 계획을 어떻게 평했는지 객관적으로 생각해보자. 미국이 역사상 일대의 획을 긋는 프로젝트를 서투르게 조작했다는 것을 증명한다면, ㈜소련은 이 시대를 통틀어 가장 위대한 승리자가 되었을 수도 있다. 그러나 실제 상황을 보면 심지어 그들도 달 계획이 사실임을 알고 있었다고 볼 수 있다.

최후에는 진실과 논리가 승리한다. 미국은 달에 인류를 보냈다.

한편 케이싱은 그의 책《우리는 절대 달에 가지 않았다》를 출간한 후, 책을 짐 로벨에게 보냈다. 로벨은 아폴로 13호의 사령관으로 우주선을 산산조각낸 폭발에서 승무원을 구하려고 애쓰다가 거의 죽을 뻔했던 사람이다. 우주에 대한 로벨의 신념은 보통 사람이 이해하기 힘들 정도로 강하다.

그래서 케이싱의 책을 읽었을 때 나타날 로벨의 반응을 짐작할 수 있었다.《메트로》잡지(1996년 7월 25~31일)에서 그는 다음과 같이 말했다.

"그 사람(케이싱)은 이상한 사람이다. 그의 지위가 나를 화나게 만든다. 우리는 달로 가기 위해 많은 시간을 소모하며 준비했다. 우리는 많은 돈을 썼고, 많은 위험을 감수했다. 그것은 이 나라에 살고 있는 사람들이 자랑스러워해야 할 것들이다."

로벨의 언급에 대해 케이싱의 반응은 어떠했을까? 그는 명예훼손으로 로벨을 고소했지만 1997년에 판사는 현명하게 이 고소를 무효로 처리했다.

2

허블 망원경에 대한 6가지 불편한 진실

1946년에 천문학자 라이만 스피처는 매우 어리석은 발상을 했다. 그것은 큰 망원경을 만들어 우주에 올린다는 생각이었다. 반세기가 지나 그의 생각을 돌아보면, 그것은 그리 이상한 생각이 아니었다. 결국 많은 나라들이 우주에 망원경을 띄우기 위해 수십억 달러를 쓰고 있으니 어떤 누군가가 그 발상을 진지하게 받아들였음에 틀림없다. 그러나 1946년은 역사에서 보면 2차 세계대전이 끝난 지 겨우 1년이 지난 해였고, 인공위성을 처음으로 쏘아올린 것은 그보다 10년 이상이나 더 지난 뒤였다.

스피처는 앞을 내다본 사람이었다. 심지어 다른 사람들이 탄도 로켓 발사가 가능할 것이라는 생각을 하기도 전에 그는 이미 우주에 있는 망원경은 땅에 있는 것에 비해 큰 이점을 가질 것이라는 사실을 알고 있었다.

대기의 밑바닥 땅에 위치한 망원경은 많은 문제점을 갖고 있다. 대기는 어두운 대상을 분명치 않고 흐리게 만든다. 대기의 흐름은 별과 은하의 모습을 하나의 퍼진 원판으로 보이게 만들어버린다. 무엇보다 가장 나쁜 점은 대기가 어떤 형태의 빛을 흡수해버린다는 것이다. 천체로부터 오는 어떤 자외선 빛은 우리의 대기를 뚫을 수 있지만 대부분은 오는 도중에 흡수된다. 적외선이나 감마선, 엑스레이도 마찬가지다. 슈퍼맨은 엑스레이를 볼 수 있겠지만 폭발하는 중성자별이 방사하는 엑스레이를 보려면 대기권 밖으로 날아가지 않으면 안 된다. 대기권 밖에선 그 활발한 작은 광자들을 흡수하는 대기가 없기 때문이다.

스피처가 처음 우주망원경을 제안했을 때 슈퍼맨에서 아이디어를 얻었는지 모르겠지만 그 원리는 동일하다. 망원경을 위로 올려서 대기권 밖으로 보내면 대기로 인한 문제가 사라진다. 대기를 뚫지 못하는 자외선과 몇몇 빛들이 위쪽에선 쉽게 보인다. 공기가 별의 위쪽에 있는 대신에 아래쪽에 있으면 별은 깜박이지 않는다. 또, 어두운 대상들은 주변의 공기가 빛나지 않아 더 밝게 보인다.

스피처의 전망은 그 이후 수차례 현실화되었다. 10여 개의 망원경이 지구 궤도나 우주 저편으로 올려졌지만 그 중 가장 유명한 것은 단연 허블 우주망원경HST(천문학자들은 단순히 '허블'이라 부른다)일 것이다. 총 비용 60억 달러를 들인 허블은 계속해서 큰 뉴스를 만들어내고 있다.

길거리에서 사람들에게 아는 망원경의 이름을 말해보라고 한다면 대다수가 '허블 망원경'을 떠올릴 것이다. 그러나 때때로 허블의 유명세는 대중들에게 오해를 낳기도 한다. 허블에 대해 좀 더 상세한 것을 물어보면 아마 사람들은 주저할 것이다. 그 크기가 어느 정도 되는지 아는 사람은 거의 없다. 우주 어디에 있는지, 심지어 그것이 왜 궤도를 돌고 있는지도 모른다. 어떤 사람은 허블이 지구에서 가장 큰 망원경이라고 생각한다(좀 더 정확하게는 지구 위까지 통틀어). 어떤 사람은 허블이 실제로 관측하려는 대상까지 우주여행을 한다고 생각한다. 또 다른 사람들은 허블이 무엇인가를 숨기고 있다고 믿는다.

이 책에서 이러한 이야기들 가운데 어떤 것도 진실이 아니란 사실을 알 수 있을 것이다.

1. 렌즈가 아닌 반사경을 사용한다

허블 우주망원경은 가장 기본적인 모습부터 잘못 알려져 있다. 예를 들면 CNN에서도 허블 망원경의 모습을 묘사할 때 이와 같은 제목을 단다.

'허블 렌즈 앞에서 별들이 폭발하다.'

실제로 허블에는 렌즈가 없다. 대부분의 거대 망원경처럼 허블은 빛을 모으고 초점은 맺는 반사경만 있다. 아이작 뉴턴이 렌즈 대신에 반사경을 사용할 수 있다는 사실을 발견한 이래, 뉴턴식 망원경은 반사망원경의 가장 기본적인 망원경이 되었다.

렌즈는 소형 망원경에서는 매우 유용하지만 그 크기가 대략 0.5미터를 넘어가면 단점이 많아진다. 렌즈는 시야를 가리지 아니하는 최소한의 범위로 가장자리에서 지지되어야 한다. 큰 렌즈는 대단히 무거워서 사용하기 어렵다. 또, 렌즈는 긴 튜브의 한쪽 끝인 망원경의 입구에 놓을 필요가 있다. 이러한 위치가 단점으로 작용해 균형을 잡기 어렵게 한다.

반사경의 경우 단지 앞쪽 한 면만 필요하기 때문에 반사경의 뒷면을 이용하여 지지할 수 있고 보다 쉽게 사용할 수 있다. 반사경은 빛을 반사하

허블 우주망원경이 다른 천체 대상을 관측할 준비를 하면서 지구 상공을 자유롭게 떠다니고 있다. 우주를 정확히 볼 수 있음에도 불구하고 이 망원경은 지구 표면에서 단지 수백 킬로미터 상공에 떠 있을 뿐이다. (나사 우주망원경 과학연구소 사진 제공)

지만 렌즈는 빛을 그 내부로 투과시킨다. 이것이 어둡게 한다. 특히 반사경이 유리한 점은 만들 때 양면이 아니라 한쪽 면만 연마하고 광택을 내면 되기에 이것이 렌즈에 비해 장점이 된다.

CNN은 1년도 채 되지 않아 똑같은 실수를 저질렀다. 하지만 나는 그들을 탓하지 않는다. 우주망원경 과학연구소는 허블의 과학적 성과를 보도하는 책임을 피비에스 방송국 프로그램에 전가하고 망원경에 관한 내용을 제공했다. 그런데 이 방송국의 어떤 프로그램에서도 천문학자가 "허블의 렌즈를 통하여"라는 말로 시작하는 것을 들을 수 있었다. 심지어 방송국마저 잘못 알고 있다면 그 외 다른 사람들이 제대로 알 리가 없지 않은가?

2. 학교버스만한 크기이다

많은 사람들이 허블이 크다는 사실을 알고 놀란다. 허블은 대략 학교버스만하다. 그러나 이 망원경이 다른 유형의 망원경에 비해 작다고 하면 사람들은 더욱 놀란다. 주 반사경의 크기는 2.4미터이다. 이것은 매우 크게 느껴지겠지만 이 크기보다 4배나 되는 망원경도 있다. 심지어 허블은 만들어진 순간에도 가장 큰 망원경이 아니었다. 파사네나의 팔로마 천문대에 있는 전설적인 헤일 망원경은 크기가 5미터이며 이것은 1936년에 만들어졌다.

그렇다고 허블이 그렇게 작지만도 않다. 허블의 실제 크기 모형이 메릴랜드 주 그린벨트에 있는 나사의 고다드 우주비행연구소 건물 내부에 세워져 있다. 이것은 약 5층 높이이며 지나가는 사람들에게 인상적으로 빛난다. 태양빛을 반사하는 아름다운 금속막에 덮여 연구소를 멋지게 지키고 있는 모습은 세상에서 가장 큰 텔레비전을 보는 것 같다.

지상에 있는 망원경만큼 허블이 크지 않은 이유는 우주로 올리기가 어렵기 때문이다. 허블은 우주왕복선 내부에 딱 맞게 설계되었으며 그 크기에서 최대치이다. 또 허블의 반사경은 기본적으로 하나의 거대한 거울이므로 대단히 무겁다. 만약 거울이 조금이라도 더 무거워지면 망원경을 지지하기 위하여 궤도 위성 자체가 본질적으로 더 커져야만 하므로 우주왕복선이 그것을 올리기가 불가능했을 것이다.

3. 어두운 대상들을 검출한다

망원경의 가장 중요한 기능은 대상을 확대해 그것을 가까운 곳에서 보는 것처럼 만들어주는 것이란 생각은 오해일 수 있다. 이말은 단지 일부분만 사실이다.

물론 망원경은 작은 물체를 더 크게 보이게 만든다. 그러나 우리가 망원경을 크게 만드는 가장 중요한 이유는 더 많은 빛을 모으기 위한 것이다. 만일 목이 말라 빗물을 받아 모으고 싶다면 큰 물통을 사용하는 것이 유리하다. 물통이 클수록 더 많은 빗물을 모을 수 있다. 이 사실은 망원경에서도 동일하다. 반사경이 클수록 대상으로부터 너 많은 빛을 모을 수 있다. 더 많은 빛을 모을수록 더 어두운 대상까지 볼 수 있다. 맨눈으로는 대략 10,000개의 별을 볼 수 있지만 소형 망원경을 사용하면 100만 개 이상의 별을 볼 수 있다. 대형 망원경이라면 수십억 개의 별을 볼 수 있다.

지상에 있는 가장 큰 망원경은 길이가 약 10미터로 작은 집 크기만 하다. 어떤 망원경을 보면 길이가 100미터나 된다. 이 망원경의 이름은 '압도적으로 큰 망원경' 이라는 뜻의 OWLOverwhelming Large Telescope이다. 이 망원경은 대단히 많은 비용이 소요되지만 아마 허블에는 미치지 못할 것이다.

우리는 허블이 비록 작을지라도 대기권 위에 있음을 기억해야 한다. 하늘은 빛나고 있어서 지상에서 볼 때 어두운 대상들을 사라지게 한다. 허블은 더 어두운 배경의 하늘을 보여주므로 더 어두운 대상을 볼 수 있다.

대기는 움직인다. 그래서 지상에서 본 별들은 깜박거리며 춤춘다. 이것이 별에서 오는 빛을 퍼지게 한다. 어두운 대상을 더욱 보기 어렵게 하고 특히 그 대상이 압도적으로 밝은 대상 옆에 있다면 더 보기 어렵다. 대기권 위에 있는 허블은 이러한 상황을 피할 수 있어서 더 어두운 별을 보다 쉽게 찾아낸다. 더 어두운 배경의 하늘과 어두운 대상을 보는 능력이 지금까지 볼 수 없었던 가장 어두운 대상들을 검출하는 기록을 세우게 했다. 남천의 먼 영역이라고 알려진 하늘 한쪽에서 허블은 사람이 맨눈으로 볼 수 있는 별보다 백억 배나 더 어두운 대상을 검출했다. 이것이 망원경을 지상에서 수백 킬로미터나 위쪽으로 올려보낸 중요한 이유이다.

4. 지구 표면까지 거리는 가깝다

허블만한 크기의 물체를 우주로 올려보내는 것은 쉬운 일이 아니다. 오랜 기간 동안 허블은 우주왕복선에 의해 궤도에 올려진 단일 물체로선 가장 큰 것이었다. 우주왕복선이 지구 표면에서 겨우 수백 킬로미터 상공까지 갈 수 있는 상황에서 12톤이나 나가는 허블을 그 위치까지 올리는 것은 매우 어려운 일이었다. 왕복선의 로봇팔을 이용하여 1990년 4월에 우주조종사 스티브 호레이가 조심스럽게 허블을 지구 궤도에 올려놓았다. 그 위치는 지구 표면에서 600킬로미터 상공으로 현재도 그 자리에 있다.

허블이 우주선 엔터프라이즈호(미국 인기 드라마 「스타 트렉」에 나오는 우주탐사선-옮긴이)처럼 아직까지 아무도 찍지 못한 대상을 촬영하기 위해 우주를 가로질러 용감히 나아간다는 것은 또 다른 일반적인 오해이다. 실제로 허블로부터 지구 표면까지의 거리는 워싱턴 특별시와 뉴욕시 사이의 거리와 거의 동일하다. 허블은 우리보다 단지 관측 대상에 아주 조금 더 가까울 뿐이다. 때때로 허블은 대상으로부터 보다 멀어지기도 한다. 이것은 궤도의 먼 쪽에서 관측할 때로 대상으로부터 허블 반사경까지의 거리는 수백 킬로미터가 더 더해진다.

5. CCD를 사용한다

여러 신문이나 텔레비전 프로그램에서 그렇게 말하더라도 허블은 단 한 번도 천체의 사진을 찍지 않았다. 허블은 감도 1,000,000필름이 장착된 망원경이 아니다. 대신 허블은 대상의 이미지를 얻기 위해 전자검출기를 사용한다. 이 검출기는 전하결합소자, 즉 'CCD'라 불린다. 여러분들도 분명히 직접 보았거나 사용해보았을 것이다. 소형 비디오카메라, 디지털카메라도 CCD를 사용하고 있다.

천문학에서는 CCD가 빛에 대해 감도가 높아 어두운 물체를 잘 검출하기 때문에 필름보다 더 유용하다. 또 CCD는 지금 찍은 이미지를 수 년 뒤에 찍은 이미지와 비교할 수 있다. 대상의 모양이나 위치가 시간에 따라 변화한 것을 찾아보려고 할 때 편리하게 사용될 수 있다. CCD는 데이터를 전자식으로 저장하며, 이것은 데이터가 전파 신호로 변환되어 분석을 위해 지구로 되돌려 전송되어질 수 있음을 의미한다. 이것은 우주망원경에서 필름이 따라올 수 없는 장점이다. 카메라의 필름을 바꾸기 위해 누가 망원경이 있는 궤도로 올라갔다 오기를 원하겠는가?

쉿! 당신은 비밀을 지켜야만 한다!

허블이 어떤 대상을 겨누면 대개 우리가 지상에서 보지 못하던 어떤 것을 보여준다. 이것은 데이터가 매우 가치 있음을 뜻하므로 당연히 망원경을 사용하려는 경쟁이 치열하다.

약 일 년에 한 번씩 허블을 사용하기 위한 제안서 모집 공고가 뜬다. 대개의 경우 나사는 한 해 동안 허블이 실질적으로 관측할 수 있는 것보다 6배나 많은 제안서를 받는다. 보통 사람들이 생각하기에 6대 1의 경쟁률이 다소 높지만 1년 동안 그 정도의 관측 시간밖에 없으므로 어쩔 수 없다. 이것이 흥미로운 상황을 연출한다. 공공의 망원경임에도 짧은 기간 동안 그 데이터는 비밀로 보관하게 된다.

이 시간을 소유독점 기간이라고 한다. 이 기간은 천문학자에게 그 데이터를 연구할 시간을 주기 위해 고안되었다. 허블 데이터를 비밀로 한다는 것이 이상하게 들릴지도 모르겠다. 모든 사람의 세금이 지불되었으므로 모든 사람이 그 데이터를 즉시 볼 수 있는 권리를 가져야 하지 않을까?

이것은 꽤 공평한 실문처럼 보이지만 실제로는 그렇지 않다. 당신이 낸 세금은 국세청에 들어간다. 그렇다면 당신 이웃이 낸 세금 환급 내용은 왜 알려주지 않는가? 국방부에 최신 비밀 제트기의 설계도를 요구해보고 그것이 가능한지 확인해보라.

이제 공평하게 생각한다면 이 데이디는 징밀 비공개가 맞으며, 이것들이 비공개이어야 할 이유가 있다. 실제로 허블 데이터는 비밀이 아니나. 그러나 그 데이터가 공개되기 전 1년 동안 그것이 비밀이어야 할 이유가 있다.

왜 그런지 알기 위해 잠시 당신이 천문학자라고 상상해보자. 당신온 권측에 대한 멋진 아이디어를 갖고 있다. 그리고 이를 위해 허블을 사용하기를 원한다. 당신은 무엇을 해야 하는가?

먼저 정말로 허블이 필요한지 확신해야만 한다. 모든 천문학자들이 허블을 사용하려고 한다는 사실을 기억하라. 허블을 사용하기 위해 경쟁하는 또 다른 다섯 사람이 있다. 이것은 처음부터 단지 1/6의 확률로 당신의 제안서가 수락될 것을 의미한다. 달리 말하면 허블을 사용할 기회를 심사하는 천문학자위원회는 매우 까다롭다는 뜻이다. 만일 당신의 계획이 지상에서도 가능한 것이라면 거부

될 것이다. 당신의 계획이 과학 성과에 비해 시간을 너무 많이 소요하는 것이라 해도 거부될 것이다. 다른 사람이 하겠다고 요청한 것이라면, 게다가 다른 사람의 것이 더 좋다면 거부될 것이다.

이해가 되는가? 제안서를 준비하면서 다른 연구에 사용되거나 다른 연구 제안에 사용될 수 있는 시간이 며칠, 또는 몇 주가 소모될 수 있다. 귀중한 많은 시간을 제안서 작성에 소모했지만 거부되어질 수 있다.

그러나 운이 좋아서 당신의 제안이 받아들여졌다고 생각해보자. 축하한다! 당신은 다음 단계로 넘어가야 한다. 얻고자 하는 관측 수행을 위하여 목표물 겨누기에서 시작하여 노출 시간, 필터, 기타 작고 사소한 것들을 포함하여 허블에서 사용할 모든 것을 상세히 계획해야 한다. 이러한 상세 계획서를 만드는 데 또다시 수 일에서 수 주일을 소요할 것이다.

마침내 완성하여 최후의 제안서를 제출했다. 다시 축하한다!

이제 당신은 기다려야 한다.

예정된 순서대로 진행되어 관측을 하게 되기까지 다시 1년가량이 걸린다. 관측을 수행하면, 기가바이트에 달하는 데이터를 얻게 된다. 그리고 이를 분석하려면 많은 소프트웨어와 경험이 필요하다. 모든 것을 끝내려면 수 개월, 또는 수 년이 걸린다. 운과 노력이 더해져 이 모든 것이 끝나면 천문 저널에 논문을 발표할 수도 있을 것이다.

이제 잠시 그 모든 작업에 대해 생각해보자. 관측 이전과 이후의 모든 분석에는 시간과 자금이 소요된다. 어느 것도 천문학자들은 풍부하게 소유하고 있지 않다. 어떤 사람에게는 연구 제안 시간이 돈이다. 그리고 제안 승인은 매우 드물다. 허블 우주망원경의 사용을 제안하는 것은 커다란 도박과 같다. 당신은 제안서의 승인이 나기를 바랄 것이고, 또 더 나은 연구를 할 수 있을 만큼 그 데이터가 훌륭하기를 바랄 것이다.

그리고 제안서가 통과되면 당신은 더 많은 연구비를 받게 될 것이다. 나는 연구비 그 자체에 특히 강조를 하지 않으려 하지만 연구비 없이 연구를 수행하기란 거의 불가능하다. 어떤 의미에서 과학자로서 당신의 미래는 좋은 데이터를 얻는 능력에 달려 있다. 당신은 연구에 대한 과학적 평판에 매달려 있다. 천문학 저널에 한 번 발표된 그 허블 데이터는 당신의 평생 자산이 된다.

이제 당신이 그 데이터를 얻는 그 순간에 다른 천문학자도 또한 그 데이터에 접근할 수 있다고 생각해보자. 이 천문학자는 당신처럼 양심적이지도 멋지지도 않다. 그 사람도 또한 허블 사용 경험이 있어서 당신의 데이터를 어떻게 분석해야 하는지 안다면, 당신보다 더 먼저 그 데이터를 발표할 수도 있다. 당신이 들인 그 모든 작업과 노력과 시간에도 불구하고 당신의 데이터로 당신을 앞지를 수도 있다.

이것이 바로 1년 동안 소유독점권을 주는 이유이다. 이것은 천문학자에게 그 데이터로 무엇을 해야 할지 구상할 수 있게 하고, 최상의 분석을 할 수 있는 시간을 주는 것이다. 그 데이터를 얻기 위해 많은 시간을 바친 당신에게 이것은 공정하다. 다른 사람보다 앞서서 그것을 볼 기회를 당신에게 주는 것이 바람직하다.

실제로 비밀은 없다. 독점 기간이 끝나면 어찌 되었건 그 데이터는 공개된다. 나사에 의심스러운 부분이 있는 것이 아니라 1년 동안 데이터의 비밀을 지키는 것은 실제로 천문학자들의 요구를 공정한 방식으로 보상해주는 가장 좋은 방법이다. 어떤 좋은 데이터가 1년 동안 공개되지 않는다는 것을 알았을 때 기다리려면 짜증이 나겠지만 그것은 그만큼 가치가 있는 일이다.

6. 달을 찍는다

허블은 하나의 카메라가 장착된 단순한 망원경이 아니다. 여러 개의 카메라가 장착된 망원경이다. 각 장비들은 특별한 쓰임새가 있다. 어떤 것은 자외선을, 어떤 것은 적외선을 촬영한다. 어떤 것은 대상으로부터 오는 빛을 각각의 색깔로 분해해 스펙트럼을 얻는다. 각 카메라들은 정교하고 값비싼 기계장비들이다. 이 장비들 중 일부는 빛에 대단히 민감하다. 다량의 빛에 노출된다면 실제로 파손될 수도 있다.

이 민감함이 '허블은 달을 찍을 수 없다' 는 또 다른 오해를 불러일으켰다. 그 오해처럼 허블을 이용하여 정교한 장비들에 손상을 입히지 않고 관측하기에 달은 너무 밝다.

그러나 이것은 사실이 아니다.

허블 망원경을 과다한 노출조건에 사용하려면 관측자가 주의를 해야 하는 것은 사실이다. 예를 들자면 '태양 회피 영역' 은 매우 엄격하게 지켜야 한다. 즉, 허블에 금지되어 있는 태양 주변의 넓은 하늘 영역이 있다. 태양은 너무나 밝아서 만일 허블이 태양에 너무 가까이 겨누어지게 된다면 여러 손상을 입게 된다. 이 부분은 매우 엄격히 적용되어진다. 하지만 단 한 번 예외가 있었는데 바로 행성인 금성을 관측할 때였다.

그러나 실제로 태양에 비해 밝기가 훨씬 미치지 못하는 달의 경우에는 적용되지 않는다. 허블의 어떤 카메라는 빛에 대단히 민감한 것이 사실이지만 달을 관측할 때면 간단히 덮개를 덮어버릴 수 있다. 여전히 많은 사람들이 달을 포함하여 밝은 대상을 볼 수 없다고 생각한다. 그러기에 허블이 주기적으로 지구를 관측한다는 것은 매우 흥미롭다. 허블의 입장에선 달보다 지구가 훨씬 더 밝다.

허블이 지구를 관측하는 이유에는 나쁜 의도가 있지 않다. 때때로 이 거대한 천문대는 지구로 방향을 돌려 장착된 카메라의 보정에 필요한 긴 노출 촬영을 한다. 이것은 천문학자들에게 카메라가 어떻게 작동하는지 이해할 수 있게 해준다. 허블은 빨리 움직이는 물체를 쉽게 따라가지 못한다. 허블의 아래에 있는 땅은 초당 8킬로미터나 되는 속도로 움직인다. 그래서 촬영된 이미지는 모두 긴 선으로 나타난다. 나는 이런 선들을 몇 개 본 적이 있다. 긴 회색빛 선처럼 보이는 집과 나무를 분명히 확인할 수 있었다. 당신은 사생활을 보호하기 위하여 창문을 닫는 수고를 할 필요가 없다. 허블이 본 당신의 이미지는 길고 퍼진 벌레 같은 것이다.

허블이 지구의 모습을 찍을 수 있다면 분명히 달의 모습도 찍을 수 있을 것이다. 달이 너무나 밝아서 못 찍는다는 믿음은 허물어졌다.

그렇다면 왜 우리는 달을 관측한 허블의 정기적인 관측 기록을 볼 수 없는가?

한 가지 이유는 허블이 촬영할 수 있는 것보다 더 나은 이미지를 이미 아폴로나 클레멘타인 달 탐사 위성으로 찍어서 가지고 있기 때문이다. 그러나 또 다른 이유가 있다.

나 또한 허블이 달의 모습을 찍지 못한다고 말하곤 했었다. 그 이유는 달이 너무 밝아서가 아니라 너무 빨리 움직이기 때문이다. 가까운 행성이 태양을 공전할 때 허블은 추적하기 위하여 별도로 조작을 해야만 한다. 그러나 달은 다른 어떤 행성보다도 하늘을 빨리 가로지르며 움직인다. 내가 말하고자 하는 것은 달을 추적할 방법이 없다는 것이다.

사실 허블은 달을 추적하지 못한다. 그러나 허블은 달을 추적하지 않아도 된다. 달은 밝다. 밝은 대상을 촬영한다면 노출을 빨리할 수 있다. 허블은 마치 달이 전혀 움직이지 않는 것처럼 매우 짧은 시간의 노출로 달의 모습을 촬영할 수 있다. 이것은 움직이는 차의 창밖으로 경치를 찍는 것과 같다. 만일 당신이 긴 노출시간을 준다면 나무가 퍼져서 나타날 것이다. 그러나 만일 짧은 노출로 찍는다면 나무는 예리하게 정지된 모습으로 보일 것이다. 퍼질 시간이 없는 것이다.

1999년에 허블이 찍은 달의 사진이 있다. 천문학자들은 현명했다. 달이 지나갈 곳이라고 예상되는 지점을 겨누고 시야에 나타날 때까지 기다리면서 허블을 미리 대기시켜두고 있었다. 달이 나타났을 때 빠른 시간의 노출로 달을 찍었다. 그 결과는 꽤 괜찮았다. 비록 우리가 달을 선회하며 찍은 사진보다는 좋지 않았지만 아주 멋진 달의 사진을 얻었다. 실제 이 관측 실험의 주요 목적은 달 표면의 스펙트럼을 얻어 천문학자들이 여러 행성의 성질을 이해하는 데 도움을 주고자 한 것이었다. 달의 이미지는 부수적으로 얻어진 것이었다. 그래서 허블은 저물어가는 20세기의 말에 실제로 달을 찍었다.

아이러니하게도 많은 사람들이 허블은 달이 너무 밝아서 찍을 수 없다고 생각하는 동안 오히려 그 밝기 때문에 허블은 달을 찍을 수 있었다. 흐림 없이 달을 순간적으로 포착할 만큼 그 밝기가 충분했기 때문이다.

불운하게도 달 논란은 아직 끝나지 않았다. 어떤 사람들은 모든 곳에서, 심지어 이득을 볼 것이 없는 곳에서도 음모와 은폐가 있기를 진정으로 원한다. 이런 부류의 한 사람으로 리처드 호아그랜드가 있다. 그는 자신이 추측한 나사의 속임수 목록을 갖고 있으며 그 대부분은 우주의 외계인에 관한 것이다. 호아그랜드를 괴짜라 부르는 것이 타당할 것이다. 그는 화성에 있는 얼굴 모양 지형에서 외계인이 있다고 주장했을 뿐 아니라 여러 이상한 주장을 해왔다. 그는 다음과 같은 제목으로 달과 허블에 관한 기사를 게재하기도 했다.

'나사는 아직도 또 다른 거짓말을 하고 있다.'

그러면서 호아그랜드는 다음의 대화를 언급했다.

한 유에프오 연구가가 어떤 천문학자에게 다음과 같은 질문을 했다.

"허블이 달의 사진을 찍은 적이 있습니까?"

천문학자가 대답했다.

"아닙니다. 달은 너무 밝습니다. 심지어 어두운 부분일지라도 허블이 보기엔 너무 밝습니다."

나는 이 천문학자를 알고 있었으므로 이것에 대해 물어보았다. 나는 그의 난처한 웃음을 전화를 통해 들을 수 있었다. 그는 사과를 했고 그 인용은 슬프게도 정확해서 실수를 한 자신이 미울 정도라고 했다. 그는 깊이 생각해보지 않고 잘못된 사실을 말했다. 호아그랜드는 이것이 나사가 달에 있는 외계인 기지를 은폐하려는 증거의 일부분이라고 주상했다. '나사가 거짓말을 했다'라는 제목은 적당하지 않다. 거짓말은 속이려는 의도가 있음을 암시하며 실제로는 정직한 실수도 있다. 또한, 그 천문학자는 나사의 직원도 아니었다.

호아그랜드의 주장에 따르면 이것은 허블이 실제로 달을 관측할 수 있다는 사실을 덮기 위한 나사의 거짓말에 불과하다는 것이다. 그의 뒤틀린 논리에 따르면 나사는 천문학자들이 외계인을 찾지 못하도록 하기 위해 달이 허블의 한계 밖에 있다고 수 년 동안 말해왔다는 것이다. 호아그랜드는 자신의 주장에 상반되는 분명한 사실들을 무시한다.

허블이 정기적으로 더 밝은 지구를 관측하면서도 달이 너무 밝아서 관측하기 어렵다고 말하는 것은 어리석은 일이다. 호아그랜드는 한 천문학자의 잘못된 한마디 말로부터 천문학계에 있는 모든 사람들이 커다란 음모를 꾸미고 있으며 사실과 명확히 상반된 논쟁을 모른 체하고 있다고 가정한다.

허블을 설계하고 사용해본 천문학자나 과학자들과 일을 해보면 이들이 어떤 것을 감추는 일에 전혀 흥미를 갖고 있지 않다는 사실을 알게 될 것이다. 나사가 어떤 것을 숨기지 않는다고 공고할 것이 아니라 허블의 근사한 달 사진을 실제로 제공하는 편이 아마 더 좋을 것이다.

허블에 대해 한 가지만 더 말하고자 한다.

아마도 허블에 가장 큰 피해를 준 언론은 비현실적인 이야깃거리들을 다루는 주간 《월드 뉴스》였을 것이다. 모든 사람들이 그 기사가 허풍임을 알고 있다. 나는 항상 얼마나 많은 사람들이 그것을 진지하게 받아들이는지 궁금하다.

1994년 7월 19일자 뉴스에 이러한 제목의 기사가 실렸다. '지옥으로부터 온 첫 번째 사진!' 부제엔 '블랙홀로부터 나오는 비명을 듣다!' 가 눈에 띄었다. 이 기사에 따르면 허블이 블랙홀을 관측하여 사람들이 소리 지르는 명확한 신호를 포착했다. 분명히 이것은 지옥에서 고문 받는 영혼의 소리였다.

잠시(또는 영원히) 허블이 소리를, 그것도 지옥으로부터 들리는 소리를 포착했다는 어이없는 기사를 무시한다해도 나에게 이 기사의 가장 황당한 부분은 함께 실린 허블의 초신성 1987a 사진이었다. 이 별은 1987년에 폭발했다. 나는 박사학위 논문을 위해 허블의 사진과 스펙트럼을 분석하면서 이 별을 4년 동안이나 관측했었다. 나는 때때로 내가 본 것의 신비로움을 풀기 위해 밤늦게까지 일하곤 했다. 하지만 나 자신의 소리를 제외하고 어떤 고통의 비명도 결코 들은 적이 없다.

그래서 주간《월드 뉴스》가 허블의 초신성 1987a 사진을 '지옥으로부터 왔다'라는 제목의 기사와 같이 실은 것이 이해가 되지 않는다. 나는 이미 그것에 대한 모든 이론을 썼다!

3

할리우드 영화 속으로 들어간 과학의 거짓 혹은 진실?

'슈욱!' 우리의 영웅이 탄 우주선이 우렁찬 소음과 함께 밀집된 소행성 대를 벗어나며 다가온다. 급격하게 왼쪽으로 선회하며 무시무시한 적들의 레이저 광선을 피한다. 그 적들은 먼 은하계에서 지구의 귀중한 물을 탈취하기 위해 왔다. 하지만 지구의 중력에 휩싸여 잿더미 속의 파리처럼 벗어나지 못한다. 별들이 쏜살같이 지나가는 와중에 우리의 영웅은 적들에 달라붙어서 공격을 한다. 적의 우주선이 폭파되어 파편 조각들이 원모양의 형태로 퍼져나가면서 거대한 공 모양의 불꽃이 터진다. 환호성을 지르며 우리의 영웅은 저 멀리 비치는 태양 앞에 있는 보름달을 가로질러 날아간다.

수백 편의 공상과학영화에서 이러한 장면을 보아왔다. 이것은 매우 홍

분되는 장면처럼 보인다. 그러나 이 장면에서 무엇이 잘못되었는가?

물론, 당연히 모든 것이 잘못되었다.

수많은 공상과학영화는 재밌지만 과학의 관점에서 보면 낙제점을 줄 수밖에 없다. 대부분의 작가는 흥미로운 장면을 위해 아무런 근거없이 스토리를 전개해나간다. 천문학을 생각해보자. 이런 영화를 보고 천문학적 관점에서 얼마나 많이 고개를 가로저었는가?

나는 어린 시절 많은 시간을 텔레비전 앞에서 공상과학영화를 보면서 보냈다. 그 영화들은 과학에 대한 나의 관심을 증대시키는 한편, 반대로 많은 쓰레기 지식들을 머리에 집어넣었다. 그래서 천문학자의 이름으로 나는 영화와 텔레비전에 나타난 최고의 불량 천문학 10가지를 정리했다. 이 10가지에 속한 내용은 내가 본 100여 편의 영화로부터 모은 것들이다.

각 장면들을 하나하나 따로 떼내어 무엇이 잘못되었는지 찾아보자. 어서 가서 팝콘을 사 온 다음, 큰 컵에 탄산음료를 마시며 장면을 즐겨라. 다른 사람도 좀 배려해주자. 소리를 최대한으로 낮게 하기 바란다.

1. '슈욱!' 우주선 소리가 정말 들릴까?

당연히 우주에서는 당신이 소리치는 것을 들을 수 없다. 빛과 달리 소리는 전달하는 매질이 필요하다. 소리로 듣는 것은 실제로 매질의 수축과 팽창 작용으로 인한 것이다. 보통의 경우 음파가 전달되는 것은 공기를 통해서이다. 하지만 우주에는 공기가 없으며 소리는 전달될 수 없다.

우리는 공기로 가득 찬 행성에서 살고 있으며 어떤 것이 지나갈 때 소음을 일으키는 것에 익숙해져 있다. 차, 기차, 야구공 등 모두가 우리를 지나갈 때 '휙' 하는 소리를 낸다. 만약 어떤 것이 빨리 지나가지만 조용하다면 이상할 것이다.

「스타 트렉」 텔레비전 시리즈의 과학 자문이었던 앙드레 보르마니스는 수 년 전 내가 들었던 소문을 확인해주었다. 「스타 트렉」의 창시자인 진 로든베리는 우주선 엔터프라이즈호가 우주공간을 조용히 움직이는 것을 원했다고 한다. 그러나 방송 관계자들이 우주선이 지나갈 때 덜컹거리는 소리와 '슈욱'이라는 소리를 넣도록 압력을 가했다. 하지만 마지막 시즌에서는 그 소리를 제거했다. 시작 장면에서의 '슈욱' 소리는 여전히 유지되었는데 아마도 그 장면을 바꾸기엔 너무 돈이 많이 들어서였을 것이다. 아마 200년 뒤에도 우주여행 장면을 위한 예산은 매우 짤 것이라고 나는 추측한다.

음파가 성간가스 구름을 통하여 전달되면 우주 공간을 가로질러 진행되는 경우도 있을 수 있다. 비록 성간가스가 그 이름처럼 구름과 같이 두껍고 가득 찬 것처럼 보이지만, 보통의 성운(라틴말로 '구름'에서 유래되었다)은 실제로 진공 상태와 그리 차이가 없다. 광대한 구름 속의 원자는 꽤 멀리 떨어져 있어서 수조 킬로미터의 두께를 가진 성운이라 할지라도 1제곱센티미터 공간에는 원자가 몇 개 없을 것이다. 소리가 구름을 통해 전달되도록 하려면 이 원자들이 서로 부딪혀야만 한다.

두 구름이 서로 강하게 충돌하거나 근처의 별로부터 전달되는 바람이 초당 수십 킬로미터의 속도로 성운에 부딪히고 가스를 압축할 때 성운 내부에서 소리를 발생시킬 수 있다. 그 과정은 매우 격렬하다. 이러한 과정에서 일반적으로 성운이 반응하는 것보다 더 빠르게 가스가 주위로 밀려난다. 가스 원자는 소리의 속도와 동일하게 서로 간에 상호작용을 한다.

만일 어떤 원자가 고정되어 있는 동안 다른 원자가 소리의 속도보다 더 빨리 지나간다면, 첫 번째 원자는 매우 놀랄 것이다. 말 그대로 충격을 받는다. 이러한 현상을 '충격파'라 한다.

성운 세계에서 충격파는 흔한 일이다. 충격파는 가스를 아름다운 면이나 선으로 압축하기 때문에 수백 광년 떨어져 안전한 곳에 있는 행성에 살고 있는 우리는 그것을 보면서 "오!" 또는 "아!"하는 탄성을 지른다. 나는 오리온 성운 주변이 우주에서 가장 밀집되어 있을 것이라고 생각한다. 그러나 만약 당신이 그곳에서 위치를 제대로 잡는다하여도, 보이는 모습은 좀 다르겠지만 지나가는 원자의 유령 같은 속삭임은 여전히 들리지 않을 것이다.

2. 엄청나게 많은 소행성대가 있을까?

'소행성 무리'라는 용어를 들어본 적이 있는가? 그렇다. 그것은 오히려 '소행성 진공지대'라고 표현하는 것이 더 낫다. 우리의 태양계에서 대부분의 소행성은 화성과 목성 사이에 위치해 있다. 두 행성간 궤도 사이의 면적은 10^{18}제곱킬로미터이다. 엄청난 공간이다!

천문학자 난 튜르다는 이것을 이런 방식으로 설명한다. 태양을 약 1미터나 되는 큰 비치볼로 생각해보자. 지구는 태양으로부터 약 100미터(대략 축구장 길이만 하다) 떨어진 곳에 놓여 있는 1센티미터의 구슬이 될 것이다. 화성은 태양으로부터 150미터 떨어진 곳에 있는 콩과 같을 것이다. 야구공 크기의 목성은 500미터나 떨어져 있을 것이다.

소행성대에 있는 소행성을 모두 모아서 뭉친다면 전체가 작은 모래알 크기가 될 것이다. 이제 그 모래알을 수백만 조각으로 부수어서 화성과 목성 사이 수십만 제곱미터의 면적에 흩뿌려보자. 무엇이 보이는가? 그곳에서 수개월 동안 돌아다니더라도 두 개는커녕 하나의 소행성도 볼 수 없을 것이다.

「스타워즈-제국의 역습」에서 한 솔로는 제국의 우주선에 의해 발각되는 것을 피하기 위하여 소행성대에서 속임수를 쓰며 날아다녀야 했다. 그 바위들은 우주선 밀레니움 팔콘을 작게 보이게 만들 정도로 꽤 컸다. 그 소행성대의 소행성 평균 지름이 100미터이고 소행성 사이의 평균 간격이 1킬로미터라고 가정해보자. 이 가정도 매우 많이 봐준 것이다! 1제곱센티미터당 수 그램 정도로 평균 밀도를 가정한다면 각 소행성 하나당 질량이 수조 그램, 달리 말하면 백만 톤이 될 것이다. 만약 우리의 소행성 띠와 같은 규모라면 전체 소행성 무리는 대략 10^{30}그램의 질량을 가지게 된다. 이것은 우리 소행성대와 비교하여 약 1백만 배나 많은 질량이며 우리 태양계 내의 모든 행성들의 질량을 합한 것과 동일하다. 정말 엄청난 소행성 무리이다. 한 솔로는 그곳에서 어렵지 않게 우주선을 숨길 수 있을 것이다.

다른 태양계에서 소행성대는 더 클 확률이 있다. 외부 태양계는 우리 태양계와 많이 다를 것이다. 우리는 다른 시스템에서 소행성대가 어떤 모습일지, 심지어 소행성대가 있을지 알 수 있는 기술을 아직 갖고 있지 못하다. 여전히 많은 영화에서 내용 전개를 위해 매우 밀집된 소행성 폭풍을 사용한다(텔레비전 시리즈인 「로스트 인 스페이스」에서는 쥬피터 2호의 궤도를 이탈시키기 위하여 사용했고, 「스타 트렉」에서는 우주선을 손상시켜 커크와 승무원들에 의해 구조되도록 하기 위해 사용했다). 그곳에 얼마나 많은 소행성이 있을까? 먼 훗날까지 기다렸다가 살펴보아야 한다.

3. 우주선의 급격한 선회가 안전할까?

다시 한 번 우주에는 공기가 없다는 사실을 상기하자. 우리 인간은 비행기가 방향을 바꿀 때 선회할 것이라고 기대한다. 비행기의 날개를 조정하는 것은 측면으로 추진력을 받게 하여 비행기의 방향을 바꾸는 것을 의미한다. 그러나 무엇이 추진력을 일으키는지 생각해보자. 공기이다. 다시 말할 필요가 있을까? 우주에는 공기가 없다.

우주에서 방향을 바꾸기 위해서는 돌기 원하는 방향의 반대쪽으로 로켓을 점화하는 것이 필요하다. 안전한 곳으로 탈출해야 하는가? 그렇다면 측면으로 로켓을 추진하라. 실제로 선회하는 것은 상황을 더욱 악화시킨다. 그것은 추적하는 적들에게 더 넓은 목표물을 제공한다. 날개의 각을 그대로 유지하는 것이 더 안전하다. 말이 나왔으니 하는 말인데, 왜 많은 영화에서 앞 몸체에 날개가 달린 우주선이 나오는가?

엄격하게 말하면 선회는 하나의 이점이 있다. 차가 왼쪽으로 돌면 승객들은 오른쪽으로 쏠리는 힘을 느낀다. 이것을 '구심력'이라 한다. 그리고 이것은 우주선에서도 적용된다.

공군에서 행한 다양한 실험을 보면 사람의 몸은 높은 수준의 가속도에 취약하다. 위로 가속하는 우주선에 앉아 있는 사람은 머리로부터 피가 말라버리고 기절할 듯한 힘을 경험한다. 만약 아래로 가속한다면 피가 머리로 몰리고 또한 기분 나쁜 느낌을 받는다. 몸이 이 힘을 견디는 최선의 방법은 조종사가 의자를 깊숙이 밀며 꼿꼿이 앉는 것이다. 만일 조종사가 우주선을 급격히 회전시킨다면 구심력이 곧바로 반대로 작용해 조종사를 의자로 강하게 밀어붙일 것이다. 우주 전쟁 도중 조종사가 기절하는 것은 그리 놀라운 일이 아니다. 아마도 우주공간에서 선회하는 것은 기절을 방지하려는 어떤 이유가 있다.

또 다른 한 가지. 만일 우주선이 가상 중력이 있다면 그때에는 컴퓨터가 계산을 해서 구심력에 반대되는 반작용을 할 수 있을 것이다. 그래서 만일 우리의 영웅이 우주선 내에서 중력을 느끼고 있고 그럼에도 급선회를 한다면 실제로 엉터리란 사실을 알아야 한다.

4. 무시무시한 적들의 레이저를 피하는 것이 가능할까?

아마 당신은 빛의 속도가 초당 300,000킬로미터임을 알고 있을 것이다. 이것은 사실이다! 이 속도는 장난이 아니다. 오늘날 알고 있는 모든 물리학에 따르면 빛보다 빠른 것은 없다. 아마도 언젠가는 빛 속도의 한계에 접근하는 방법을 찾아낼 수 있을 것이라고 생각한다. 사실 천문학자들이 가장 이것을 바라고 있다. 천문학자들은 우주선에 탑승하여 은하를 여행할 수 있다면 모든 것을 다 포기할 것이다. 행성상성운을 매우 가까이서 실제로 보기 위하여, 또는 미친 듯이 회전하는 두 중성자별이 상호 중력 작용에 의해 춤추며 합체하는 것을 보기 위하여 모든 것을 다 포기할 것이다.

레이저 광선은 빛의 속도로 쏘아진다. 그러므로 문자 그대로 당신의 앞에 레이저 광선이 오는지 알아낼 방법이 없다. 여기에다 한 가지 문제가 더 있다. 우주 공간 밖이다. 당신은 레이저 광선을 전혀 볼 수 없다. 레이저는 매우 예리하게 초점이 맺힌 빛의 광선이며 이것은 모든 광자가 한 방향으로 움직인다는 사실을 의미한다. 광자는 앞으로만 나아가며 옆으로 가지 않는다. 그러므로 광선을 볼 수 없다. 이것은 깨끗한 공기 중에서 플래시를 사용하는 것과 같다. 당신은 빛을 볼 수 없다. 단지 빛이 벽에 닿았을 때 빛의 자국만을 볼 수 있다. 만약 빛의 선을 볼 수 있다면 이것은 공기 중의 먼지, 안개, 물방울 같은 입자가 광선 속의 광자를 옆으로 산란시키기 때문이다.

텔레비전에서 레이저가 나오는 선전을 보면 광선을 산란시키기 위하여 공기 중에 어떤 것을 뿌려두었기 때문에 그 광선을 볼 수 있다. 당신이 우주선을 타고 레이저 전쟁 속에 있다면 광선이 당신을 맞추기 전까지 적이 쏜 광선이 보이지 않고, 또 보고 싶어도 볼 수 없을 것이다.

'훅!' 당신 우주선에서 연기가 난다(신기하게도 폭발하는 우주선으로부터 발생한 먼지에 의해 두 번째 광선은 보이게 될 것이다). 그러나 레이저 광선을 피하려는 것은 공기를 피하려고 애쓰는 것과 같다. 시도는 할 수 있지만 결국 당신을 따라잡는다.

5. 외계인이 있는 은하계는 얼마나 멀까?

심지어 무섭도록 빠른 빛의 속도일지라도 별들 간의 거리에 비하면 새 발의 피다. 가장 가까운 별도 빛의 속도로 수 년이나 떨어서 있으며 맨눈으로 볼 수 있는 가장 멀리 있는 별은 수백, 수천 광년이나 떨어져 있다. 우리 은하는 직경 수십만 광년에 수천억 개의 별로 이루어진 거대한 원형 바퀴와 같다.

이것도 우리 은하에서 가장 가까운 나선 은하인 안드로메다 은하까지의 거리에 비하면 아무것도 아니다. 천문학자에게 안드로메다 은하를 뜻하는 M31은 거의 300만 광년이나 떨어져 있다. 당신이 가을 하늘에 본 M31은 이 지구상에 오스트랄로피테쿠스가 가장 지적인 영장류였을 때 떠난 빛이다. 게다가 M31은 가장 가까운 나선 은하이다. 오늘날 망원경으로 보이는 대부분의 은하들은 수억 광년 이상 떨어져 있다.

이제 외계인이 지구에서 멀리 떨어진 어떤 은하계로부터 여행을 온다는 사실이 좀 우습게 보이지 않는가? 결국 그 거리는 엄청나게 멀고 그들 앞 마당에서도 약탈하거나 강탈할 수많은 별들이 있을 것이다.

공상과학영화 작가는 '은하', '우주', '별' 이라는 용어를 다소 혼동하는 경향이 있다. 1997년 NBC가 텔레비전 프로그램으로 제작한 「침입」은 외계인들이 지구에 도착하는 데 '수백만 마일 이상'을 날아왔다고 설명했다. 우습게도 작가는 그 거리가 매우 멀다고 생각했을지 모르지만 사실 달은 25만 마일이나 떨어져 있다. 가장 가까운 행성도 2천5백만 마일이나 멀리 위치해 있다. 태양에서 가장 가까운 별인 센타우르스자리 알파성은 26조 마일이나 떨어져 있다. 그 작가는 외계인 우주선의 연료통 크기를 너무 작게 생각했던 것 같다.

6. 지구에만 물이 있다는 것이 사실일까?

이것은 나 자신이 가장 좋아하는 것이다. 이 발상은 1980년대 텔레비전 영화인 「브이」에서 사용되었던 것이다. 또 셀 수 없이 많은 다른 싸구려 공상과학영화에 등장했다. 이것은 천문학자 퍼시벌 로웰이 화성에 운하가 있다고 추측한 후, 화성이 말라가고 있다고 결론을 내린 후부터 나타났다. 즉 1800년대 후반부터 시작되었다. 분명히 진화된 종족은 물을 관리함으로써 스스로를 보존하려고 할 것이다. 불운하게도 로웰이 실제로 보았던 것은 화성 표면의 희미한 무늬였고 그의 인간적인 머리가 상상으로 운하를 연결시켜 주었다. 실제 화성에는 운하가 없다.

이를 고려한다면 외계인이 우리의 물을 원한다는 것은 그럴 듯하다. 지구에 있는 물을 보자. 지구는 표면의 3/4이 물이다. 필사적으로 물이 필요한 외계인들이 무엇을 할 것인가? 질투하는 눈초리로 우리의 푸른 세계를 쳐다본 후 목마른 고통을 참으며 무슨 수를 쓰든 태양계의 중심으로 날아오려 할 것이다. 그리곤 지구의 가파른 우물에 들어갔다가 나오면서 엄청난 양의 에너지를 소모한다. 그 에너지는 물을 빨아올리는 데 사용되었다?

그렇지 않다. 물은 태양계 내 어디에나 있다. 태양계의 바깥쪽 위성에는 상당한 양의 얼려진 물이 있다. 토성의 고리는 거의 얼음으로 구성되어 있다. 거의 1광년에 걸쳐 있는 태양계 외곽의 혜성 원천인 오르트구름 저편에 차가운 광대한 영역을 떠다니는 셀 수 없이 많은 얼음조각들이 있다. 태양의 열과 무시무시한 중력에서 수십억 킬로미터나 떨어져 있는 혜성들로부터 쉽게 얼음을 캐내는 대신에 왜 지구로 오고자 그 많은 에너지를 소모하는가? 게다가 얼음은 물의 매우 편리한 상태이다. 얼음은 물보나 약간 더 부피를 차지하지만 보관용기가 필요 없다. 단지 얼음을 원하는 형태로 깨어서 우주선의 외부에 매달아 떠나기만 하면 된다.

물론 「브이」에서는 외계인들이 우리의 물을 훔칠 뿐만 아니라 인류를 잡아먹기 위해서 오긴 했다. 그 경우에는 외계인들이 지구로 올 타당한 이유가 있었다. 우리의 운명은 가혹하다. 만일 내가 사람 고기를 먹어본 야만스런 외계인이라면 다량의 세포를 모아서 입맛에 맞도록 간단히 복제할 것이다. 집에서 훨씬 쉽게 할 수 있는데 왜 수백 광년이나 떠나와서 먹으려고 할까?

7. 지구 중력에서 벗어날 수 있을까?

'지구 중력으로부터 탈출'이라는 말을 들어보았는가? 사실 그것은 불가능하다. 아인슈타인에 의하면 지구의 질량은 공간을 휘게 한다. 당신이 더 멀리 가더라도 공간은 조금 덜 휠 뿐이다. 우리는 그 휘어짐을 중력으로 느낀다.

아인슈타인이 뉴턴의 일반적인 표현에 동의하더라도 중력은 거리의 제곱에 비례하여 약해진다. 그래서 지구로부터 두 배 멀어지면 이전보다 느껴지는 중력은 1/4로 줄어든다. 10배나 멀리가면 중력은 1/100만큼이나 작아질 것이다. 여기서 알 수 있듯이 중력은 급격히 줄어들지만 완전히 사라지지 않는다. 달리 말하면 만약 수십억 배나 멀어진다 해도 당신은 여전히(대단히 작겠지만) 중력을 느낄 것이다. 중력은 절대 사라지지 않는다. 만일 당신이 그 사실을 잠시 깜박했다면 실수한 것이다.

만일 중력이 항상 주변에 있다면 어느 순간에 자유로이 떠다니다가 갑자기 강해지는 경우란 없다. 물체에 접근함에 따라 중력은 점진적으로 변화한다. 「스타 트렉」은 때때로 엔터프라이즈호가 행성에 다가가면서 갑자기 기울어졌다가 운 나쁜 승무원들을 날려보내면서 중력에 사로잡히는 모습을 보여준다. 운 좋게도 우주는 그런 방식으로 작동하지 않는다.

그런 일이 일어나는 것을 두세 번 보고 나면 당신은 엔터프라이즈호에 탑승한 어떤 사람이 안전벨트를 매는 것을 생각하게 될지도 모른다.

8. 별들은 얼마나 멀리 떨어져 있을까?

만일 외계의 우주 공간에 부동산이 있다면 중요한 것은 위치가 아니다.

바로 규모이다. 행성들은 꽤 멀리 떨어져 있다. 별들은 정말 더 멀리 떨어져 있다. 태양을 제외하고 지구에서 가장 가까운 별은 대략 40조 킬로미터나 멀리 위치해 있다. 가장 멀다는 명왕성도 여기에 비하면 8,000배나 더 가깝다. 당신은 태양계를 가로질러 갈 수 있겠지만 맨눈으로 볼 때 별들은 조금도 움직이지 않는다. 태양계 내 어떤 행성에서 보든지 간에 별자리는 동일하게 보일 것이다.

그러나 실제로는 만일 명왕성에서 별을 본다면 그것은 아주 조금 측정 가능할 만큼 움직인다. 유럽의 위성 히파르쿠스는 지구를 돌면서 별들의 겉보기 위치 변화를 정밀하게 측정하기 위하여 띄워졌다. 정확한 위치 측정을 함으로써 근처의 별까지 거리를 알 수 있었다. 히파르쿠스는 이전에 생각했던 것보다 약 10% 더 멀리 있는 별들을 발견하여 우주의 크기에 대한 우리의 생각을 바꾸었다.

나는 한때 지구에서 가장 가까운 별이 무엇인지를 묻는 질문에 우스꽝스런 대답을 한 적이 있었다.

"센나우르스자리 프록시마!"

나는 큰소리로 말했지만 낭연히 정답은 '태양'이었다. 영화 「스타 트렉 IV-귀환의 항로」에서는 엔터프라이즈호와 승무원이 시간을 거슬러 가기 위하여 태양을 가로질러 공간 이동을 할 필요가 있었다. 이 장면에는 두 가지 문제점이 있다. 첫째 엔터프라이즈호가 태양으로 날아감에 따라 우주선을 지나가는 별들을 볼 수 있었다는 점이다. 그런데 별은 없었다. 둘째 빛의 속도로도 태양은 8분이나 떨어져 있다. 공간 이동을 통해 그들은 1초도 안 되는 시간에 태양을 지나가 버렸다. 그것은 매우 짧은 장면이었다.

9. 우주에서의 폭발은 정말 멋있을까?

우주에서의 폭발은 매우 미묘하다. 우리가 있는 이곳 지구에서는 폭발이 급속히 일어나면 과열된 공기에 의해 발생된 버섯구름을 볼 수 있다. 폭발을 하면 땅을 따라 전파되는 충격파에 의해 형성된 압축된 공기가 퍼지는 현상도 나타난다.

우주 공간에서 공기가 없다는 사실을 다시 한 번 떠올려보자. 진공 상태의 공간에서는 압축될 것이 아무것도 없다. 대부분의 공상과학영화 폭발 장면의 특징이라 할 수 있는 빛 덩어리는 관람자들을 흥미롭게 만드는 방법일 뿐이다. 파편 그 자체는 천천히 퍼져나간다. 조각들은 모든 방향으로 퍼진다. 우주에는 위와 아래가 없기 때문에 폭발은 구 형태로 퍼져나간다. 파편들은 의심할 여지없이 매우 뜨거워서 외부로 퍼지는 불꽃 같은 것을 실제로 보게 될 것이다. 그러나 그 정도일 뿐이다.

물론 폭발 동안 더욱 드라마틱한 일들이 많이 일어날 것이다. 급속히 퍼지는 빛 덩어리는 정말 멋있게 보이지만 믿기 어려운 것이다. 그렇지만 때때로 정확할 때도 있다. 「2010, 우리가 외계인을 만났을 때」란 영화에서 목성은 진보한 외계인에 의해 그 내부에서 핵융합을 일으킬 만큼 밀도가 높아질 때까지 압축된다. 중심부는 점화되고 외부 대기로 거대한 충격파가 전달된다. 이것이 터져나가면서 폭발하는 빛의 덩어리로 보인다. 이것은 상대적으로 정확하며 게다가 보기에도 흥미롭다.

요즘 영화에 빠짐없이 등장하는 고정된 특별 효과는 폭발에서 보이는, 물질들이 퍼져나가는 고리 모습이다. 이것은 「스타 트렉VI-미지의 세계에서 클링온의 위성인 프랙시스가 폭파하면서 시작되었다. 폭발할 때 나타난 폭발 고리는 관객들을 위해 극적인 효과를 주기 위한 것이다. 나는

다. 나는 이 장면 또한 의심한다. 지구에서 볼 수 있는 큰 폭발에서 퍼져나가는 고리는 땅 그 자체 때문에 나타나는 모습이다. 당신은 그것을 폭발의한 부분으로 생각하겠지만 그것은 땅에 의해 측면이 왜곡되어 보이는 것이다. 우주에서는 이러한 고리를 볼 수 없다. 다만 구가 있을 뿐이다. 그러나 「스타 트렉VI」에서 폭발은 단순한 것이 아니었다. 달의 형상에 의해 왜곡된 폭발이라면 가능하다. 편평한 고리는 부적절하지만 불가능한 것이아니다.

1997년 제작된 「스타워즈 특별판-새로운 희망」에서 마지막 부분에 죽음의 별이 폭발한다(나 때문에 그 영화를 본 느낌을 망치지 않기를 원한다). 여기서도 또한 폭발하는 고리가 나온다. 다시 한 번 그 효과를 설명해야겠다. 폭발은 전기처럼 가장 저항이 작은 곳을 찾는다. 그 죽은 별에는 적도 둘레로 참호가 나 있었음을 기억하라. 중심으로부터 터져나온 폭발은 그 참호를 먼저 강타했고 그 후 갑자기 폭발에 대한 저항이 사라졌다. '쾅!' 폭발 고리가 나타난다.

뿐만 아니라 실제 천문학에서도 폭발하는 고리를 볼 수 있다 초신성 1907d 구번에 나타난 고리는 중요한 예이다. 그것은 별이 폭발하기 전 수천 년 동안 지속되었다. 이미 사전에 퍼져나간 가스에 의해 형성된 것으로 오래전부터 별 주위에 존재하고 있었다. 비록 기술적 폭발이 원인은 아니지만 이것은 때때로 영화가 자연을 모방한다는 점을 보여준다.

10. 달과 별은 정말 그 위치에 있는 걸까?

달의 위상은 항상 영화 제작자들을 숨막히게 한다. 위상은 단순한 기하학의 결과이다. 달은 태양빛을 반사하는 구이다. 만일 태양이 우리 뒤에 있다면 우리를 향해 빛나는 달의 전체 모습을 볼 수 있다. 이것을 우리는 '보름달'이라 부른다. 만일 태양이 달의 뒤편에 있다면 우리는 단지 달의 어두운 면만을 볼 것이고 이것을 '신월'이라 부른다. 만일 태양이 달의 90도 방향으로 떨어져 있다면 우리는 태양에 가까운 반쪽 면이 빛나는 것을 볼 수 있고 이것을 '반달'이라 한다. 이것은 달의 위상 사이클에서 1/4 지점에서 일어나기 때문에 1/4달이라고도 한다.

1976년 영국 텔레비전 프로그램 「우주 1999」에서는 별난 폭발에 의해 달이 지구의 궤도로부터 튕겨져 나간다(그 자체로도 불량 천문학이 되겠지만, 외계인의 영향을 포함한 시리즈는 설명을 생략하겠다). 그 장면에서 달이 거의 만월 상태로 우주 저편으로 여행하는 것을 볼 수 있다. 그 빛이 어디에서 왔는가? 물론 우주 깊은 곳에 빛의 원천은 없다.

더 나쁜 상황도 있다. 영화나 많은 어린이 책에서 달은 때때로 초승달에 반짝이는 별이 걸려 있는 모습으로 그려진다. 이것은 별이 달과 지구 사이에 있음을 의미한다.

공상과학영화 장면에는 그 내부에 말도 안 되는 천문학 내용이 약간씩 들어 있다. 게다가 아직 블랙홀이나 별, 성운이 실제로 어떻게 보이는지에 대해서 다루지도 않았다. 그렇다면 어떤 영화가 좋은 천문학을 보여주는가? 어떤 천문학자는 대답한다. 「2001 스페이스 오디세이」라고. 예를 들자면 그 영화에서 우주선은 우주공간을 조용히 날아간다(이 사실을 제작자들이 「2010, 우리가 외계인을 만났을 때」를 만들었을 때 잊어버렸음이 분명하다). 또 다른 예도 있다. 한 천문학자는 언젠가 나에게 그 영화가 저지르는 단 하나의 실수는 팬암 셔틀을 타고 달로 가는 길에 한 배우가 식사를 하면서 음료를 마시는 것이라고 말했다. 그가 음료를 마신 직후 스트로 내부에 있는 물이 아래로 흘러내려 가는 것을 볼 수 있다. 셔틀에서는 중력이 없기 때문에 물은 스트로에 끌어올려진 채 그대로 남아야 한다. 이것은 아주 사소한 것이어서 우리는 그 감독을 용서해줄 수 있다고 생각한다.

놀랍게도, 텔레비전 프로그램인 「심슨」은 때때로 올바른 천문학을 보여준다. 예를 들면 혜성과 지구 충돌의 위협을 알리는 에피소드가 있다. 혜성이 심슨의 아들 바트에 의해 발견되었다. 상당수 혜성은 실제로 전문가 아닌 일반인에 의해 발견된다. 그때 바트는 혜성을 확인하기 위하여 천문대에 전화를 했다. 이것 또한 정확한 절차이다. 그는 심지어 정확한 좌표를 불러주기까지 한다.

그 혜성은 지구 대기권에 진입했을 때 도시의 대기 스모그에 의해 분해된다. 이 부분은 코믹 요소로 들어간 것일 테지만 그 다음에 영화다운 장면이 나온다. 분해된 혜성은 단지 치와 머리 크기에 불과했다. 혜성이 땅에 도달했을 때 바트는 바로 그것을 주워서 주머니 속에 넣는다. 일반적인 생각과 달리 작은 운석은 대부분 땅에 노달했을 때 뜨겁게 불다지 않는다. 그것은 처음에 매우 빠른 속도로 대기권에 진입했지만 마찰이 매우 급속히 그 속도를 줄였다. 녹은 부분이 떨어져나가고 남은 덩어리만 충돌한 후 손으로 잡을 수 있을 만큼 따스해져 있었다. 「심슨」의 이 에피소드에서 혜성의 남은 덩어리가 뜨겁지만, 잡을 수 없을 만큼 뜨겁지 않다는 것을 암시하고 있다. 이것은 천문학적 사실에 매우 근접한 것이다.

위의 내용이 1998년 4월 《아스트로너미》 잡지에 실렸을 때 한 어린 소녀로부터 공상과학영화에 실망했다고 한탄하는 편지를 받았다. 또 나는

「아마겟돈」이나 「딥 임팩트」, 「콘택트」 같은 특정 영화를 소개하는 사이트에서 '꿈깨라' 거나 '영화를 어떻게 즐겨야 하는지 배워라' 는 등의 내용을 담은 다양한 이메일도 받았다. 한편으로는 나의 견해에 공감하는 이메일도 수백 통 받았다. 반대론자들도 타당성을 갖고 있다.

내가 정말로 할리우드 영화를 싫어한다고 생각하는가? 그럼에도 불구하고 나는 「아마겟돈」을 싫어하지 않는다. 나는 공상과학영화를 좋아한다. 나는 지금도 출시되는 대부분의 공상과학영화를 보고 있다. 특히 어렸을 때는 당시 출시된 공상과학영화 전부를 보았다. 우스꽝스럽든 아니면 평이하고 지루하든 간에 로켓우주선, 괴물 외계인, 외계행성 등 모든 장면을 보았다.

그래서 무슨 문제가 있었던가? 문제가 매우 적었다고 생각한다는 사실에 놀랄지도 모른다. 비록 영화에 나오는 불량 과학이 대중들에게 과학에 대한 잘못된 이해를 심어주지만 박스오피스에서 공상과학영화가 잘 나간다는 사실은 매우 고무적인 일이다. 항상 가장 인기 있는 영화에 공상과학영화가 있으며, 이런 영화들은 비록 불량 과학의 내용이 있을지라도 사람들로 하여금 영화를 좋아하고, 그 속의 과학적 내용 또한 흥미를 가질 수 있도록 도와준다. 물론 나는 영화가 과학을(과학자도) 보다 진실되게 그리는 내용을 더 좋아한다. 때때로 과학이 전체 내용을 위해 희생되기도 하지만 때로는 정확한 과학이 실제 영화 내용을 개선하기도 한다. 지금은 과학물의 고전이 되어버린 「콘택트」나 「2001, 스페이스 오딧세이」처럼 진지한 영화는 흥행도 좋다.

만일 영화가 아이들에게 과학에 대한 흥미를 불러일으킨다면 매우 훌륭한 일이다. 심지어 불량 과학영화도 어린이들로 하여금 도서관에서 과학

책을 찾아보게 만들거나 레이저, 소행성, 외계 생명체 등에 관해 흥미를
갖게 만든다. 그들이 어떻게 자랄 것인지 누가 아는가?

4

하늘에 있는 모든 빛은 외계인 우주선일까?

1997년 2월 11일 새벽 3시 무렵. 나는 유에프오와 근접한 만남을 가졌다. 실제로는 여러 대의 유에프오였다.

나는 가족과 함께 플로리다에서 우주왕복선 발사를 보기 위해 준비를 하고 있었다. 나는 거의 2년 동안 메릴랜드에 있는 고다드 우주비행센터에서 일하며 허블 우주망원경에 실릴 새로운 카메라의 보정을 도왔다. 같이 일했던 사람들도 플로리다에 왕복선 발사를 보러 왔고 우리의 카메라가 하늘 높이 올라가는 것을 보게 되어 흥분하고 있었다.

발사시각은 오전 3시 55분으로 예정되어 있었다. 로켓 발사의 격렬함과 장엄함을 감상하기에 적절한 시각은 아니었으나 변덕스런 궤도 때문에 어쩔 수 없었다. 나의 어머니는 어린 딸 조를 돌보기를 자청했다. 그래서 나의 아버지와 아내, 조카는 함께 오전 1시 무렵 케이프 카나버럴로 갔다.

우리는 수천 명의 다른 사람들도 구경하기 위해 모여 있다는 사실을 발견했다. 잠시 잠을 청하기엔 너무 흥분한 상태여서 아버지와 나는 다른 참석자와 이야기를 나누며 주위를 돌아다녔다. 많은 사람들이 강렬한 스포트라이트의 광채 아래에 멀리 있는 왕복선을 보기 위해 망원경을 설치했다. 그것을 보려면 우리는 플로리다 주 본토와 케이프를 가르는 바나나Banana 강줄기를 가로질러 보아야만 했다. 케이프 지대는 물과 야생생물로 둘러싸여 있었다. 우리는 실제로 몇 마리의 악어를 보았고 이것은 과학과 자연이 어우러진 장면이었다.

발사 한 시간쯤 전에 밤하늘에서 특이한 빛을 발견했다. 십여 개의 빛이 우리의 시선 방향에서 발사대 오른쪽에 있었다. 설명하긴 어렵지만, 그것들은 아마 우리로부터 약 10킬로미터가량 동일한 거리만큼 떨어져 있다. 아버지께서 그것이 움직인다고 말했고, 우리는 계속 지켜보았다. 움직임은 공중을 선회하는 것처럼 매우 느렸다. 나는 그것이 멀리 있는 비행기 편대라고 생각했다. 그러나 나는 곧 나사는 그 영역에서 한두 대의 비행기만을 정찰시킨다는 사실을 기억해냈다. 다른 어떤 비행기도 왕복선 근처 비행이 허가되지 않는다.

나의 다음 추측은 새였다. 그러나 이 물체는 빛을 내고 있다. 풍선? 아니다. 그것들은 너무 빨리 움직인다. 위성들도 저것처럼 몰려다니지 않는다. 이성적으로 생각해도 나의 흥분은 더욱 쌓여 갔다. 저것들은 무엇일까? 보고 있는 동안, 그것들이 움직이는데 직선으로 움직이진 않는다는 사실을 깨달았다. 그것들은 약간 곡선으로 날고 있었다. 이 사실이 위성과 다른 기계장치임을 배제하게 만들었다.

이것들은 무엇인가? 쌍안경을 통해 볼 수 있는 것은 빛나는 점뿐이었다.

내가 쌍안경을 통해 계속 보는 동안 비행 궤적은 오른쪽으로 이동했다. 나는 천천히 희미하게 그것들이 내는 소리를 들을 수 있었다. 그것은 기괴하고 이상하며 위치를 가늠하기 어려운 것이었다. 그때 갑자기 소음이 커졌고, 쌍안경에서 그 물체가 명확히 윤곽을 그리며 보였다. 나의 마음은 뜀박질을 했다. 나는…… 물새 떼를 보고 있었던 것이다. 그것들이 우리 옆을 날아갈 때 그것들은 불과 수백 미터 밖에 떨어져 있었다. 그리고 그것들은 의심할 여지없이 지구상의 물새였다. 우리가 앞에서 들었던 소리는 거리 때문에 잘 들리지 않는, 물새가 꽥꽥거리는 소리였고 그들의 예외적인 반짝임은 왕복선 발사대를 비추는 스포트라이트의 빛을 단지 반사하는 것에 불과했다. 물새 떼의 곡선 비행도 이제 분명해졌다. 물새 떼는 너무나 멀리 있었고 대부분 우리 쪽으로 날아오고 있었기 때문에 선회하는 것처럼 보였다.

나는 그것들이 결코 실제 유에프오라고 생각해본 적은 없지만 그것들을 보고 있는 동안 나의 마음에 떠오르던 그 이상한 느낌들은 무엇이란 말인가? 그리고 왜 나는 그것이 물새임을 확인했을 때 다소 실망을 했는가? 나는 아버지께 크게 웃어보였고 우리는 왕복선을 향해 정찰을 계속했다.

나는 이 경험에서 두 가지 교훈을 배웠다. 아니 세 가지이다. 첫째는 앞으로 물새를 외계인 우주선으로 오인하지 않는 것이다. 그러나 다른 둘은 좀 더 심오하다. 하나는 예외적인 것을 믿으려 하는 사람의 욕구이다. 삶을 살아가는 동안 우리는 통상적인 사건에 대한 데이터베이스를 쌓아간다. 우리는 비행기, 빌딩, 우리가 아는 사람을 보고 우리 마음속에 그것들을 정리한다. 삶에서 접한 모습과 맞지 않는 어떤 것을 보았을 때는 그것을 정의내리기가 매우 어려워진다. 그것에 흥분하고 그것을 궁금해하는 것은 매우 쉽다. 때때로 우리는 그것을 우리가 이미 알고 있는 어떤 것으로 인식하거나 새로운 범주로 간주함으로써 결론을 내린다.

과학에서도 이런 일은 항상 일어난다. 어떤 과학자가 새로운 현상을 발견했다고 생각해보자. 우리가 이미 알고 있는 어떤 것이 새로운 방식으로 다르게 판명될 수 있다. 또는 연구할 필요가 있는 정말 새로운 어떤 것일 수도 있다. 그러나 지금까지 수천, 심지어 수백만의 과학자들이 수행한 관찰에 의해 어떤 현상도 자연적이지 않은 것은 없었다. 그리고 분명히 어떤 것도 우리 자신의 지성이 아닌 다른 외계의 것에 의해 나타나지 않았다.

그러나 그런 것을 믿으려고 하는 욕구는 우리의 정신세계에 이미 굳건히 심어져 있다. 어떤 것을 볼 때 우리는 스스로도 설명할 수 없는 의문이 들 때가 있다. 예를 들면 나는 미스터리를 좋아한다. 그리고 그것을 풀 때까지 스릴을 느낀다. 나는 우리의 뇌 속에 미스터리를 원하게 만드는 어떤 것이 있을 것이리고 생각한다. 만약 모든 것이 설명되어지면, 재미는 어디에서 구할 것인가? 그래서 실제적이고 비판적인 과학자인 나조차도 한때 비이성적인 사고 과정에 순간적으로 휩쓸린 적이 있었다.

그날 밤에 있었던 일의 세 번째 교훈은 하늘에서 물체를 구별하는, 수년간의 경험과 훈련을 쌓은 천문학자조차도 어리석은 실수를 저지를 수 있다는 점이다. 일련의 특이한 상황 하에서는(그 물체는 발광하고 있었고, 멀리 있었으며, 나를 향해 다가오고 있었다) 잘못된 결론을 내리거나 적어도 바람직한 결론을 지나칠 수 있다.

궁금증에 대한 욕구와 쉽게 미혹되는 성향, 이 두 가지는 많은 수의 유에프오를 목격하게 만들어준다. 나는 사회 심리학자가 아니다. 그래서 인간의 궁금증에 대한 갈망에 대해 더 이상 고민하기를 원하지 않는다. 그것을 생각하는 것은 흥미롭지만 보통 사람처럼 그것을 분석하지 못한다.

그러나 나는 과학자이자 천문학자이다. 그래서 유에프오의 시각적, 물리적 현상을 살펴보고자 한다.

많은 사람들이 하늘에서 이상한 것을 보았다고 주장한다. 움직이는 빛이 색깔을 바꾸며 그들을 쫓아오는 식이다. 그러나 이것에 대해 잠시 생각해보자. 얼마나 많은 사람들이 정말로 하늘에 익숙한가? 사람들이 전혀 모르는, 하늘에서 발생하는 것들도 많다. 대부분은 맨눈으로 행성을 볼 수 있는지, 인공위성을 볼 수 있는지조차 알지 못한다. 태양 주위에서 일어나는 빛무리나 썬독(공기 중의 얼음 결정에 의해 휘어진 태양빛이 원인이 되어 하늘에서 눈물 모양의 빛나는 자국이 나타나는 현상) 같은 광학적 현상을 대중들에게 설명해주었을 때 대다수는 그것을 본 적은 고사하고 들어본 적도 없었다.

만일 어떤 사람이 하늘에서 나타나는 현상에 익숙하지 않다면 자신이 특별한 어떤 것을 보았다는 사실을 어떻게 확신할 수 있는가?

예를 들면 금성은 하늘에 있는 별처럼 보이는 것들보다 훨씬 밝다. 사실 하늘에서 태양과 달에 이어 세 번째로 가장 밝은 대상이다. 금성은 지평선 낮게 떠 있으면 대기가 빛을 굴절시킴에 따라 밝기가 깜박거리고, 색깔을 바꾼다. 만일 당신이 운전 중이라면 금성은 나무 사이로 당신을 쫓아오는 것처럼 보일 수 있다.

밝기를 크기와 혼동하는 실수는 일반적이다. 나는 항상 사람들로부터 하늘에서 본 거대한 물체에 관하여 질문하는 이메일을 자주 받는다. 그리고 대개의 경우 그것은 금성으로 판명된다. 이 행성은 너무나 멀리 있어서 맨눈에는 별처럼 보인다. 적어도 쌍안경을 사용하지 않는다면 금성을 분해되지 않는 빛의 점 이상의 다른 모습으로 볼 수 없다. 그러나 금성의 놀라운 밝기 때문에 금성은 종종 사람들에게 하늘에 떠 있는 거대한 원형을 가진 물체로 오인된다. 이것이 바로 금성이 대부분의 유에프오로 착각되는 이유이다.

만일 당신이 하늘에 익숙하지 않다면 어떤 특이한 대상을 잘못된 것으로 생각할 수 있다. 그러나 그 중에는 하늘에 친숙한 사람들도 있다. 추정에 의하면 미국에만 100,000명의 아마추어 천문가가 있다고 한다. 이들은 일주일에 많은 시간을 하늘만 쳐다본다. 그들은 천체망원경과 쌍안경을 소유하고 있으며 매일 맑은 날 밤에 밖으로 나가 하늘을 쳐다본다.

잠시 이 사실에 대해 생각해보자. 그 사람들은 항상 하늘을 쳐다본다. 그런데 나에게 와서 또는 이메일로 자신이 유에프오를 보았다고 말하는 사람들 중에서 아마추어 천문가인 사람은 한 명도 없었다. 사실 하늘에 떠 있는 어떤 것을 보았다는 아마추어 천문가에 관하여 들어본 적도 없다. 그러나 그들은 보통 사람들보다 훨씬 많은 시간을 하늘을 보는 데 소비하므로 통계적으로 더 많은 유에프오를 보아야만 한다! 어떻게 된 일인가?

간단하다. 아마추어 천문가는 하늘을 연구한다는 사실을 기억하라. 그들은 하늘에 무엇이 있으며 무엇을 보게 될지 알고 있다. 유성이나 금성, 또는 인공위성의 태양판이 햇빛에 반짝이는 모습을 보았을 때 그들은 이것이 외계인의 우주선이 아니라는 사실을 알고 있다. 실제로 내가 이야기해본 모든 아마추어 천문가들은 유에프오가 외계인의 우주선이라는 점에 매우 회의적이었다.

이상하게 들릴지도 모르겠지만 눈으로 본 것은 놀랍게도 믿기 어렵다. 그러나 유에프오 광신자들은 보통 단순한 목격담보다 더 많은 증거를 갖고 있다고 항변한다.

우리는 텔레비전에서 유에프오 필름들을 보곤 한다. 보통 그것은 아마추어 사진가들의 작품이며 휴가 중 비디오카메라를 든 어떤 사람이 멀리 있는 물체를 보고 재빨리 녹화한 것이다.

특히 나의 물새 떼 경험 때문에 나는 항상 즉각적으로 그러한 장면에 회의를 가진다. 먼 곳에서 찍은 번진 대상은 열악한 증거이다. 그것은 새에서 풍선에 이르기까지 일반적인 것들일 수 있다. 당신을 향해 곧바로 다가오는 비행기는 오랜 시간 천천히 떠도는 것처럼 보일 수 있다. 나는 한때 내 뒤쪽의 공항으로 날아가는 비행기를 화성이라고 착각한 적이 있었다. 그것은 하늘에 멈추어 있었고 붉게 빛났다. 헬리콥터는 실제로 하늘에서 떠돌 수 있으며 기이한 빛도 내보낸다. 흔들린 카메라는 그 대상을 움직이는 것처럼 보이게 만든다. 숨을 멈추고 촬영했음에도 어떻게 카메라가 움직일 수 있는지 주장하는 촬영자들의 촬영 영상을 텔레비전에서 꽤 많이 보았다. 카메라를 움직이는 것은 사람들의 떨린 손이었음에 분명하다.

더 나쁘게도, 카메라 그 자체가 이미지를 왜곡시킨다. 유명한 유에프오 기록은 흐릿한 점상을 보여주며 카메라가 줌인했을 때 다이아몬드 형태의 물체로 나타난다. 실제로 다이아몬드 형상은 카메라의 내부 기계 구조에 의한 것으로 초점이 맞지 않았기 때문에 나타나는 모습이다.

카메라들은 이미지를 친숙하지 않은 방식으로 왜곡시킬 수 있는 이상한 결함들을 많이 갖고 있다. 뒤쪽으로 매우 어두운 흔적을 동반하고 있는 유에프오가 연속적으로 촬영된 사진이 있다. 실제로, 이것은 카메라 전자장

치의 효과일 뿐이다. 밝은 대상은 이미지가 나타나는 방식 때문에 카메라 검출소자의 다음 영역에서 어두운 점을 발생시킬 수 있다. 나는 허블 우주 망원경의 이미지에서 비슷한 현상을 본 적이 있다.

나의 요점은 개인이나 장비가 원인인 문제를 우주선으로 돌리지 말라는 것이다.

모든 종류의 사이비 과학을 진실처럼 보여주는 《목격》이라는 다큐멘터리가 있다. 여기에서 항상 수백 개의 유에프오를 볼 수 있다고 주장하는 사진사 이야기가 나왔다. 그는 카메라를 차양 아래에 두고 태양을 향해 겨누었다. 차양으로 카메라를 정확히 그늘 지점에 놓이도록 한다. 그 상태에서 사진을 찍으면 이곳저곳을 떠다니는 수십 개의 공중 부양 물체를 볼 수 있다. 그는 이 방법을 '태양빛 소거 기술'이라고 부르며 이 방법을 사용하면 비행 물체를 쉽게 볼 수 있다고 말했다.

사진사는 이것들이 유에프오라고 주장했다. 나는 감탄했다. 화면에는 바람에 흩날리는 잡스런 것들 외에 아무것도 없었다. 그는 이것들이 무엇인지 밝혀내기 위한 가장 간단한 테스트조차 해보려 하지 않았다. 예를 들면 그것이 목화씨라면(나에게는 그렇게 보였다) 카메라 옆의 팬 바람이 이런 현상을 만들었을 것이다. 만일 그것이 아니라면 두 개의 카메라를 수 미터 떨어진 곳에 설치해서 동일한 방향을 찍는다. 멀리 있는 대상이라면 카메라의 시야로부터 거의 같은 장소에서 촬영될 것이다. 팔을 쭉 뻗고 엄지손가락을 올린 채 한쪽 눈을 감고서 쳐다본 다음, 그 다음엔 다른 눈을 감고서 본다면 이 현상을 스스로 시험해볼 수 있다. 당신의 손가락은 더 멀리 있는 물체에 대하여 좌우로 움직인 것처럼 보일 것이다. 그 이유는 당신이 그것을 보는 각도가 바뀌었기 때문이다. 이 방법은 '시차'라 불리우며 물체의 거리를 측정하는 방법으로 사용된다. 우리의 용맹스런 사진가는 한 번도 이것을 해본 적이 없고, 우리도 그 화면 속의 물체가 성간 여행자인지 아니면 단순히 열매를 맺어 번식하려는 나무인지 결코 알지 못한다.

유에프오를 지지하는 사람들의 주장을 들을 때 명심해야 할 또 다른 사항은 크기와 거리의 추정에 관한 것이다. 유에프오를 목격했다는 소식을 들을 때마다 이 점이 항상 나에게 경고 신호를 주었다. 어떤 사람은 그것이 1킬로미터 지름인 크기로, 20킬로미터나 떨어져 있었다고 말한다. 그것을 어떻게 알 수 있는가? 정확한 측정 없이 당신은 그것을 감히 결정할 수 없다.

전문가들도 또한 이러한 실수를 한다. 예를 들자면 잭 케셔 박사가 있다. 그는 오마하에 있는 네브라스카 대학에서 물리학을 가르치고 있다. 그는 유에프오가 실제로 외계인이 탄 우주선이라고 믿는다. 그의 주장에는 1991년 우주정거장 STS48에서 찍은 촬영분이 포함되어 있다. 그 촬영 동안 카메라는 아래 방향으로 지구를 향하고 있었다. 밤에 사용하는 그 카메라는 대단히 민감해 심지어 어둠 속에서도 대륙의 경계를 보여줄 수 있다.

지금은 유명해진 그 화면에서 카메라 시야 내를 움직이는 작은 광점을 볼 수 있다. 갑자기 빛의 번쩍임이 있었다. 광점 하나가 방향을 확 바꾸었고 카메라 외부에서 또 다른 광점이 들어와 다른 점들이 있는 오른쪽으로 움직였다.

케셔는 이것이 외계인 우주선의 증거라고 주장했다. 첫 번째 광점이 외계인 우주선이다. 나타난 빛의 폭발은 땅에 위치한 미사일 발사이거나 비밀 실험일 것이다. 두 번째 광점은 미사일이거나 광선 무기일 것이다. 외계인 우주선인 첫 번째 광점은 어디에서 왔든 간에 명중되지 않기 위하여 포착하기 어려운 비행을 한 것이다. 케셔에 의하면 이 필름은 행성간의 전쟁을 포착한 것이라고 했다.

말할 필요도 없이 나는 그의 말에 동의하지 않는다.

많은 사람들도 믿지 않는다. 여기에는 왕복선 조종사인 론 패리스와 우주 프로그램 분석가인 제임스 오베르그도 포함되어 있다. 두 사람은 STS48에서 실제로 무슨 일이 일어났는지 토론을 했다. 광점은 실제로 우주정거장 부근에서 떠도는 얼음 조각이다. 우주를 도는 동안 정거장의 외부 몸체에는 얼음 입자가 형성된다. 그 얼음 입자는 로켓이 점화되었을 때 충격을 받아 부서진다. 얼음이 분리되면 정거장 주위를 떠도는 경향이 있다. 빛의 번쩍임은 보조 엔진이며 이 작은 로켓은 정거장이 가리키는 방향을 제어한다. 이 엔진은 많은 추진력을 발생시키지 않으므로 점화 시간 동안 갑자기 정거장이 움직이는 것은 볼 수 없다(케셔는 로켓 점화가 분명히 정거장을 움직이게 해야 한다고 주장했으나, 로켓이 얼마나 많은 추진력을 발생시키는지 조사조차 하지 않았다). 로켓 점화가 첫 번째 얼음조각을 때려 갑자기 경로를 바꾸게 했다. 번쩍임 뒤 두 번째 광점은 단순히 로켓에 의해 가속된 또 다른 얼음 조각일 뿐이다. 그 화면을 상세히 살펴본다면, 당신은 두 번째 광점이 실제로 첫 번째 광점에 아주 가까이 접근하지 않는다는 사실을 볼 수 있을 것이다.

케셔는 텔레비전 쇼에 나가 자신이 명확히 이해하지 못하는 이 화면을 보여주며 성공을 거두었다. 그는 심지어 그 화면을 분석한 비디오를 팔기도 했다. 내가 당신이라면 돈을 아끼겠다.

나는 자주 외계에 생명체가 존재하고, 그 외계인이 우리를 방문할 것을 믿느냐는 질문을 받는다. 나는 항상 대답한다.

"그렇다, 그러나 아니다."

이것이 사람들을 혼란스럽게 만든다. 어떻게 나는 외계인을 믿으면서 유에프오는 믿지 않는가.

그 이유는 실제로 단순하다. 우주는 넓다. 엄청나게 넓다. 우리은하에는 수천억 개의 별이 있다. 전부는 아닐지라도 많은 수의 행성이 있다는 사실은 분명하다. 우주에는 우리은하와 같은 은하들이 수십억 개가 있다. 그러니 모든 우주에서 단지 우리 행성만이 생명이 탄생할 수 있는 좋은 조건을 갖고 있다고 생각하는 것은 어리석다고 본다.

심지어 만약 은하에 생명체가 있다고 해도 우리를 잡아먹기 위해, 옥수수 농장에 우스운 문양을 그리기 위해, 가축을 도살하기 위해 외계인이 여기로 올 것이란 상상은 하지 말자. 우주의 광대함이 그렇게 하지 못하게 한다. 가장 앞선 기술로도 은하수 내에 있는 모든 별들과 행성을 탐사하는 것은 엄청난 작업이다. 그리고 만일 그들의 기술이 너무나 진보했다면 왜 그들이 1947년 로스웰에서처럼 이곳에 추락하겠는가? 우리가 우주선을 격추시킬 수 있다는 것은 말이 되지 않는다. 이것은 소들이 전투기를 격추시킬 수 있다는 것과 같다. 그리고 만약 기술이 그렇게 진보했다면, 왜 수조 킬로미터나 지속된 여행을 마감하는 순간에 몇 킬로미터를 남겨두고 추락하는가?

많은 사람들은 빛보다 빠른 여행이 가능할 것이라고 생각한다. 비록 확실한 증거는 없지만 초공간을 통한 여행, 공간 이동, 또는 다른 방법의 여행이 가능할 것이라고 상상해보자. 만약 그것이 사실이라면, 어떤 외계 종족이 그것을 알고 있다면, 그들은 어디에 있는가?

우리 문명은 대략 수천 년이 되었다. 그리고 우리는 우주에서 가장 가까운 곳을 탐험하기 시작했다. 만일 우리가 빛보다 빠른 여행을 한다면 우리는 수천 년 이내에 전체 은하에 퍼져 살게 될 것이다. 심지어 빛보다 느린 우주선이라 해도 기껏해야 백만 년이면 가능할 것이다.

이것은 긴 시간처럼 들리지만 은하적 관점에서는 그렇지 않다. 외계의 다른 곳에 단지 태양보다 수억 년이 오래된, 태양 같은 별이 있다면 그 행성들 중 하나에서는 지구의 바다에 삼엽충이 번성하는 동안 문명의 꽃을 피울 것이다. 만일 그 문명이 은하를 식민지화시키겠다고 결심한다면 지금쯤 전체 은하는 그들로 가득 채워져 있을 것이다.

그러나 그들이 이곳에 있다는 증거는 없다. 그래서 「스타 트렉」에서처럼 외계인이 문명을 내버려두는 데는 또다른 목적이 있다고 가정해야 한다. 그렇다면 우리는 왜 그렇게 많은 외계 우주선을 보아야 하는가? 유에프오를 믿는 사람들은 이것을 두 가지로 생각한다. 외계인이 우주선을 타고 이곳에 와서 이제 겨우 원자 에너지를 이해하는 수많은 원시인들이 하루에 열 번가량 자신들의 사진을 찍을 수 있도록 해주는 것이다. 이 관점에서 진실은 사라지고 없다. 외계인은 아직 여기에 오지 않았다.

외계인을 믿는 사람들이 '하늘에 있는 모든 빛은 외계인의 우주선이나'라고 주장하는 것을 보면 당황스러워진다. 그러나 나도 로켓 발사장에서 어두운 밤에 물새 떼에 의해 바보가 된 적이 있었음을 기억하면 당황스러움을 멈추게 된다. 그것은 어느 누구라도 바보가 될 수 있음을 상기시키는 데 도움을 준다. 나는 단지 더 많은 사람들이 자신들이 본 것에 더욱 비판적이 되기를 바랄 뿐이다.

그 우주왕복선 발사는 약간의 문제에도 불구하고 성공적이었다. 카메라는 완벽히 설치되어 우주에서 일어나는 일에 관하여 다량의 흥미롭고도 유용한 정보를 보내왔다. 그리고 나는 이 책에서 처음으로 시인하려 한다. 어떤 이미지에서 우주 생명체의 증거를 보았다고 말이다.

허블로부터 온 많은 이미지 중에 우주 방사선 흔적이나 잘못 추적된 흔적, 소행성, 혜성, 또는 달이 아님에도 긴 밝은 빛의 선을 보곤 한다. 그렇다면 그것들은 무엇인가? 그것들은 외계 우주선이 아니다. 가장 긴 선은 허블보다 더 높은 위치에서 돌고 있는 위성에 의한 것이다. 그것들이 허블의 시야를 통과할 때마다 그들의 움직임은 빛의 선을 남긴다.

5

2000년에 지구가 멸망할 것이라고
생각했던 이유는 무엇일까?

2000년 5월 5일에 지구는 멸망하지 않았다.

믹고 살기에 바빠서, 또는 일에 정신이 없어서 아마 당신은 잊고 있었을 것이다. 2000년 5월 5일 이전, 몇 달 전에 많은 사람들이 실제로 지구가 멸망할 것이라고 생각했다.

그 날, 세계시로 8시 8분에 '행성 직렬'이 마지막 카운트다운을 하기로 되어 있었다. 너욱 신비스럽고 기이한 현상으로 들리게 하기 위해 재앙 예언자들은 '행성 회합'이라고도 부르는 이 행성 직렬 현상이 모든 힘들의 균형을 무너뜨려 심각한 지진을 유발하고, 지구 자전축의 이동을 일으키거나 죽음, 파괴 등을 가져올 것이라 말했다. 어떤 사람들은 심지어 지구 그 자체의 완전한 소멸을 일으킬 것이라고 생각했다. 이 재앙은 태양계 행성들의 중력이 합쳐져서 일어난다고 추측되었다.

분명히 이 사람들의 생각은 틀렸다. 그들 중 일부는 정직했으나 단순한 실수를 했고 몇몇 사람들은 아는 체 떠들었지만 잘 모르는 상태였으며, 또 일부 사람들은 잘못 알려진 것을 이용해 돈을 벌려고 했다. 그럼에도 불구하고 간단하게 말하자면 그들은 모두 다 틀렸다.

물론 오래전부터 하늘에서 전해진 징조를 잘못 해석한, 그리 바람직하지 않은 역사가 있다. 진정한 과학으로 하늘을 연구하기 오래전부터 점성술이 있었다. 쉽게 말해 점성술이란 물리학, 천문학, 논리학과 관련하여 우리가 이미 알고 있는 것과 상반되게 별과 행성들이 우리의 삶을 어떤 식으로 조종한다는 생각이다. 점성술이 탄생한 배경을 이해하기란 그리 어렵지 않다.

사람들의 생활은 제어할 수 없는 것처럼 보인다. 변덕스런 날씨, 갑작스런 상황, 우발적인 일이 우리 스스로보다 우리의 생활에 더 큰 영향을 미치는 것처럼 보인다. 그러한 것의 원인에 관해 호기심을 갖는 것은 당연한 본성이다. 또 그 호기심을 탓하는 것 역시 인간의 본성일 것이다. 우리는 자신에게 벌어진 일에 대해 신, 별, 무속인 등 자신을 제외한 다른 사람이나 또는 단순히 나쁜 운의 탓으로 돌린다. 우리 자신의 책임을 거부하려고 하며 어떤 초자연적인 것에 의지하고자 한다.

하늘에서 일어나는 어떤 것과 이곳 지구에서 일어나는 어떤 것 사이에는 연관성이 있다. 농사는 날씨에 의존하고 날씨는 태양에 달려 있다. 농사는 또한 계절에 의존하고 이것은 하늘을 바라봄으로써 예견할 수 있다. 겨울에는 낮 동안 태양이 하늘에서 낮게 뜨고 떠 있는 시간도 길지 않다. 어떤 별자리는 추울 때 떠오르고 다른 별자리는 더울 때 떠오른다. 하늘과 지구는 결정적으로 연결되어 있는 것처럼 보인다. 이곳 지구에 있는 우리와 밀접하게 연결된 것처럼 보이는 하늘에서 어떤 패턴을 찾는 것은 아마 피할 수 없는 일이었을 것이다.

마침내, 혜성에서 식eclipse에 이르기까지 하늘에 있는 모든 것은 다가오는 사건을 알리는 예언처럼 생각되어졌다. 그러한 미신을 고대로부터 이어져 내려오는 사람들의 단순한 어리석음으로 간주하여 웃어넘기기 쉽다. 그러나 심지어 오늘날에도 고대의 미신은 단순히 던져버릴 수 없는 것처럼 다루어진다. 새로운 세기를 맞은 지 몇 달 만에 우리는 하늘을 탓하는 원시적 욕구에 대한 또 다른 예를 직면해야만 했다.

2000년 5월에 예정되었던 행성 직렬로 인한 재앙은 우울한 소문을 퍼트렸지만 역사를 통해 보았을 때 하늘에서 내린 다른 징조들처럼 잘못된 경고로 판명되었다. 다른 미신들과 마찬가지로 과학적 방법에 따른 이성적 사고가 해결책을 준다. 어떻게 된 것인지 알아내기 위해 직렬이 무엇인지 한번 살펴보기로 하자.

지구를 포함한 태양계 내의 모든 행성들은 태양을 돌고 있다. 행성들은 태양에서 얼마나 떨어져 있는가에 따라 각기 다른 속도로 돈다. 태양에서 불과 5천 8백만 킬로미터 떨어져 있는 작은 수성은 단지 88일 만에 한 바퀴를 돈다. 그보다 약 세 배나 멀리 떨어져 있는 지구는 1년이 걸리고 이것으로 우리는 1년을 정의한다. 목성은 12년이 걸리고 토성은 29년이며 가장 먼 명왕성은 250년이다.

태양계의 주요 행성들은 모두 태양을 중심으로 회전하던 원판상의 가스와 먼지로부터 형성되었다. 이제 거의 50억 년이 지난 지금, 우리는 여전히 똑같은 원판상에서 태양을 돌고 있는 모든 행성들을 볼 수 있다. 우리역시 그 평면상에 있기 때문에 우리는 다른 행성들을 측면에서 보는 셈이다. 우리의 관점으로 보면 평면이 선으로 보이기 때문에 다른 모든 행성들이 하늘을 거의 일직선으로 움직이는 것처럼 보인다.

모든 행성들은 하늘을 서로 다른 속도로 가로지르기 때문에 이 행성들의 움직임은 끊임없이 나스카(남아메리카 페루의 도시로 나스카 평원에 기묘한 선으로 이루어진 거대한 도형이 있다-옮긴이)를 질주하는 게임과 같다. 시계 바늘이 한 시간에 한 번씩 만나듯이, 빨리 움직이는 행성은 천천히 움직이는 행성을 따라잡고 마침내 추월한다. 지구는 태양으로부터 3번째 행성이므로 우리는 화성이나 목성 같은 외행성보다 더 빨리 궤도를 움직인다. 그러므로 항상 하늘에서 서로 추월하는 모습을 보일 것이라고 생각할 수 있다.

그러나 행성들의 궤도면이 모두 동일한 평면에 존재하고 있지는 않다. 그것은 모두 조금씩 기울어져 있어서 모든 행성들이 하늘에서 동일한 선위를 움직이진 않는다. 때때로 행성은 그 평면에서 조금 위에 있거나 약간 아래에 위치한다. 한 행성이 다른 행성 바로 위로 정확히 지나가는 경우란 극히 드문 일이다. 보통 두 행성은 하늘에서 동일한 영역에 접근하여, 보름달 크기 이내 정도로 가까워졌다가 다시 멀어진다. 종종 행성들은 그 이상으로 가까워지지 않고 몇 도 이상 떨어져서 지나간다. 이런 이유로 놀랍게도 두 행성 이상이 동일 시각에 하늘에서 서로 가까이 있게 되는 경우란 실제로 매우 드물다.

하지만 이 우주 시계가 조금 더 잘 일치되는 경우가 있고 주요 행성들 중 일부가 하늘의 동일한 영역에 나타나는 경우가 있다. 예를 들면 1962년에는 태양과 달이 천왕성, 해왕성, 명왕성을 제외한 모든 행성들과 16도 이내에 나타났다. 이 크기는 손을 뻗었을 때 가려지는 하늘의 영역 정도가 된다. 이뿐만 아니라 이것을 진정 멋진 현상으로 만든 일식이 있다. 달이 태양의 바로 앞에 위치해 있었기 때문에 달과 태양은 가능한 한도 내에서 가장 가까운 지점에 있었다. 1186년에는 심지어 더 정확한 직렬이 있었고 모든 행성들은 단지 11도 이내의 원 내부에 포함될 수 있었다.

세계시간으로 2000년 5월 5일 8시 8분에는 수성, 금성, 화성, 목성, 토성은 대략적으로 하늘의 동일한 쪽에 위치해 있었다. 심지어 그 시각에 신월도 이곳에 얼굴을 내밀어 참으로 예쁜 가족 사진을 만들었다. 비록 조금 이상한 가족이긴 했지만. 이 특별한 직렬 현상은 그리 멋진 것은 아니었다. 이 현상이 일어났을 때 축구경기가 벌어지는 동안 텔레비전 앞에 서 있어서 화면을 가리는 사람처럼 태양은 지구와 행성들 사이에 있었다.

이것이 특별한 직렬 현상이 아니라는 사실은 쉽게 증명할 수 있다. 행성들이 위치한 영역은 대략 25도나 되었다. 이것은 지난 1962년의 직렬에 비해 절반만큼이나 더 멀고, 1186년에 있었던 것보다는 두 배나 나빴던 것이었다. 그 두 해의 경우에도 지구는 멸망하지 않았다는 사실을 기억해야 한다. 실제로 지난 천 년 동안 적어도 13번의 행성 직렬이 있었다. 그리고 그 중 어떤 것도 지구에 영향을 미치지 않았다.

재앙 예언가들은 이 사실에 좌절하지 않는다. 그들은 행성들의 연합된 중력은 여전히 지구를 멸망시키기에 충분하다고 주장한다. 아직도 우리는 살아 있으므로 그 또한 사실이 아님을 알고 있다. 좀 더 주의 깊게 이 주장을 살펴보자.

우리의 일상생활에서 중력의 힘은 절대적이다. 우리가 중력을 이길 수 있는 대단히 강력한 로켓을 사용하지 않는다면 중력은 우리를 지구에 붙어 있게 한다. 중력은 달이 지구 주위에 붙잡혀 있도록 하는 것이고, 지구가 태양을 돌도록 하는 것이다. 중력은 우리가 나이들수록 아래로 처지도록 만들고 세계에서 가장 위대한 농구선수의 가장 높은 수직 점프를 1미터도 안 되게 만든다.

그러나 중력은 의문 덩어리이기도 하다. 우리는 중력을 볼 수 없고, 만질 수도 없고, 맛볼 수도 없다. 또 수학적으로 표기된 중력이 복잡하다는 것도 알고 있다. 중력을 진실로 이해하지 못하고 모든 종류의 힘을 중력으로 간주하는 것은 참으로 간편하지만 한편으로는 두려우면서 인간적이기도 하다. 어떤 측면에서 중력의 효과를 이해하는 것은 명분이 뚜렷한 싸움과 같다. 관측, 현상, 과학, 수학과 미신, 감정, 충분한 증거 없이 결론에 도달하려는 인간 본성과의 싸움이다. 어느 쪽이 이길 것인가?

우리가 중력에 대해 알고 있는 것을 잠시 살펴보자. 그 중 하나는 중력은 질량이 증가함에 따라 강해진다는 사실이다. 물체가 무거워질수록 중력은 더 강하다. 동일하게 1킬로미터가 떨어져 있으면 자동차보다 산이 훨씬 더 중력적 효과를 미친다.

그러나 중력은 거리에 따라 급격히 약해진다. 자동차는 산에 비해 훨씬 더 작지만 자동차가 매우 가깝고 산이 매우 멀다면 자동차의 중력이 산의 중력을 실제로 압도할 것이다.

이것은 상대적이다. 행성은 무겁다. 목성은 지구보다 약 300배나 더 무겁다. 그러나 매우 멀리 있다. 너무나 멀다. 가장 가까운 순간에도 목성은 약 6억 킬로미터나 떨어져 있다. 비록 달 질량의 25,000배나 되지만 거의 1,600배나 더 멀리 떨어져 있다. 계산을 해보면 지구에 미치는 목성의 중력 영향은 달에 비해 불과 1%밖에 안 된다!

앞에서 이미 말했듯이 크기는 중요하지 않다. 거리가 중요하다.

모든 행성들의 중력을 다 더해보면 각 행성이 지구에 가능한 가장 가까운 위치에 있다고 가정하더라도 그리 크지 않다. 모든 행성들의 중력 합보다 지구의 작은 위성인 달이 우리에게 50배나 더 큰 중력을 작용한다. 달은 작다. 그러나 매우 가까이 있다. 그래서 달의 중력이 큰 영향을 미친다.

이것도 행성들이 지구에 가장 가까운 위치에 다가와 일직선으로 늘어설 경우이다. 그러나 2000년 5월 5일, 직렬이 일어났을 때 행성들은 태양의 먼 쪽에 있었다. 이것은 거리 계산시에 지구 궤도 지름에 해당하는 3억 킬로미터를 더해야 한다는 것을 의미한다. 계산해보면 행성들의 연합된 중력은 자동차에서 당신 옆에 앉아 있는 사람이 미치는 중력보다도 더 작다. 예언가들에겐 미안하지만 1라운드의 시합은 과학의 승리이다.

보통 이 즈음에서 파괴를 일으키는 것은 중력이 아니라 조석력이라고 도전해오는 사람들도 있다. 조석력은 중력과 연관되어 있다. 이것은 거리에 대한 중력의 변화에 기인한다. 어떤 순간에 지구의 한쪽 면은 다른 면에 비해 달에 가깝기 때문에 달은 지구에 조석을 일으킨다. 그러므로 달에 가까운 쪽은 달로부터의 중력적 힘을 조금 더 크게 느낀다. 이것은 아주 조금 지구를 양쪽으로 잡아당기는 형태로 작용한다. 하루에 두 번씩 바닷물 높이가 차오르고 내려가는 현상이 발생한다.

조석과 관련하여 지진은 지구의 지각을 이루는 거대한 지질판의 이동에 의해 발생한다. 이 판들은 보통 천천히 서로를 마찰한다. 그러나 때로는 약간 들러붙으면서 압력이 증가한다. 압력이 충분히 증가하면 판이 갑자기 미끄러지고 지진이 일어난다. 조석이 어떤 물체를 잡아당길 수 있기 때문에 조석이 지진을 유발하는가에 대해 의문을 갖는 것은 타당하다.

예언가들이 조석력을 도입했을 때 그들은 스스로에게 총을 겨눈 셈이 되었다. 조석력은 중력보다 거리에 대해 좀 더 빨리 소멸된다. 행성에 의해 지구에 작용하는 중력이 보잘 것 없는 것이라면 조석력은 더더욱 약하다. 다시 달과 비교해보면 행성들의 모든 힘을 합치고 심지어 가장 가까이 위치했을 때에도 달의 조석력이 무려 20,000배나 더 크다. 2000년 5월에 있었던 직렬 현상에서 행성들은 가장 먼 쪽에 있었음을 기억하라. 그 조석력은 너무나 작아서 지구상의 가장 정교한 과학 기자재로도 잴 수 없었을 것이다. 2라운드도 과학의 승리로 끝났다.

수학과 과학은 다른 행성들의 중력과 조석력이 너무나 작아서 지구에 영향을 미칠 수 없다는 것을 꽤 명확하게 보여준다. 그러나 감정이 논리에 의해 휘둘린다고 생각한다면 너무 어리석은 것이다. 한편으로는 과학 쪽의 운이 좋은 셈이다. 행성들이 모두 태양의 반대편에 있었기 때문에 그것을 보기 위해서 우리는 태양을 가로질러야만 한다. 이 사실은 행성들이 실제로는 보이지 않을 때인 낮에 떠 있었음을 의미한다. 비록 그것이 매우 약한 집합일지라도 만약 사람들이 밤에 행성들이 서로 접근하는 것을 실제로 볼 수 있었다면 상황은 그리 호의적이지 않았을 것이다.

사람들에게 직렬에 관한 두려움을 심어주고 돈을 벌려는 많은 사람들이 있다. 리처드 눈은 행성 직렬에 관한 내용의 《2000년 5월 5일 최후의 재난, 빙하》라는 책에서 행성들의 연합된 중력에 의해 지구의 자전축이 기울어질 것이고 지구에는 빙하시대가 도래할 것이라고 주장했다. 그리곤 자신의 주장을 뒷받침할 근거를 제시했다. 문제는 그의 연구가 천문학을 거의 포함하지 않았다는 것이다. 그는 성서의 예언들, 특히 노스트라다무스(중세 프랑스의 의사이자 예언가-옮긴이), 이집트의 거대 피라미드 형상과 2000년의 재난을 관련지어서 행성들이 어떤 연관성을 갖고 있을 것이라 설명했다. 그의 책에는 아주 작은 부분만이 행성을 다루었고 어떤 부분에도, 정말 어떤 부분에서도 실제 행성들의 과학적 근거에 대해 말하고 있지 않았다. 만약 그가 정말 2000년 5월 5일에 지구가 멸망할 것이라고 생각했다면 사람들에게 그 사실을 경고하기 위하여 왜 책을 무료로 나누어주지 않았는가? 나는 그가 5월 6일이 되면 아무런 가치도 없을 책의 인세를 생각하고 있었다고 상상하고 싶지는 않다.

심지어 리처드 눈이 처음도 아니었다. 1980년에 천문학자 존 그리빈과 공저자 스티븐 프레이그만은 《목성 효과》라는 악명 높은 책을 썼다. 이 책에는 논리적인 설명이라고는 전혀 없이 행성들의 중력이 태양에 영향을 미쳐서 더 활발한 태양 활동을 일으키고 지구의 자전에 변화를 일으켜 커다란 지진을 발생시킨다고 주장했다. 이 미신의 연결고리가 두 사람으로 하여금 진짜로 1982년에 로스앤젤레스가 파괴될 것이라는 예견을 하게 했다. 이 책은 엄청난 베스트셀러가 되었다.

실제로 예견된 것처럼 로스앤젤레스는 파괴되지 않았다. 그리빈과 프레이그만은 《목성 효과의 지편》이라는 후속 책을 썼다. 그 책에서 그들은 왜 자신들이 예측한 것처럼 되지 않았는지에 관하여 변명을 하고 자신들이 틀렸었다는 사실을 조금도 받아들이지 않았다. 누구든 이 두 번째 책 또한 베스트셀러가 되었다는 사실에 더 이상 놀라지 않을 것이다. 첫 번째 책이 단순한 실수였고 그들이 예견한 것들을 진실로 믿고 있었다고 생각하기란 어렵다. 두 번째 책의 동기 역시 그리 명확하지 않다.

눈과 그리빈이 단순히 잘못 생각한 것이었다면, 2000년 5월 동안에 활동한 '구원 센터'는 훨씬 더 계획적인 것이었다. 말도 안 되는 재난 이야기를 퍼트리면서 이곳에서는 리처드 눈의 책뿐만 아니라 다가오는 도살적 재앙에서 살아남을 수 있도록 관련 장비를 파는 사이트도 운영했다. 그들은 이렇게 말했다.

어떤 과학자들은 벌써 지구가 행성 직렬로 인한 중력에 반응하기 시작하여 자전에 명확한 비틀거림의 현상이 있다고 말한다.…… 행성 직렬의 결과로 소형 지진을 포함한 지각의 변동, 극지역의 이동 등의 현상뿐 아니라 30미터에서 100미터까지 높아진 해수면, 거대한 조석 파도, 시간당 3000킬로미터에 이르는 강력한 바람, 리히터 진도 13을 넘을 수도 있는 엄청난 지진, 물에 잠긴 미국의 양쪽 해안, 자기장의 이동 등도 일어날 가능성을 예견하고 있다.

1998년 나는 그들에게 이러한 질문을 했다.
"이러한 예언을 한 사람들이 누구인지 물어봐도 될까요? 그들에게 연락하여 이 문제에 관해 논쟁을 하고 싶습니다."
그들은 나에게 당신은 당신의 근거를 갖고 있고 자신들은 자신들만의 것을 갖고 있다고 알려왔다. 그들은 예측한 사람들이 누구인지 그들이 어떤 증명을 해주었는지 나에게 알려주려고 하지 않았다. 나 또한 놀라지 않았다. 과학적으로 증명해보았다면 어느 누구도 행성들이 지구에 급작스럽고 재난적인 영향을 미칠 것이라고 진실로 주장하지 않았을 것이다. 이러한 상황에 대한 나의 의견은 다음과 같다.
'당신에게 무엇인가를 팔려고 하는 사람들의 과학을 경계하라.'
물론 나 또한 당신에게 무언가를 팔려고 한다. 그러나 나의 경우에는 멸망에 대한 회의론을 퍼트리는 것이다. 동의한다면 당신 스스로 이 책을 살 수 있다.

언론에서 사람들의 공포를 이용한다는 불만을 제외하고도 이러한 모든 행성 직렬과 관련하여 나의 진정한 불만은 우리가 그것을 볼 수 없었다는 사실이다. 태양이 행성과 달로부터 오는 상대적으로 미약한 빛을 완전히 압도해버렸다. 그래서 재난에 맞닥트린 흥분을 거부할 수 있었지만 반면 우리의 다음 세대 아이들에게 보여줄 사진을 찍을 수 없었다. 2040년 9월까지 기다려야 다음번 좋은 조건의 행성 직렬을 맞이할 수 있다. 적어도 그때는 밤에 볼 수 있을 것이다.

6

금성은 다른 행성과 동일한 시기에 탄생하지 않았다?

1950년에 《충돌 속의 세계》라는 놀라운 책이 출판되었다. 이 책의 내용처럼 고대의 책에 기록된 여러 재난이 사실이고 실제 사건이었다면 어떻게 될까?

고대 사람들은 공상과학소설처럼 보이는 수많은 재난을 겪었다. 하늘로부터 불의 비가 떨어지고 하루 종일 태양이 떠 있다. 홍수와 기근이 발생하고, 해충이 습격한다. 그 당시에는 좀 더 화끈했었던 것 같다. 물론 대부분의 사람들은 이 사건을 과장하거나 단순한 미신, 혹은 인간의 이해를 넘어서는 것들로 간주한다. 그러나 작가들의 말을 그대로 받아들이고 이 사건들이 실제로 일어났다고 상상해보자. 단순한 일반적인 원인이 있을수 있을까? 천문학적 기반 하에는 가능할까?

정신분석가인 임마뉴엘 배리코브스키는 이 문제를 걸고넘어지기로 결심했다. 아마도 그가 의도했던 바는 아니었겠지만 과학계에 거대한 반향을 가져왔다. 《충돌 속의 세계》와 그 후편인 《격변 속의 지구》를 완성했을 때 그는 이전의 모든 과학 법칙은 잘못되었고, 우주가 작용하는 법칙을 심각하게 다시 생각해야 한다고 말했다.

많은 사람들이 《충돌 속의 세계》를 열심히 읽었고, 이 책은 출판 후 곧 베스트셀러가 되었다. 이 책은 1960년과 70년에 반문명적 충격을 주었다. 그의 대중성은 이제 줄어들었지만 배리코브스키는 여선히 많은 추종자를 갖고 있고 상당수가 격렬하게 그의 논리를 방어하고 있다.

그 논리들은 무엇인가? 배리코브스키의 핵심 이론은 금성이 태양계에서 다른 행성들과 동일한 시기에 생겨나지 않았다는 것이다. 그 대신에 그는 금성이 수천 년 전인 기원전 1,500년경에 생겨났다고 결론을 내렸다. 성서와 다른 고대 비문에 대한 배리코브스키의 분석에 의하면 금성은 원래 행성인 목성의 일부분이었다. 그러다 어떤 식으로든 떨어져나와 금성 자체가 거대한 혜성이 되었다. 그 후 수 세기 동안 계속해서 금성은 태양계를 돌면서 지구와 화성을 수차례 만나며 심대한 영향을 미쳤다. 금성과 화성의 접근으로 인한 중력과 전자기력의 효과는 우리의 선조들이 겪었던 모든 재난의 원인이 되었다.

나는 배리코브스키를 반대한다. 나 혼자가 아니다. 이 땅의 거의 모든 과학자들은 그 사람의 이론에 동의하지 않는다. 여기에는 분명한 이유가 있다. 배리코브스키는 틀렸다. 정말로 틀렸다. 그가 설명하는 천문학적 사건은 천문학자들이 불가능하다고 말할 정도이다. 글자 그대로 그 사건은 환상적이다.

우주는 작은 한 점이 폭발해서 시작되었으며 시간과 공간이 창조되었다. 그 후 팽창하기 시작하여 지금 우리가 보는 우주가 형성되었다고 누가 믿겠는가?

빅뱅은 다른 방법으로 설명되지 않는 많은 천문학적 관측이 이루어진 뒤 처음으로 제기되었다. 수십 년 동안 빅뱅을 지지하는 수많은 증거가 나타났으며 그것은 실제로 과학에서 가장 굳건한 이론의 하나이다. 반면 배리코브스키의 의견은 천문학으로부터 거의 지지를 받지 못하고 있으며 사실 많은 천문 이론들은 그의 의견에 반대되고 있다. 빅뱅과 배리코브스키의 이론 사이에 있는 차이점은 물리적 증거이다. 빅뱅은 증거가 많이 있지만 배리코브스키의 이론에는 하나도 없다.

배리코브스키의 이론은 분명히 합리적으로 보인다. 그것은 대단히 많은 역사학과 고고학의 연구 위에서 확립되었다. 그 이론은 현대적인 분석에서 고대 로마의 대플리니우스(고대 로마의 정치가이자 사전 편집자—옮긴이)에 이르기까지 다양한 역사학자들의 이론을 많이 인용하고 있다. 이 분야의 전문가들은 이 과정에서 배리코브스키의 인용에 많은 비평을 하고 있다. 그러므로 그의 연구가 역사적으로 부정확한 측면도 있다. 솔직히 말하자면 나는 이 분야에 전문가가 아니므로 그의 주장에 대한 역사적 의미를 판단하는 것은 금하고자 한다. 그러나 천문학적 배경 하에 대해서는 논하고자 한다.

태양계를 돌며 대파괴를 발생시킨 주체로서 금성을 등장시킨 배리코브스키의 견해는 많은 고대 문헌에 근거를 두고 있다. 가장 중요한 부분은 성경 구절 여호수아 10장 12∼13절에 있다. 캐나나이트와의 대전투 동안 여호수아는 조금의 시간만 더 있다면 이길 수 있을 것이란 사실을 알았다. 그러나 날이 저물어가고 있었다. 절망적인 마음으로 그는 신에게 태양이 지구를 도는 것을 멈추게 해서 여분의 시간을 달라고 요구했다. 성경 구절에는 '…… 백성이 대적에게 원수를 갚을 때까지 태양이 머물고 달도 머물렀다. 그리고 거의 정확히 24시간 후에 전쟁이 끝난 뒤, 신은 다시 하늘을 돌게 했고 태양과 달을 운행하게 했다'라고 쓰여 있다.

오늘날, 우리가 이 문구에 집착하여 이를 해석한다면 '지구의 자전이 멈추는 바람에 태양과 달이 하늘에서 움직임 없이 정지되었다. 하루 뒤, 다시 자전을 시작했다'라고 풀이된다.

배리코브스키는 실제로 문구에 집착하여 이 사건을 조사했고 지구가 자전을 중지하기 직전에 일어났다고 하는 유성 폭풍에 관한 기록을 발견했다. 이 발상이 그가 찾아낸 고대 그리스의 진설 같은 다른 전설들과 면밀히 맞아떨어졌다. 그 당시에 금성을 연상케 하는 그리스의 여신 미네르바가 완전히 자란 상태로 제우스의 머리에서 태어났다는 신화가 있었다(제우스는 목성과 연결된다). 다른 문화권에서도 목성과 금성 사이를 연결하는 유사한 이야기들이 있다. 배리코브스키는 이 전설들이 실제로 사실에 근거해 있다고 생각했다. 여기에서부터 배리코브스키는 금성이 실제로 목성으로부터 떨어져나왔으며 여러 번 지구와 연속적으로 만났다는 자신의 의견을 구체화했다.

지구의 자전을 멈추게 한 것은 금성과의 첫 번째 만남 때였다. 배리코브스키는 이를 명쾌하게 설명하는 대신, 이전에 알려져 있지 않던 전자기적 과정이라는 애매한 설명으로 어떻게든 금성이 나타났고 예외적으로 지구에 가까이 지나감으로써 지구의 자전을 중지시켰다고 주장한다. 그 다음 금성은 멀어졌고 하루 뒤 되돌아와 두 번째 접근을 하면서 다시 지구가 자전하기 시작했다. 금성 그 자체는 긴 타원형 궤도를 갖고 있어서 다시 지구 부근을 지나간 것은 52년 후였다. 시간이 지나 금성은 태양으로부터 두 번째 행성으로서 현재의 궤도로 안정되었다.

이 견해는 어디에서 시작해야 할지 모를 정도로 많은 결함을 갖고 있다. 예를 들면, 배리코브스키는 고대 문헌에서 하늘에 나타난 거대 혜성을 설명하는 많은 구절들을 이용한다. 이 혜성들은 수많은 재앙에 앞서 지나갔다. 어떻게 이것을 금성과 일치시킬 수 있을까? 물론 그는 금성이 목성으로부터 혜성 상태로 떨어져나왔기 때문이라고 말한다. 금성은 태양 주위를 안정된 궤도로 돌게 되기 전까지 주요 행성이 되지 못했다라고 주장한다.

이런 주장들은 사실이 아니다.

첫째로 금성만한 질량을 가진 어떤 것이 떨어져나오기란 대단히 어렵다. 배리코브스키는 목욕 후 개가 물을 털어내기 위해 몸을 떠는 것과 동일한 방식으로 목성의 빠른 자전에 의해 금성이 분열되어서 밖으로 날아갔다고 말한다. 실제로 이런 일은 일어날 수 없다.

태양계의 나이가 수십억 년이 되었음을 보여주는 많은 증거가 있다. 왜 목성이 몇 천 년 전에 갑자기 금성 크기의 행성을 분열시켜야 했는가? 그 이유는 목성이 이전에도 자주 그랬었기 때문일까?

그렇다면 '모든 행성들이 이러한 형식으로 탄생되었다면 목성은 어떻게 생성되었는가?'라는 문제가 남는다. 이 일이 일어날 때마다 목성이 자전을 늦추었다면 목성은 초기에 아주 빠른 자전 상태에서 시작해야 한다.

둘째로 금성과 목성은 완전히 다른 물질로 구성되어 있다. 목성은 대부분 가장 가벼운 원소인 수소로 되어 있다. 그 중심부에는 아마도 더 밀도가 높은 원소들이 있겠지만, 적어도 금성과 목성은 조금이라도 유사함이 있어야 한다. 그러나 이 둘은 다른 점이 더 많다. 금성의 화학적 성분은 지구와 거의 유사하며 유사한 두 행성이 그렇게 매우 다른 방식으로 생성되었다는 사실은 납득이 가지 않는다.

셋째로 금성은 상당한 크기의 행성이다. 사실 금성은 지구와 거의 동일한 크기와 질량을 갖고 있다. 목성은 많은 위성을 갖고 있고 그 중 네 개는 상당히 커서 거대한 목성을 돌지 않았더라면 행성이 될 수도 있었을 것이다. 이 위성들은 목성을 거의 완벽한 원에 가까운 궤도로 매끄럽게 돌고 있다. 이것은 목성과 위성들 간 수십억 년 동안에 걸친 중력적 상호작용의 결과로 나타난 것이다.

이제 금성을 이러한 시스템에서 끄집어냈다고 생각해보자. 위성은 흩어지고 이런 방식으로 떨어져나간 행성에 의해 영향을 받아 궤도가 긴 타원으로 바뀌었을 것이다. 어떤 것은 목성으로부터 떨어져나와 금성이 한 것처럼 완전히 우주의 미아가 되었을 것이다. 그러나 고대 문헌에서 이러한 이상한 위성에 대한 언급은 없다.

우리는 목성을 도는 위성 체계에서 이러한 증거를 찾을 수 없다. 모든 관측에 따르면 위성들은 적어도 10억 년, 20억 년 전부터 현재와 같은 움직임을 보여 왔다. 만일 어떤 교란이 발생했다면 과거 수백만 년 동안에는 일어나지 않았음이 분명하다.

배리코브스키는《충돌 속의 세계》에서 매우 자주 금성이 목성에서 떨어져나온 것이라는 사실을 보여주려 한다. 그러나 그는 틀렸다. 그러한 사건은 단순히 일어날 수 없다. 과학적으로도 금성을 떨어져나가게 하는 데 필요한 에너지라면 말 그대로 그 행성을 증발시켜버릴 정도여야 한다. 달리 말하면 목성으로부터 금성이 떨어져나오는 것은 실제로 금성을 매우 뜨겁고 불타는 가스로 만들어서 말하자면 폭발하는 것처럼 외부로 날리는 것이다. 이 과정에서 태양계를 도는 단단한 물체는 생성되지 않을 것이다.

믿을 수 없을 만큼 무한한 힘을 가정하지 않는다면 태양계를 떠돌아다니는 금성에 대한 그의 주장은 상당히 무력화된다. 이것은 달걀에 무거운 물체를 떨어뜨려 하나는 흰자를, 다른 하나는 노른자를 완벽하게 분리해 달걀 껍질로 감싸는 것과 같다. 실제로 달걀은 깨져서 떡이 된다. 배리코브스키가 상상하는 어떤 힘에 의해서든 금성도 마찬가지가 되었을 것이다.

신비한 힘이 금성을 그러한 움직임에 놓았다고 가정해보자. 지구에 광대하게 퍼진 재난을 일으키는 금성이 그렇게 가깝게 어떤 식으로든 지나간다는 것이 가능한가?

한마디로 말하면 '아니다' 이다.

배리코브스키는 금성이 지구의 자전을 중지시킬 만큼 매우 가까이 지나갔다가 멀어졌고 몇 시간 뒤에 다시 지구의 자전을 재개시킬 만큼 가까이 지나갔다고 결론을 내렸다. 그러나 이것의 정확한 작용에 대해서는 애매한 태도를 취하고 있다. 그는 아마 지구의 자전이 정말 늦추어졌거나 멈추지 않았더라도 자전축이 튕겨져 나가 북극점이 남극점으로 옮겨졌을 것이라는 이론을 전개할 것이다.

실제로 배리코브스키는 북극점이 현재의 위치에서 항상 돈 것이 아니라는 증거에 대해 장황한 설명을 한다. 그는 이 문제를 다음과 같이 제기하기도 했다.

'우리의 지구는 서에서 동으로 돌고 있다. 항상 그렇게 돌았을까?'

그는 지구가 한 번이 아니고 여러 번 극이동을 했었다는 사실을 말해주는 고대 문서를 예로 든다.

이 문제에 대한 그의 근거는 매우 놀랍다. 그가 인용한 구절은 이집트 묘에서 발견된 두 개의 별자리 그림이다. 어떤 그림에서는 별자리가 제대로 그려져 있으나 다른 그림에서는 마치 지구가 반대로 자전하는 것처럼 동에서 서로 거꾸로 그려져 있다.

실제로 두 경우가 있을 수 있다. 하나는 지구가 큰 공이기 때문이다. 남반구에 서 있는 어떤 사람에게 별자리는 북반구에서 볼 때와 비교하여 아래위가 뒤집혀 보인다. 마치 그 사람이 물구나무를 서서 보는 것과 같다. 이 사실은 뒤집혀진 별자리 그림을 꽤 잘 설명할 수 있다. 아마 한 여행자가 남반구에서 본 별자리를 묘사한 것일 것이다.

또 다른 설명도 있다. 많은 고대인들은 별이란 거대한 수정구에 나 있는 구멍이어서 하늘의 빛을 그 구멍을 통해 내보낸다고 생각했다. 신들은 그 반대편에 살고 있어서 우리와 달리 뒤쪽에서 별을 본다. 많은 성도들이 하늘에 있는 신의 시각으로 본 별자리를 보여준다. 뉴욕시에 있는 그랜드 중앙터미널 주 통로에는 천장에 별들이 이런 방법으로 그려져 있다. 아마도 이집트의 그림은 하늘에 대한 우리의 관점과 신의 관점을 보여주는 그림일 것이다. 지구의 극이 바뀌었다는 것보다 이 설명들이 보다 적절하다고 생각한다.

그리고 만일 지구의 자전축이 바뀌었다면 배리코브스키는 24시간 후 발생한 금성의 재접근이 다시 지구의 자전축을 옮기고 동일한 속도로 자전하도록 했다는 사실을 증명해야 한다. 이것을 받아들이려 해도 꽤 부적절하다.

그렇다고 하더라도 배리코브스키의 금성 이론에는 두 개의 심각하고 근본적이며 치명적인 결점이 있다. 하나는 우리가 여전히 살아 있다는 것이고, 다른 하나는 지금도 달이 돌고 있다는 점이다.

배리코브스키는 그의 책 수백페이지에서 금성이 하늘에서 거대하게 빛남에 따라 인류에게 다양한 재난이 내려졌다고 말한다. 어떤 페이지에선 하늘로부터 내려진 은총이나 이집트에서 있었던 해충의 오염 같은 것을 설명하기 위해 금성이 너무나 가까이 지나가서 그 대기가 지구의 공기로 일부 유입되었다고 말한다.

신의 은총과 해충이 금성에서 지구로 왔다는 말은 매우 의심스럽다. 금성의 표면은 놀라우리만치 뜨거워서 납도 녹일 만큼인 섭씨 470도 이상에 이른다. 그렇게 뜨거운 환경 하에서 어떤 종류의 생물이 살아남을 수 있다고 상상하기란 매우 어렵다. 생명을 유지할 수 있게 하는 물질로 된, 하늘에서 내려준 신의 음식이 금성에서 만들어질 수 있다는 것도 또한 믿기 어렵다. 결론적으로 금성의 대기는 대부분이 탄소화합물과 황화합물이다. 만약 수십억 톤의 이러한 물질이 지구의 대기로 쏟아져 들어왔다면 그 영향은 생명에 치명적이 될 것이다. 현실은 이와 상반된다.

금성이 가까이 지나가면 또 다른 물리적 효과가 있을 수 있다. 금성은 조금의 차이가 있을지라도 지구와 대단히 유사하다. 이 두 행성은 거의 같은 크기와 질량을 갖고 있다. 이것은 동일한 중력을 가졌음을 의미한다. 금성의 대기가 지구로 유입되려면 적어도 두 행성 간에 공기를 당기는 동일한 인력이 작용해야 한다. 심지어 매우 낙관적으로 말하더라도 거의 중력이 동일하다면 금성이 지구 표면에 1,000킬로미터 이내로 접근해야 한다.

상상해보라! 지구만한 크기의 행성이 머리 위 1,000킬로미터 위를 지나가면 지금까지 볼 수 없었던 가장 무시무시한 사건이 될 것이다. 금성은 말 그대로 하늘을 다 채우고 해와 별을 가릴 것이다. 또 우주 공간에서 행성의 공전 속도가 빠르다고 하여도 금성은 하늘에서 수 일, 또는 수주간 거대하게 남아 수백 개의 달보다 더 밝을 것이다.

그러나 고대 기록에는 이러한 믿기 어려운 장면에 대한 언급이 없다.

더군다나 이런 일이 발생하면 금성이 지구에 미치는 조석은 너무나 커서 그 높이가 수 킬로미터에 달할 것이다. 지진은 상상하기 어려울 만큼 끔찍했을 것이다. 지진은 말 그대로 모든 것을 산산조각내버렸을 것이다. 이것은 성서에 나오는 지구 종말의 모습을 아무것도 아닌 것으로 만들어버릴 만큼 끔찍한 것이다. 금성같이 거대한 천체가 가까이 지나가면 지구의 땅은 불모지대로 되고 이 땅에 살고 있는 모든 살아 있는 생명체는 죽게 될 것이다. 배리코브스키는 지진이나 그런 것들이 발생할 것이라고 가정하지만 이것은 그 정도 크기의 행성이 가까이 지나간 후의 사태를 수백만 분의 일로 과소평가하는 것이다.

이 엄청난 재난에서 인간이 어떻게든 살아남았다고 하더라고 여전히 문제점이 남는다. 달의 궤도는 지구에서 대략 400,000킬로미터 거리에 있다. 만약 금성이 지구를 그렇게 가까이 지나가서 실제로 대기를 교환할 정도였다면 달보다도 더 가까이 지구에 접근했다는 이야기가 된다. 이런 일이 일어나면 달의 궤도는 놀랍도록 교란되었을 것이다. 보통의 경우 세 개의 물체 중 둘은 매우 크고 나머지 하나는 상대적으로 작은 상태에서 중력적으로 서로 영향을 미친다면, 작은 것은 외부로 튕겨져나가게 된다. 달리 말하면 거의 모든 환경 하에서 금성이 지구에 그렇게 가까이 접근했다면 달은 말 그대로 우주 공간으로 내팽겨졌을 것이다. 적어도 달의 궤도는 엄청나게 바뀌어져서 길쭉한 타원이 되었을 것이다.

달의 궤도는 타원이지만 금성의 접근 이후에 늘려진 긴 타원이 아니다. 달이 이곳에 지금처럼 남아 있다는 사실은 배리코브스키가 틀렸음을 입증한다.

또 하나의 중요한 사실이 남아 있다. 2400여 년 전에 발명된 헤브루 역법은 달의 운행에 근거하고 있다. 배리코브스키가 가정하는 이 사건은 헤브루 역법이 발명되기 불과 약 1,000년 전에 발생했다.

금성의 접근은 달의 궤도를 근본적으로 바꾸지 못했고 1,000년의 시간은 달의 궤도를 지금처럼 안정시키기에 그리 충분하지 않다. 사실 헤브루 역법이 발명된 후 한 달의 길이는 뚜렷한 변화가 없었다. 이 사실은 금성이 지나간 후 거의 순식간에 달의 궤도가 안정되었음을 의미한다.

배리코브스키가 자신의 믿음을 증명하기 위해 고대 기록을 사용했다는 사실을 기억하자. 그러나 여기에서 모든 고대 기록들의 가장 근본적인 기준인 역법이 그의 가정을 반박하고 있음을 볼 수 있다. 배리코브스키가 주장하는 어떤 일이 금성에 발생했다면 달의 궤도가 바뀌어졌겠지만 현재 우리는 아무런 변화를 볼 수 없다.

마지막으로 배리코브스키에 따르면 금성은 지구에 영향을 미친 뒤 마침내 안정되어 현재의 궤도에 자리를 잡았다. 만일 이 사건이 일어났다면 금성의 궤도는 원보다 꽤 찌그러진 타원이 되었을 것이란 사실을 기억하자. 금성은 해왕성과 비견될 만큼 행성 중에서 가장 완벽한 원 궤도를 그리고 있다. 만약 금성이 배리코브스키가 언급한 이 모든 운행을 거쳤다면, 적어도 조금이라도 타원이 되어야 한다. 그러나 금성의 궤도는 완벽한 원과 구별하기가 쉽지 않다.

그의 책 말미에 배리코브스키는 달과 행성의 궤도가 어떻게 원에 가깝게 될 수 있었는지 설명하려고 노력했다. 그는 태양과 행성들에서 발산되는 전자기력이 있다고 설명했다. 그리고 실제로 지구의 극을 이동시키고 모든 문제를 발생시킨 것은 이 힘이라고 덧붙였다. 그러나 오늘날 우리는 그 힘이 무엇이든 간에 그가 주장하는 힘에 대해 어떠한 근거도 갖고 있지 않다. 만약 그런 힘이 과거에 존재했었다면 출애굽기 이집트 탈출에 묘사된 사건 이후로 기능을 멈추었다고 해야 한다. 또한 그러한 힘이 작용했었더라도, 왜 행성과 위성의 궤도가 원이거나 적어도 원과 가까운 모습이 되어야 하는가? 예를 들면 혜성처럼 매우 길쭉한 타원 궤도를 그리는 천체도 있다. 왜 이 힘은 그 천체들에 영향을 미치지 못했는가?

결론적으로 배리코브스키는 모든 성서에 기록된 재난이 자연에서 알려지지 않은 어떤 신비한 힘에 의해 일어났다고 주장한다. 이 힘이 지구에 영향을 미치고 사악한 행위를 했으며 다시 사라져버렸다고 한다. 태양계가 수십억 년 동안 자연적으로 진화한 것처럼 보이도록 그것은 또한 다른 행성들에도 흔적을 남기지 않았다.

이것은 과학이 아니다. 사실 신의 손을 연상케 할 만큼 비합리적이다. 달리 말하면 배리코브스키는 자신의 믿음을 확증하기 위하여 과학을 도입하려고 애를 쓸 필요가 없었다. 과학적으로 알려지지 않은 힘을 도입하는 것은 고대 문헌에서 과학적 근거를 찾으려는 책 저술 목적을 첫 단계에서 부정한다.

그렇다면 배리코브스키가 그렇게 완전히, 또 분명히 틀렸다면 왜 많은 사람들이 여전히 그를 따르고 또 옳다고 믿는가?

이 의문은 실제적이라기보다 철학적이다. 그러나 그 답의 일부분은 그가 책을 출판했을 때 과학 단체가 배리코브스키를 대했던 과정 속에 있다.

1950년, 맥밀란 출판사가 출판 원고를 준비하고 있었을 때 과학 단체는 그 소문을 들었다. 특히 하버드 천문학자 하로우 샤플리는 배리코브스키의 의견은 틀렸으며 그것을 출판한다면 맥밀란 출판사는 많은 사람들에게 잘못된 지식을 알리는 것이라고 출판사의 편집자에게 수차례 편지를 보냈다. 당시 맥밀란 출판사는 과학 교재 분야에서 거대 출판사였다. 샤플리는 출판사의 명성이 《충돌 속의 세계》를 판매함으로써 손상을 입을 것이라고 경고했다. 직접적인 위협은 아니었을지라도 협박이 있었으며, 샤플리는 다른 과학자들이 맥밀란 책을 거부하도록 압력을 가하는 데에 자신의 명성을 사용하기도 했다.

이것은 출판업자에게 심각한 문제였다. 배리코브스키의 책은 논쟁이 일어나지 않았더라도 출판되자마자 베스트셀러에 오르고 커다란 수익을 가져올 것이었다. 그러나 맥밀란은 교재에서도 많은 돈을 벌고 있었다. 결국 이런 상황의 압력에 굴복한 맥밀란은 《충돌 속의 세계》와 후속편의 출판권을 더블데이라는 출판사에 양도했다. 더블데이 출판사는 갑자기 이 책을 출판하게 되었다. 이 점이 책의 신비스러움을 더해주었고 판매에도 도움을 주었다.

책이 잘 팔리면서 배리코브스키에 대한 과학계의 압력은 계속 되었다. 그의 책은 특히 1960년대 대학생들 사이에서 선풍적 인기를 끌었다. 과학자들의 업적이 경시될 만큼 상황이 나빠지자 미국 첨단과학협회는 1974년에 배리코브스키와 그를 반대하는 사람들의 공개 토론을 개최했다. 토론에 나온 과학자 중 한 사람이 바로 칼 세이건이었다. 그는 그 무렵 언론에서 유명세를 타고 있었을 뿐 아니라 일반 대중에게 잘 알려진 비판론자이기도 했다.

그 시절 나는 불과 아홉 살이었으므로 이 토론을 보지 못했다. 그러나 인터넷이나 책에서 이 악명 높은 토론에 대한 내용을 수차례 읽어볼 수 있었다. 배리코브스키와 과학계의 주류 사이에 누가 승리했을까? 내가 보기엔 누구도 이기지 못했다. 둘 다 손해를 보았다고 얘기하고 싶다. 배리코브스키는 사람들이 그의 주장을 지지하지도 떨어트리지도 않을만한 산만한 연설만 했고 그의 지지자들은 종교적 믿음처럼, 그에 더 집착했다. 다른 한쪽인 과학계에서는 점잔만 빼고 있었다. 과학자로서, 또 대중들에게 천문학을 가르쳐 대중화시킨 사람으로서 내가 대단히 존경하는 칼 세이건은 배리코브스키의 의견에 대해 잘못을 지적하는 역할을 맡았다. 하지만 그는 허수아비처럼 논쟁을 했고 배리코브스키의 주장 중 지엽적인 문제에만 매달렸다.

《배리코브스키에 반대한 과학자》(1977년, 코넬 대학 출판사)라는 책에는 그 토론에서 과학자들이 했던 말이 실려 있다. 반면, 배리코브스키 측의 말은 실려 있지 않다. 세이건에게는 배리코브스키의 주장을 반박하도록 50%나 더 많은 지면을 할애했지만 배리코브스키에게는 세이건의 반박을 변명할 어떤 공간도 주지 않았다.

이 책에서 세이건은 배리코브스키에 반대한 자신의 주장을 펼쳤고, 또 《브로카의 머리》에서 보다 진일보한 주장을 내세웠다. 그러나 세이건의 주장은 그리 훌륭하지 못했다. 예를 들자면 그는 목성에서 금성이 떨어져 나오기 위해 필요한 최소한의 에너지를 언급했으나 분석을 하는 과정에서 목성의 자전을 무시했다.

세이건과 샤플리의 반응은 과학자들 사이에서 특별한 것이 아니었다. 과학자들 대다수가 책을 쓴 배리코브스키의 생각과 이로 인하여 그가 부자가 된 것을 싫어했다. 그러나 오늘날까지 그는 실제적으로 많은 추종자들에게 추앙을 받고 있다.

토마스 제퍼슨은 다음과 같이 말했다.

"나는 사람 그 자체를 제외하고 이 사회의 궁극적인 힘을 저장할 수 있는 안전한 곳을 알지 못한다. 만약 사람들을 올바르게 계몽시키지 못한다면 그 치료법은 교육을 통해 스스로 판단하는 방법을 가르치는 것이다."

과학의 역사에서 보자면 이 에피소드에 대한 다소 이상한 결과가 있다. 분명히 그 주장이 물리학과 천문학을 기준으로 보면 잘못되었기 때문에 과학자들은 배리코브스키를 거부했다. 그들은 또한, 당시에 행성이 꽤 안정적으로 존재한다고 생각했기 때문에 그를 비웃었다. 이 사실은 그리 바뀌지 않았다. 변화는 점진적이고, 느리게 나타났을 뿐이다. 어떤 것도 갑자기 일어나지 않았다. 이러한 것을 '균일설'이라고 한다.

하지만 이 조류는 바뀌고 있다. 지구를 포함한 행성 관측이 발전함에 따라 모든 것이 항상 안정적으로 일어나는 것이 아니라는 사실이 밝혀지고 있다. 달은 크레이터로 덮여 있다. 한때 이것은 화산에 의해서라고 생각되었지만 《충돌 속의 세계》라는 책이 출판되었을 무렵, 과학자들은 '달 크레이터는 유성 충돌에 의해 형성되었다'는 사실에 대해 연구를 시작했다. 금성의 표면에는 수억 년 전에 어떤 엄청난 사건이 전체 표면에 영향을 주었다는 증거가 있다. 이곳 지구에도 엄청난 비극적 사건이 원인이 되어 생물들을 절멸시켜버린 경우가 많았던 것으로 보인다.

오늘날 과학자들은 균일설과 사건설 둘 다 태양계의 역사를 설명하고 있다고 말한다. 사물들은 대부분 천천히 진화하지만 때때로 급작스런 사건에 의하여 갑자기 변화하기도 한다.

배리코브스키 지지자들은 그가 단지 시대를 앞서갔을 뿐이며 그의 이론이 과학자들의 입맛에 거부되었을 뿐이라고 주장한다. 이것은 우스운 이야기다. 그러나 그 당시의 과학자들이 주장했던 균일설 또한 많이 틀렸다는 사실 역시 우스운 일이다.

여전히 과학과 사이비 과학 사이에는 다른 점이 있다. 과학자들은 자신의 실수로부터 배우고 잘못된 이론은 버린다. 배리코브스키는 틀렸고, 그 당시의 과학자들도 틀렸다. 그러나 진정한 과학은 발전해왔다. 아마도 우리는 이것으로부터 어떤 것을 배울 수 있을 것이다.

7

왜 점성술은 맞지 않을까?

얼마 전 나의 누님이 멋진 생일 파티를 열었다. 그녀는 친구들, 가족, 동료들을 초대했고 우리는 모두 즐거운 시간을 보냈다. 그녀는 아이들을 위해 특별한 장난감과 그리기 도구를 준비했다. 내가 다른 사람들과 이야기를 나누는 동안 딸이 나에게 와서 자신이 그린 그림을 보여주었다. 그림 하나가 나의 눈을 특별히 사로잡았다. 내가 말했다.

"이야, 이것은 아빠가 연구하는 것과 비슷하네!"

그러자 내 옆에 있던 여자가 물었다.

"당신 직업이 뭐예요?"

"저는 천문학자입니다."

내가 대답했다.

그녀의 눈이 옆으로 커지며 얼굴이 밝아졌다.

"멋지네요!"

그녀가 말했다.

"저는 천문학을 아주 못했어요. 대학에서 낙제했죠."

그 말에 무엇이라 대답하겠는가? 나는 화제를 바꾸었고 우리는 잠시 동안 이런 저런 이야기를 했다. 몇 분 뒤에 그녀는 파티에 참석한 다른 사람과 대화를 나누며 이렇게 말했다.

"아, 저 사람은 천칭자리예요. 천칭자리 사람들은 모두 저렇게 하죠."

아, 이제 나는 왜 그녀가 천문학에 낙제를 했는지 알았다.

나는 여태껏 점성술에 대해 무엇인가 나의 의견을 말하는 것을 금해 왔다. 나도 점성술에 대해 잘 알고 있다.

점성술의 근본적인 전제는 단순하다. 태어난 시점의 별과 행성의 배열이 삶에 영향을 미친다는 것이다. 이것이 사실이라는 증거는 없다. 그럼에도 불구하고 사람들은 점성술을 믿는다. 분명히 점성술은 대중적이다.

그러나 그렇다고 이것이 옳다는 의미는 아니다.

점성술은 그 지지자들에게 종교와 같다. 어떤 종교들은 증거 없이 신앙을 요구한다. 어떤 의미에서 증거란 믿음에 해가 되기도 한다. 당신은 어떤 증거를 요구하지 않고 믿어야만 한다. 점성술도 동일한 방식이다. 만일 점성술이 왜 제대로 맞지 않는지 정확하게 보여주려고 시도한다면 린치 lynch(정당한 법적 절차에 의하지 아니하고 잔인한 폭력을 가하는 일. 미국 독립 혁명 때에 반혁명 분자를 즉결 재판으로 처형한 버지니아 주의 치안 판사 린치Lynch, C.W.의 이름에서 유래한다-편집자 주)를 당할 위험에 처할지도 모른다.

다행히 나는 이러한 위험을 감수하기로 했다. 그리고 여기에 직설적으로 주저함 없이 말할 것이다. 점성술은 맞지 않다. 그것은 엉터리이고 말이 되지 않는다.

점성술은 그 역사와 성취에 있어서 자기일관성이 결여되어 있다. 점성술이 예측하는 것과 그 이유 사이에는 아무런 연관성이 없다. 그리고 그 발상의 정확성에 대한 확인 없이 그 관념은 수 년 동안 임의의 발상들을 더해 왔다.

과학은 이것과 정반대이다. 과학은 원인을 찾고, 미래의 사건에 대해 정확한 예견을 하기 위하여 근거를 사용한다. 만일 이론이 실패하면 다시 수정하고, 다시 테스트하거나 버린다. 과학은 우리가 우주를 이해하는 데 놀랍도록 성공적이었음을 나는 확신한다. 그리고 아마 인류가 행한 가장 훌륭한 노력이었을 것이다. 과학은 그래서 옳다.

한편 점성술은 그렇지 못하다. 점성술은 우리가 항상 보듯이 애매한 예언을 한 후, 항상 현실에 맞춘 다음 적용한다. 점성술사는 이런 이유 때문에 원인을 찾지 않는다. 점성술에 원인이란 없다. 만약 당신이 별과 행성, 우리의 삶 사이에 연결된 어떤 내재된 원인을 찾는다면 어떤 것도 찾을 수 없을 것이다. 점성술을 퍼뜨리기 위해서 사람들은 그 속의 근본적인 원리를 찾지 않아야 한다. 왜냐하면 찾아보면 아무것도 없다는 사실을 알게 될 것이기 때문이다.

점성술을 이끄는 힘에 대하여 시험해보자는 주장을 피하기 위해 점성술사들은 뜻 모를 말에 의존하여 대중을 속여 넘긴다. 점성술의 바탕에 깔려 있는 이론은 다음과 같다.

어떤 의미에서 점성술에 언급되어지는 행성들 사이의 힘은 한마디로 표현할 수 있다. 바로 중력이다. 태양은 가장 큰 중력을 갖고 있어서 점성술에 큰 영향력을 미친다. 그 다음이 지구의 위성인 달이다. 다른 행성들은 지구의 위성은 아니지만, 그럼에도 불구하고 중력을 갖고 있어서 지구에 영향을 준다. 태양은 지구의 움직임을 제어하며 달은 조석을 제어한다. 그러나 다른 행성들도 지구에 그들 자신만의 영향을 미친다. 그리고 지구 위에 살고 있는 사람에게도 영향을 미친다. 때때로 그들의 영향은 너무나 강하여 태양의 에너지를 능가하기도 한다!

그러나 이것은 전혀 말이 되지 않는다. 만일 중력이 주된 힘이라면 당신이 태어났을 때 화성이 지구에 대해 태양과 같은 방향에 있었는지 반대 방향에 있었는지를 왜 문제 삼지 않는가? 지구에 대한 화성의 중력 영향은 태양 쪽 방향에 있을 때와 반대편에 있을 때 50배 이상 차이가 난다. 생각하기에 따라 이것은 믿을 수 없을 만큼 중요한 부분일지도 모르지만 어쨌든 이 점은 모든 점성술에서 무시되어져 왔다.

또한 달이 지구에 대해(그리고 당신에 대해) 다른 행성들의 중력을 모두 합한 것보다 50배나 더 큰 영향을 끼친다는 것을 증명하기란 매우 쉽다. 만일 중력이 점성술에서 가장 중요한 요소라면 행성보다 달이 50배나 더 많은 영향을 우리에게 주어야 한다.

점성술사들은 때때로 전자기력 같은 또 다른 힘을 찾는다. 하지만 그것은 중력보다 훨씬 더 나쁜 선택이다. 왜냐하면 태양의 영향이 하늘에 있는 다른 어떤 천체보다 수백만 배나 우리에게 더 크기 때문이다. 태양이 내뿜는 전리된 입자들이 모인 태양풍은 오로라를 유발하고, 태양으로부터의 강력한 전자기 폭풍은 전기장치를 마비시키며 인공위성을 파손시키기도 한다. 이것은 일상적인 물리적 현상이며 어떤 점성술보다도 당신의 하루에 훨씬 더 큰 영향을 미칠 것이다.

그렇다면 점성술사들은 중력이나 전자기력이 아닌 다른 힘을 찾아야만 한다. 일부는 이 힘은 거리에 반비례하여 줄어들지 않는다고 주장한다. 그리하여 당신이 태어났을 때 행성들의 거리 문제를 피해간다. 그러나 이것은 또 다른 문제점을 만들어낸다. 내가 이 책을 쓰는 시점에 다른 별들을 도는 외계의 행성이 모두 70개 이상 발견되었다. 만약 점성술의 숨은 힘이 거리와 관련이 없다면 이런 행성들은 어떻게 처리할 것인가? 그 행성들이 나의 운세에 어떻게 영향을 끼칠 것인가? 그리고 우리은하만 하더라도 수천억 개의 별이 있다. 만일 그들이 이를테면, 화성이나 목성 같은 힘을 갖고 있다면 누가 정확한 운세를 계산할 수 있을 것인가?

우리 태양계 내에서 다른 천체들은 말할 것도 없이 대표적으로 천왕성, 해왕성, 명왕성의 발견은 잠시 점성술사들을 혼란에 빠뜨렸지만 그들은 이 행성들을 자신들의 철학에 집어넣었다. 흥미롭게도 어떤 웹사이트는 가장 큰 소행성 네 개인 세레스, 베스타, 팔라스, 쥬노도 언급하고 있다. 이 소행성들은 여신의 이름을 따왔으므로 그 웹사이트에서도 여신을 따라 여성적 역할을 부여했다. 예를 들자면 세레스는 풍요와 수확의 여신이므로 점성술적으로도 여인의 출산 주기를 관장하는 힘을 가진다고 한다.

그러나 세레스는 1801년에 발견되었고 그 발견자인 기우셉 피아치에 의해 이름이 붙여졌다. 그는 별 생각 없이 여성의 이름을 선택했다. 전통적으로 소행성은 대부분 여성의 이름을 따른다. 그래서 한 사람에 의해 무작위로 선택된 이름을 명명한 천체와 그 이후로 전통적으로 여인의 이름을 따르게 된 일련의 천체들은 어떻게 믿어야 하는가? 자파프랑크 같은 소행성은 어떻게 처리해야 하는가? 또는 레논, 해리슨, 매카트니 같은 소행성은? 나의 좋은 친구인 단 두르다는 자신의 이름을 붙인 소행성을 갖고 있다. 나는 소행성 6141 두르다(공식적으로 이렇게 불린다)가 어떻게 개인적으로 나의 운세에 영향을 주는지 도무지 모르겠다. 만일 그것이 다른 소행성과 부딪쳐서 부서진다면 나는 단의 가족에게 꽃을 보내 조의를 표해야만 할까?

점성술사들의 주장과 달리 점성술은 과학이 아니다. 그렇다면 그것은 무엇인가? 점성술을 고의적인 환상으로 분류하고 싶다. 그러나 보다 정확한 답변이 있다. 마법이다. 로렌스 E 제롬은 그의 수필집《점성술, 과학인가 마법인가》에서 점성술이 다른 어떤 것보다도 마법에 가깝다고 주장했다. 그의 기본적인 주장은 점성술이 '해석의 원리'에 기초하고 있다는 것이다. 이것이 의미하는 바는 천체가 물리적 원인이 아니라 유추에 의해 실제로 어떤 영향력을 행사하고 있다는 생각이다. 달리 말하자면, 화성은 붉기 때문에 피, 죽음, 전쟁과 연결되어진다. 여기에는 아무런 물리적 연관성이 없고 단지 유추만 있을 뿐이다. 이것이 바로 마법이 어떻게 작동하는지 보여준다. 마법사는 인형 같은 것을 갖고 있다. 그 인형이 그들에게 무엇을 대변하든 간에, 예를 들면 적군의 왕을 뜻한다면 그들이 인형에게 행하는 일은 왕에게도 일어날 것이다.

우리의 깊은 바람에도 불구하고 우주는 점성술에 근거해 흘러가지 않는다(「스타 트렉」에서 스폭의 녹색 피는 초록색의 행성 천왕성이 전쟁의 신 발칸임을 암시한다. 그런가?). 우주는 물리적 연관성 하에서 움직인다. 달의 중력이 지구의 조석에 영향을 미치고, 태양 중심에서 일어나는 핵융합이 지구를 데운다. 또 얼음 결정 구조 때문에 물은 얼었을 때 부피가 팽창한다. 모든 이런 이론들은 실험을 통과한 것이다. 그들 뒤에는 일관적인 물리적 법칙이 있고, 수학을 사용하여 보완될 수 있다. 이러한 수학적 모델들은 미래의 사건을 정확히 예견하는 데 사용된다. 또한 이러한 사건들은 사람에 따라 달리 해석될 수 없다.

그러나 점성술은 그렇게 움직이지 않는다. 화성의 색깔이 어떤 사람에게는 핏빛 붉은색으로 보이겠지만, 나에게는 단순히 녹슨 것으로 보인다 (실제로 화성의 표면은 녹슨 산화철이 과다하다). 아마 화성은 '전쟁의 신'이란 모습보다 비 오는 쓰레기 하치장에 있는 자동차처럼 '쇠퇴와 늙음'을 의미해야 할지도 모른다. 점성술의 해석은 누가 그것을 사용하는가에 달려 있다. 그것은 일관성이 없다.

별자리의 모습은 점성술의 비과학적인 부분을 암시하는 또 다른 증거이다. 나는 천칭자리이며 9월 하순에 태어났다. 점성술은 수도 없이 나에게 이 자리는 균형과 조화의 상징이라고 말해주었다. 그러나 그 별자리를 보자. 그 별자리는 희미한 4개의 별이 다이아몬드 형상으로 늘어서 있다. 당신은 거기에서 균형을 암시하는 고색창연한 천칭을 상상할 수 있다. 그러나 나에게 그것은 연처럼 보인다. 그렇다면 나는 거만하고 또는 멍청이이거나 허풍떠는 사람일 경향이 있는가? (흠, 대답을 못하겠다고?)

현대적인 시각에서 궁수자리는 활쏘는 사람으로 보이지 않고 주전자처럼 보인다. 마치 주전자 꼭지에서 피어오르는 수증기처럼 보인다. 그 별자리에서 태어난 사람은 열 받는 논쟁에 노출되었을 때 조용히 속으로 끓어야만 하는 것이 아닐까? 게자리는 4등급보다 밝은 별이 없어서 조금만 광해에 뒤덮인 하늘에서는 보기 어렵다. 게자리 사람들은 조용하고, 어두우며, 우울한가? 왜 고대 아라비아나 그리스의 별자리가 타당성을 가져야 하는가?

또 주의할 사항은 별자리의 모양 또한 임의적이라는 것이다. 천칭자리는 네 별간의 상대적 위치 때문에 다이아몬드처럼 보인다. 만일 우리가 3차원의 시각으로 본다면 그 별들은 전혀 다른 모습을 하고 있다.

그리고 더 나쁜 점이 있다. 황도 12궁에 속한 몇몇 별들은 적색거성赤色토星이어서 언젠가는 폭발할 것이다. 전갈자리의 붉은 심장인 안타레스는 적색거성이다. 언젠가는 이 별이 초신성이 될 것이고, 전갈자리는 그 심장에 구멍이 뚫린 채 남아 있게 될 것이다. 그때 우리는 이 별자리를 어떻게 해석할 것인가?

점성술사들은 과학을 옹호하는 사람들처럼 타당한 관점에서 논쟁하기보다 비판에서만 벗어나고자 노력한다. 많은 점성술사들은 천문학과 점성술이 동일한 것이라고 말하고, 마치 과학의 한 부분인 것처럼 덧붙인다. 이것은 어리석은 짓이다. 그저께 내가 먹은 햄버거가 한때 소의 일부분이었다고 해서 내가 소처럼 되새김질하는 동물이 되는 것은 아니다.

또 다른 고전적인 점성술의 방어 수단은 많은 유명한 천문학자들이 점성술을 행했다고 항변하는 것이다. 그들은 케플러, 브라헤, 코페르니쿠스 등이다. 그러나 이 천문학자들이 수백 년 전 사람들임을 주목하자. 결국 이 항변도 이전과 마찬가지로 부적절하다. 수 세기 전 과거의 천문학자들은 오늘날 우리가 알고 있는 천문학에 대한 과학적 기반이 없었다. 당시 그들은 여전히 미신에 사로잡혀 있었다. 또한, 케플러가 점성술을 믿었는지도 분명하지 않다. 그는 점성술을 믿는 왕으로부터 보호를 받고 있었으므로 영향을 받았으리라 추측할 뿐이다.

점성술사들은 점성술을 믿고 실천하는 많은 사람들에 대하여 언급한다. 다수가 항상 옳은가? 사실은 사실일 뿐이다. 그들은 얼마나 많은 사람들이 거짓말을 믿는지, 얼마나 열성적으로 항변하는지에 대해서는 신경쓰지 않는다.

점성술에 반대하는 모든 주장에도 불구하고 점성술은 여전히 대중적이다. 점성술사들은 자신에게 반대하는 모든 이성적이고 비평적인 주장을 쓸어버리기 위해 어떤 무기를 휘두르고 있는가? 그들의 가장 유용한 무기는 바로 '우리들'이다.

사람들은 자신의 별자리 운세를 읽었을 때 신비스런 느낌을 받거나 정확한 해설이라고 생각하는 경향이 있다. 우리들 중 얼마나 많은 수가 그 운세를 읽었으며 또, 그것이 하루를 얼마나 잘 설명해주는지 경탄해보았을까?

실험을 해보기 위해 나는 내 생일을 별자리 운세 사이트에 넣어보았다. 그것은 정말로 나에 대한 여러 가지를 알려주었다.

'당신은 싸움을 싫어한다. 당신은 자신과 같은 지성을 가진 배우자를 원한다. 당신은 혼자 있는 것보다 다른 사람들과 함께 있는 것을 더 좋아한다.'

이 모든 것은 사실이다. 그러나 또 이런 글도 남겼다.

'당신은 타인을 깊이 이해하려고 하는 신사적이고 감각적인 사람이다. 그리고 매우 참을성이 있고 순응적이며, 인생에 비판적이지 않은 태도를 갖고 있다.'

(적어도 나와 같은 지성을 가진) 나의 아내는 이 글을 읽었을 때 웃음을 터트렸다.

이 운세에서 적중된 사항을 한번 들여다보자. 위에 묘사된 것들은 단지 나뿐만이 아니라 내가 알고 있는 다른 사람들에게도 해당되는 것처럼 들린다. 표현들은 매우 애매하여 누구에게나 적용될 수 있다. 이것이 바로 점성술사들의 기본적인 방법이다. 모두에게 해당되는 표현이 바로 핵심이다.

사람들은 그들이 원하는 부분만을 뽑아서 기억할 것이다. 그리고 그것이 바로 점성술에 대한 믿음을 강화시키는 방법이다.

잘 알려진 비평가이자 이성적 사상가인 제임스 랜디는 언젠가 학교 교실에서 실험을 수행했다. 선생님은 랜디를 놀라운 능력을 가진 유명한 점성술사라고 소개했다. 나아가 선생님은 학생들에게 각자의 생일을 쓰게 한 후 각각을 봉투에 넣었다. 랜디는 학생들의 운세를 봐주었다. 그들을 각 봉투의 앞에 세워두고 운세를 본 후 다시 봉투를 돌려주었다.

학생들이 운세를 읽은 후 랜디는 정확도에 관해 여론조사를 했다. 대다수의 학생들은 그 별자리 운세가 정확하다고 생각했다. 아주 소수만이 부정확하다고 말했다.

그러나 그 다음, 랜디는 놀라운 사실을 밝혔다. 그는 학생들에게 그 운세를 각자의 뒤에 있는 사람에게 건네주도록 했다(가장 마지막 줄에 있는 학생은 맨 첫 줄 학생에게 가져다준다). 그리고 나서 옆 학생의 운세를 읽어보라고 했다.

그 결과는 아주 걸작이었다. 놀랍다! 랜디는 각각의 봉투에 모두 동일한 운세를 넣었던 것이다. 당신은 학생들의 얼굴에 나타난 충격적인 표정과 섭섭함, 그 다음에 나타난 당황스러움을 상상할 수 있을 것이다. 랜디가 사용한 표현은 매우 애매해서 교실 내의 거의 모든 학생에게 적용되는 것이었다. 그는 다음과 같은 문구를 사용했다.

'당신은 스스로가 현명하기를 원한다.' 또는 '당신은 다른 사람의 주의를 끌고 싶어 한다.'

누가 그렇지 않을까?

특별한 별자리 운세는 틀릴 수 있다. 애매한 것은 절대 틀리지 않는다.

이것이 바로 별자리 운세가 매우 애매한 이유이다. 덧붙이자면 나쁜 말은 잊어버리고 정확한 것만 기억하는, 너무나 인간적인 능력이 그 이유이다. 대중으로부터 수백만 달러를 떼어먹기 위하여 점성술은 틀린 것을 잊어버리는 우리의 능력에 의존하고 있다.

그리고 그들은 속이며 사업을 하고 있다. 점성술은 거대한 사업이다. 아마 가장 대단한 것은 신문이나 잡지에서 볼 수 있는 별자리 운세일 것이다. 편집자들도 또한 그것을 믿지 않는다고 말한다. 그리고 별자리 운세를 만화 섹션에 배치하여 그것이 얼마나 가볍게 다루어지고 있는지 보라고 말한다. 그러나 그것은 사기다. 만화 섹션은 신문에서 가장 대중적인 부분이며 별자리 운세는 믿을 수 없어서가 아니라 더 많이 볼 수 있도록 그곳에 자리하고 있다.

미국의 우주 관련 사이트 가운데 가장 큰 사이트는 www.space.com이다. 이곳에는 우주에 관한 뉴스, 역사, 의견 등 많은 내용이 있으며 사람들이 생각할 수 있는 우주여행에 관련된 모든 것이 있다.

어느 날 사이트 관리자 몇 사람이 그 사이트에 별자리 운세를 싣자는 아이디어를 떠올렸다. 운세가 실리자마자 하루 만에(아마 몇 시간 만에) 별자리 운세에 항의하는 수많은 사람들로부터 이메일을 받는 바람에 이 사이트는 다운되어 버렸다. 결국 별자리 운세는 내려졌다. 그리고 교훈도 남겼다. 나는 신문이나 잡지에서도 동일한 일이 일어날 수 있을 것이라고 믿는다.

별자리 운세를 간행물에 싣는 것이 별로 대단한 일이 아니라고 생각해 보자. 나는 가장 우려되는 부분이 점성술의 유행이라고 생각한다. 그것은 숫자 게임이다. 사람들이 바보가 되는 한 점성술은 스스로를 지탱할 수 있다. 점성술 이야기는 퍼지고 비판적인 생각은 창밖으로 달아나며, 더 많은 사람들이 이것을 믿는다. 어디에서 멈출 것인가?

전 미국 대통령 로날드 레이건의 아내 낸시가 길일일 때 만남 약속을 하기 위하여 점성술에 의존한다고 했을 때 사람들은 웃었다. 그러나 이것은 웃을 일이 아니다. 로날드 레이건은 전 미국 대통령이며 그 아내는 점성술에 의존하고 있다! 이것은 내가 생각할 수 있는 가장 두려운 것이다. 나는 큰 힘을 가진 사람이 조금 더 이성적인 사고 능력을 가지기를 희망한다.

II

왜 그럴까?_지구에서 달까지의 진실 찾기

지구는 매우 넓다. 지구의 넓이는 511,209,977제곱킬로미터이다. 이 넓이는 1, 2킬로미터의 차이는 있겠지만 모든 것을 담을 수 있는 충분한 공간이다. 그러나 이처럼 광대한 지구도 모든 불량 천문학을 담기엔 충분하지 않다. 멀리 볼 필요도 없다. 사실 우리의 주변에서도 이와 같은 경우를 많이 볼 수 있다. 밤이 오기를 기다릴 필요조차 없다. 많은 사람들은 천문학이 밤과 연관되어 있다고 생각하지만 낮 동안에도 찾아볼 수 있다. 하늘은 넓고 매우 푸르며, 따스한 햇볕은 항상 우리가 느낄 수 있는 것들이다. 집 밖으로 몇 걸음만 나가면 잘못된 인식과 판단 오류로 가득한 환경을 쉽게 접할 수 있다.

푸른 하늘은 모든 과학적 의문으로부터 시작한다. 진부한 표현이지만 어느 날 나의 5살 난 어린 딸이 하늘이 왜 푸른지 물었다. 나는 어떻게 대답해야 할지 고심했다. 나는 분자와 태양으로부터 떠나온 빛이 우리의 눈에 도달하기까지 거치는 우주의 원리를 설명해주었다. 대답을 마쳤을 때 딸아이는 잠시 고민을 하더니 말했다.

"아빠가 방금 말한 그 모든 것은 하나도 말이 되지 않아요."

이번 장에서 나는 당신이 이 모든 것에 대한 대답을 잘할 수 있기를 기대한다.

이렇게 한번 생각해보자. 우리는 왜 대기권 내에 있어야 하는가? 우리는 대기권 밖으로 나갈 수 있고 그곳에서 지구를 내려다볼 수도 있다. 얼어붙은 극지역과 무더운 적도지역에도 가볼 수 있다. 그런데 왜 이 두 지역은 다르고 계절마다 모든 것들이 변화하는가? 그 원인은 천문학에 근거를 두고 있다.

조금 더 멀리 나가보면 우리는 우주에서 가장 가까운 천체인 달을 만난다. 이 달이 우리의 상식 속에서 얼마나 부정확한 이론에 휩싸여 있는지 생각해보자. 달은 한쪽 면만을 우리에게 보여주지만 알고 보면 스스로 열심히 돌고 있다. 어떤 때는 일식Eclipse이 일어나는 것처럼 그 모습을 바꾸지만 결코 일식과 같은 현상은 아니다. 달은 변화하지 않고 또 변화할 수 없는 것처럼 보이지만 그것 또한 착각이다. 과거에도 미래에도, 심지어 당신이 이 글을 읽고 있는 지금 이 순간에도 달은 보이지 않는 힘에 의해 변형되고 있으며 그 힘은 지구 또한 심오하게 변화시키고 있다. 이와 같은 힘들이 전 우주를 통해 작용하여 강력한 화산 폭발을 가져오고, 별들을 찢어버리고, 전체 은하계를 삼키기도 한다.

만약 달 표면에서 바라본다면 우리는 지구 부근에서 떠다니는, 우리 인식 속에서 불량하게 자리잡고 있는 천문학의 내용 상당수를 없애버릴 수 있을 것이다.

8

하늘은 왜 푸를까?

부모로서 살면서 아이들로부터 받게 되는 피할 수 없는 질문이 있다. 그것은 바로 "하늘은 왜 푸를까?"이다. 어른으로 자라는 과정에서 우리는 때때로 그런 유형의 질문을 하지 말아야 한다고 배우거나 또는 어떻게 질문해야 할지 잊어버린다.

이 세상의 수많은 성인들은 맑은 하늘을 수만 번 이상 보았겠지만 단지 극소수의 사람만이 왜 그것이 푸른지 알고 있다. 그렇다고 그 이유를 모른다고 자책할 필요는 없다. 이 질문은 수백 년 동안이나 과학자들을 좌절시켜 왔다. 오늘날 우리는 그 이유를 알고 있다고 꽤 자부하긴 하지만 학교에서 그 이유를 가르친다는 것을 들어본 기억이 없다. 더 나쁜 것은 내가 본 수많은 사이트들은 그 질문에 잘못된 답을 하고 있다는 사실이다. 광학과 대기 물리에 관한 대학 교재에서는 이 주제를 정확히 설명하고 있지만 집안에 그런 책이 있는 사람이 과연 몇 명이나 있을까?

물론 나는 갖고 있다. 그렇기 때문에 나는 대단히 이상한 놈이긴 하다. 운 좋게도 하늘이 푸른 이유는 그리 복잡하진 않고 심지어 5살짜리 아이에게도 쉽게 설명할 수 있다. 하늘의 푸른색에 대해 틀리게 설명하는 이유들부터 시작하도록 하자.

아마도 하늘이 푸른 이유에 대한 가장 일반적인 생각은 하늘이 바다의 파란 색깔을 반사하고 있기 때문이라는 것이다. 그러나 잠깐만 생각해보면 이것이 옳지 않다는 점이 드러난다. 이것이 사실이라면 대륙에서보다 바다 위를 여행할 때 하늘은 더 푸르게 보일 것이다. 그러나 사실은 그렇지 않다. 이를테면 하늘은 중국에서 하이킹 중일 때나 미국에서 영국으로 가는 배안에서나 똑같이 푸르게 보인다.

또 다른 잘못된 대답은 태양으로부터 온 파란 광선이 대기 중의 먼지에 의해 산란되기 때문이라고 한다. 과학적으로 이 답은 근접하다. 분명히 앞에 나온 물을 반사했다는 답에 비해 훨씬 낫다. 그러나 먼지가 원인은 아니다.

정확한 답이라면 다른 것이 조금 더 포함되어야 한다. 맨 마지막에 우리는 5살 아이를 위해 그 답을 단순화시키겠지만 처음에는 전체적으로 이 문제에 대해 알아보기로 하자.

일반적으로 천문학에서, 또는 다른 과학의 분야에서 어떠한 문제를 증명할 때 해답을 얻기 위해서는 질문을 구체적으로 나누어야 한다. 하늘의 색깔도 예외가 아니다. 푸른색을 이해하기 위하여 우리는 실제로 세 가지를 이해해야만 한다. 태양빛이 무엇인가? 태양빛은 대기를 어떻게 통과하는가? 우리의 눈은 어떻게 보는가?

당신은 태양의 표면에서 태양빛이 떠날 때 그 빛이 흰색이라는 사실을 알게 된다면 아마 놀랄 것이다. 이 빛은 실제로 여러 색깔들이 혼합되어 조화를 이룬 것이다. 빨간색, 초록색, 파란색 등 각각의 색깔들은 태양의 표면 부근에서 복잡한 물리 현상에 의해 만들어진다. 태양의 가장 바깥층에서 어지럽게 움직이는 가스는 각각의 다른 색깔의 빛을 만들어낸다. 그러나 이 빛들이 서로 섞이게 되면 우리의 눈에는 흰색으로 보인다. 이것은 당신 스스로도 증명할 수 있다. 프리즘을 태양빛에 놓아보자. 태양빛이 프리즘을 통과하면 빛은 여러 개의 다른 색깔로 분리된다. 이러한 색깔의 무늬를 '스펙트럼'이라 부른다.

비가 온 후에도 동일한 현상이 일어난다. 공기 중에 떠도는 물방울은 작은 프리즘 역할을 하여 흰 태양빛을 스펙트럼으로 분리한다. 이것이 무지개가 보이는 이유이다. 무지개에서 보이는 색깔의 순서는 항상 동일하다. 가장 바깥쪽이 빨강색이며 그 다음이 주황색, 노란색, 초록색, 파란색, 남색, 자주색이다. 자주색은 무지개의 가장 안쪽에 있다. 일반적으로 학생들은 '빨주노초파남보'라고 배운다. 여기서 보라색은 바로 자주색이다. 이 지식을 내가 여전히 기억하고 있는 것을 보면 이와 같은 사실은 보편적인 상식이다.

이 색깔들은 태양으로부터 동시에 왔다. 그러나 지상으로 오는 길에 우스운 일이 일어난다. 공기 중에 있는 질소N_2와 산소O_2 분자들이 이 빛을 가로챈다. '광자'라고 불리는 빛의 입자는 이 분자들에 의해 부딪힐 때마다 당구공처럼 튕겨져나가 각기 다른 방향으로 날아간다. 달리 말하자면 핀볼 게임기처럼 질소와 산소 분자가 들어오는 태양 빛을 산란시킨다.

1800년대 중반 천재적인 영국 물리학자 레일리 경이 기이한 사실을 발견했다. 분자들에 의한 빛의 산란은 빛의 색깔로 결정된다는 것이다. 달리 말하면 빨간색 광자는 파란색 광자에 비해 훨씬 적게 산란된다. 태양빛이 대기를 통과할 때 빨간색 광자와 파란색 광자를 추적해보면 파란색 광자는 부딪히면 본래의 경로를 꽤 재빨리 바꾸어버리지만 빨간색 광자는 지면에 도달할 때까지 즐겁게 본래의 경로를 고수한다. 레일리 경이 이 효과를 발견하고 또 측정했으므로 이것은 '레일리 산란'이라 불린다.

그렇다면 이 사실이 하늘이 푸른 것과 무슨 연관이 있을까? 당신이 공기 중 어딘가에서 떠돌아다니는 질소 분자라고 생각해보자. 당신의 바로 옆에는 당신과 같은 또 다른 질소 분자가 떠돌고 있다. 이제 태양으로부터 빨간색 광자가 다가왔다. 레일리 경이 발견한 것처럼 당신은 빨간색 광자에 많은 영향을 주지 못한다. 그 광자는 당신과 당신 친구들을 거의 무시하고 지면으로 똑바로 날아가기를 고수한다. 빨간색 빛의 경우에 태양은 하늘의 매우 작은 부분을 차지하여 빨간색 빛을 발산하는 플래시와 같다. 태양으로부터 발산된 빨간색 광자는 시넌에 있는 관찰자를 향해 직선으로 날아온다.

이제 태양으로부터 오는 파란색 광자를 생각해보자. 그 광자는 당신의 친구와 부딪힌 다음 튕겨나가서 이번에는 당신에게 다가온다. 당신이 보기에 그 광자는 태양으로부터 오는 것이 아니라 그 분자로부터 오는 것처럼 느껴진다. 당신의 친구는 그것이 태양으로부터 오는 것을 보았지만 그것이 친구와 부딪힌 후 방향을 바꾸었기에 당신은 그렇게 보지 않는다. 물론 그 광자는 당신과 부딪힌 후 튕겨나가 또 다른 방향으로 진행할 것이다. 세 번째 질소 분자는 그 광자가 태양이나 당신 친구가 아닌, 당신으로부터 오는 것을 볼 것이다.

이제 당신은 땅에 서 있는 사람이 되었다. 태양으로부터 오는 파란색 광

| ····················· | 빨간색 빛 |
| ——————— | 파란색 빛 |

빨간색 광자는 상대적으로 긴 파장 때문에 지구 대기를 비교적 방해받지 않고 통과한다. 그러나 파란색 광자는 상당히 짧은 파장 때문에 공기 중의 분자에 의해 부딪치고 휘어지며 산란된다. 우리 눈에는 하늘의 모든 방향에서 오는 것처럼 보이므로 푸르게 보인다.

자가 주변에 산란되면 그것은 당신 주변에 있는 공기의 분자들과 부딪히고 최후의 산란을 거쳐 당신의 눈에 들어오게 된다. 당신에게 그 광자는 최후에 부딪힌 분자로부터 오는 것처럼 보이고 태양이 있는 방향으로부터 오는 것이라 생각되지 않는다. 이러한 분자들이 하늘 모든 곳에 있다. 반면 태양은 단지 하늘의 아주 작은 부분에만 있다. 파란색 광자가 모든 방향에서, 또 모든 분자들로부터 접근하므로 파란색 광자는 태양이 아니라 하늘의 모든 방향으로부터 오는 것처럼 보인다.

이것이 바로 하늘이 푸른 이유이다. 이 파란색 광자들은 모든 방향으로부터 당신에게 집중되므로 당신에게 마치 하늘 자체가 파란색 빛을 발산하는 것처럼 보인다. 태양을 떠나온 노란색, 초록색, 주황색, 빨간색 광자들은 파란색보다 훨씬 적게 산란된다. 그래서 그 빛들은 거의 산란되지 않은 상태로 직접 당신에게 바로 날아온다.

이 시점에서 왜 하늘이 보라색이 아닌지 묻고 싶을 것이다. 결국 보라색은 더욱 더 잘 굴절될 것이고 실제로 파란색보다 산란도 더 많이 될 것이다. 하늘이 보라색이 아니고 파란색인 이유는 두 가지이다. 하나는 태양이 파란색 빛만큼이나 보라색 빛을 많이 내놓지 않는다는 점이다. 그래서 보라색에는 자연적으로 한계가 있고 이것이 하늘을 보라색보다 파란색으로 만드는 이유이다. 또 다른 이유는 우리의 눈이 보라색 빛보다 파란색 빛에 훨씬 더 민감하다는 점이다. 즉, 태양으로부터 오는 보라색 빛이 적은데다 그것을 잘 감지하지도 못한다.

당신은 집에서 스스로 이 원리를 실험해볼 수 있다. 유리컵에 물을 준비하고 그 속에 우유를 조금 떨어트린다. 우유를 잘 섞은 다음 이 혼합유를 향해 밝고 흰 플래시 빛을 비춘다. 플래시 반대편에 서서 보면 그 불빛이

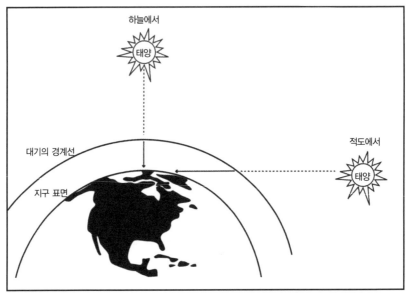

똑바로 위를 쳐다보면 지평선으로 볼 때보다 공기를 적게 통하며 보게 된다. 태양이 뜨거나 질 때에는 더 긴 공기 경로를 통하므로 초록색, 노란색 광자마저 산란되어 사라져서 태양을 빨간색 또는 주황색으로 보이게 만든다.

약간 붉게 변했음을 볼 수 있을 것이다. 플래시 쪽에서 보면 우유가 푸르게 변했음을 볼 수 있다. 플래시 빛의 파란색 광자 일부분이 플래시 빛 방향에서 산란되어 유리컵의 측면을 통해 나가면서 푸르게 보이게 만든다. 컵을 바로 통과하는 빛은 파란색 광자가 부족한 것이므로 더 붉게 보인다.

이것은 또한 해가 지는 노을 효과도 설명해준다. 지구처럼 커다란 구 위에서 살고 있는 우리에게 태양이 짐에 따라 빛이 더욱 더 두꺼운 공기층을 지나가야 한다는 사실은 잘 알려져 있지 않다. 대기는 지구의 표면이 형성하는 곡면을 따라 분포하므로 머리 바로 위에 있는 천체로부터 오는 빛은 지평선 부근에 있는 천체로부터 오는 빛에 비해 공기를 짧게 통과한다.

태양이 지평선에 있으면 태양빛은 대낮에 머리 위에 있을 때보다 더 많은 공기를 통과해야 한다. 이것은 더 많은 분자가 있음을 의미하고, 그 과정에서 더 많은 산란이 일어나며 당신이 보게 되는 산란의 양도 증가함을 의미한다. 예를 들자면 비록 노란색 빛보다 파란색 빛이 더 많이 산란되지만 노란색 빛도 일부분 산란된다. 태양이 지평선에 있을 때에는 산란의 수가 증가하여 태양빛이 눈에까지 도달하는 동안 초록색 빛이나 노란색 빛도 꽤 잘 튕겨져나간다. 이제 태양으로부터 직접 오는 빛은 파란색, 초록색, 노란색이 사라져 보다 긴 파장의 빨간색 광자만 도달한다. 이것이 바로 해가 질 때 태양이 주황색이나 빨간색의 장엄한 모습을 보이는 이유이다. 그리고 지평선 부근의 하늘 또한 색깔을 바꾸는 이유이다.

해가 뜰 때에도 역시 동일하다. 그러나 내 생각에 해가 뜰 때보다 해가 질 때 더 많은 사람들이 깨어 있다고 생각되므로 저녁노을을 아마 더 많이 볼 것이다. 달 또한 태양의 빛을 반사하여 빛나므로 마찬가지로 색깔이 바뀐다. 좋은 조건 하에서 달은 놀랍도록 기괴한 피처럼 붉은 모습을 보인다.

대기 중에 부유물이 많으면 이 효과는 증폭된다. 때때로 큰 화산 폭발이 있고 난 후면 저녁노을은 그 이후 상당기간 동안 대단한 모습을 보인다. 화산 폭발을 언급하기란 좋은 일이 아니지만 때로는 수 년간 저녁 때마다 멋진 모습을 보여주기도 한다.

또 당신도 보았으리라 생각되는, 지면을 따라 굽은 대기층이 일으키는 색다른 모습들이 있다. 태양이 지평선 부근에서 넘어갈 때 찌그러져 보이는 것을 경험한 적이 있는가? 떨어진 물방울처럼 대기는 빛을 굴절시킨다. 빛이 굴절되는 양은 빛이 통과하는 대기의 두께에 의해 결정된다. 공기가 많을수록 더 많이 굴절된다. 태양이 지평선 부근에 있을 때 태양의 가장 아래쪽은 가장 위쪽에 비해 더 많은 공기를 통과한다. 태양의 아래쪽으로부터 오는 빛이 더 많이 굴절되는 것이다. 공기는 빛을 위로 굴절시키지만 위쪽은 조금만 굴절시켜서 태양이 찌그러져 보이게 한다. 태양은 좌우로 압축되지는 않는다. 태양의 왼쪽 편에서 나온 빛은 오른쪽의 빛과 동일한 양의 공기를 통과하기 때문이다. 태양이 질 때 수평 방향으로는 평상시와 같은 모습이므로 상하의 찌그러짐은 더 두드러져 보인다. 아득한 지평선 멀리 찌그러져 불타오르는 붉은 태양은 쉽게 잊혀지지 않는 광경일 것이다.

이제 우리는 하늘이 푸른 세 가지 이유를 알았다. 첫째 태양은 모든 색깔의 빛을 내보낸다. 둘째 공기는 태양에서 오는 빛 중에서 파란색 빛에서 보라색 빛까지를 더 많이 산란시킨다. 셋째 태양은 보라색 빛보다 파란색 빛을 더 많이 발산하고 우리의 눈도 파란색 빛에 더 민감하다.

이제 하늘의 색을 규명했다면 연관된 어려운 문제와 씨름을 해보자. 그것은 태양의 색깔에 관한 문제이다.

나에게 그 질문을 한다면 태양은 '노란색'이라고 대답할 것이다. 다른 사람들도 그렇게 답하리라고 생각한다. 그러나 태양빛은 실제로 하얗다고 지금까지 이야기해왔다. 태양이 흰색이라면 왜 우리는 태양이 노랗게 보인다고 생각하는가?

위 질문에 대한 답의 핵심은 '보인다'는 말에 있다. 만약 태양이 정말로 노랗다면 구름도 또한 노란색이어야 할 것이다. 구름은 자신에게 부딪친 모든 종류의 빛을 동일하게 반사하기 때문에 구름이 흰색이라면 태양 또한 흰색이다. 믿어지지 않는가? 간단한 실험을 해보자. 밖으로 나가서 흰 종이를 한 장 든다. 무슨 색인가? 좋다. 그것은 흰색이다. 그것은 태양빛을 반사한다. 그래서 흰색이다.

이것은 우리에게 최초의 의문을 상기시킨다. 왜 태양은 노란색으로 보이는가? 이쯤에서 그만두는 것이 좋을 듯하다. 실제로 왜 그런지 아직 잘 알려져 있지 않다. 어떤 사람은 하늘이 푸르기 때문에 그렇다고 한다. 직접 눈으로 오는 빛에서 파란색 빛이 산란되어 밖으로 퍼져나가면 남은 색깔은 분명 노랗게 보일 것이다. 다소의 파란색 빛이 산란되어 사라지는 것이 사실일지라도 태양을 매우 노랗게 만들기엔 충분하지 않다. 심지어 하늘을 파랗게 보이기 위해 대단히 많은 파란색 광자가 산란되더라도 그것은 태양으로부터 오는 파란색 광자의 아주 일부분에 불과하다. 그 광자의 대부분은 공기 분자의 방해 없이 직접 당신의 눈으로 들어온다. 그러므로 하늘을 파랗게 만드는 광자의 수는 상대적으로 적어서 눈에 띌 만큼 충분히 본래 태양의 색깔에 영향을 미치지 않는다.

또 다른 일반적인 생각은 우리가 푸른 하늘을 배경으로 태양을 비교해보기 때문에 노랗게 보인다는 것이다. 연구에 의하면 사람의 눈은 빛의 고유 성질에 의해 색깔을 인식할 뿐만 아니라 또한 동시에 보게 되는 다른 색깔과 비교하여 인식한다는 것이다. 달리 말하면, 노란색은 푸른색을 배경으로 해서 보았을 때 더욱 노랗게 보인다. 그러나 이것이 태양을 노랗게 느끼는 이유라면 구름 또한 노랗게 느껴야만 한다. 그러므로 이것은 옳지 않다.

또 다른 가능성도 있다. 태양이 높게 떠 있을 때 우리는 태양을 바로 볼 수 없다. 너무 밝기 때문이다. 눈은 자동적으로 찡그려지고 눈물이 나와서 똑바로 보기란 매우 힘들다. 눈의 가장자리를 통하여 태양을 볼 수밖에 없다. 이런 상황 하에서는 색깔이 다소 왜곡되는 것도 그리 놀라운 일은 아니다.

앞에서 말했듯이 태양이 뜨거나 질 때 공기 중에 있는 먼지의 양에 따라 태양은 매우 붉은색으로, 주황색으로, 노란색으로 보일 수 있다. 또, 빛은 공기에 의해 차단되어져 태양을 똑바로 쳐다볼 수 있도록 해준다. 그러므로 우리가 태양을 제대로 볼 수 있는 때는 태양이 낮게 떠 있을 때뿐이다. 우연히는 아닐지라도 이때는 태양이 붉거나 노랗게 보이는 때이다. 이것 또한 태양의 색깔을 인지하는 데 있어서 일정 부분 역할을 할 것이다. 우리가 제대로 볼 수 있는 오직 그 순간에 노랗게 보이기 때문에 우리는 태양을 그렇게 기억한다. 이것은 매우 흥미로운 주장이긴 하지만 나는 의문을 갖고 있다. 나는 태양이 노란색이 아니라 지평선 위에서 자줏빛으로 붉게 타오르는 광경을 가장 선명히 기억하고 있다. 그렇다면 왜 나는 태양이 붉다고 생각하지 않는 것일까?

나는 태양이 하얗게 보인다고 주장하는 목소리도 들었다. 그러나 나는 그들이 태양빛이 하얗다는 사실을 알고 있어서 태양도 하얗다고 스스로에게 암시를 주는 것이 아닌가 하는 의문을 갖는다. 나는 빛이 희다는 것을 그들보다 더 잘 알고 있지만 태양은 여전히 나에게는 노랗게 보인다.

분명히 눈에 보이는 것보다 태양에는 더 많은 것이 있다.

그러므로 이것 말고도 나는 또 하나의 흥미로운 질문을 할까 한다. 태양은 무지개 색깔 중에 어떤 색깔을 가장 많이 만들어낼까? 이미 말했듯이 파란색보다 보라색이 더 적다. 그렇다면 가장 강한 것은 어떤 색일까?

정답은 초록색이다. 놀라워라! 그렇다면 왜 태양은 초록색으로 보이지 않을까? 그 이유는 태양이 단지 초록색 빛만 만드는 것이 아니라 모든 색깔의 스펙트럼을 다 만들기 때문이다. 태양은 단지 다른 색깔에 비해 초록색을 조금 더 많이 만드는 것뿐이다. 그 색들이 모두 혼합되면 우리의 눈은 그 빛을 흰색으로 느낀다. 또는 노란색이다. 당신의 선택에 따라.

좋다. 나는 방금 전에 거짓말을 했다. 나는 여전히 의문이 든다. 하늘이 바다의 빛을 반사하기 때문에 푸른 것이 아니라면, 그럼 바다는 왜 푸른가? 바다가 하늘의 색을 반사해서 그럴까? 아니다. 물론 바다는 아주 조금 하늘을 반사하고 있기는 하다. 구름이 낀 날에 바다는 보다 우중충하고 맑은 날에는 보다 푸르다. 그러나 실제 이유는 조금 더 미묘하다. 물은 빨간색 빛을 더 효과적으로 흡수한다는 사실이 밝혀졌다. 깊은 물속으로 흰 빛을 비추면 모든 빨간색 빛은 없어져버리고 오직 파란색 빛만 통과한다. 태양빛이 물속으로 들어갈 때에도 빛의 일부는 바다 속 깊이 들어가겠지만 일부는 반사되어 우리의 눈으로 들어온다. 반사된 그 빛은 빨간색이 흡수된 빛이어서 푸르게 보인다. 그러므로 하늘이 푸른 이유는 태양으로부터 오는 파란색 빛을 산란하기 때문이고 바다가 푸른 이유는 물을 통과할 수 있는 빛이 파란색이기 때문이다.

이 장의 첫 부분에서 나는 여러분들에게 하늘이 파란 이유를 5살짜리 아이에게도 충분히 설명할 수 있을 만큼 잘 이해시키겠다고 약속했다.

어린아이가 "하늘은 왜 파래요?" 라고 물었을 때 당신은 아이의 눈을 보면서 말한다.

"그것은 말야, 레일리 산란이 포함된 양자 효과로 인해 우리 눈의 망막에서 자주색 광자가 잘 포착되지 않기 때문이야."

좋다. 이런 답은 적합하지 않을 것이다. 실제로는 아이들에게 태양으로부터 오는 빛은 나무에서 떨어지는 잎과 같은 것이라고 설명해주어라. 나뭇잎처럼 가벼운 것들은 우리 주위 모든 곳으로 흩날려서 떨어진다. 반면 호두처럼 무거운 것은 옆으로 퍼지지 않고 바로 아래로 떨어진다. 파란색 빛은 잎들과 같아서 온 하늘에 퍼져나간다. 빨간색 빛은 무거운 물체와 같아서 우리의 눈으로 곧바로 떨어진다.

　아이들이 이해를 못한다면 그래도 좋다. 옛날에는, 별로 오래지 아니한 옛날에는 하늘이 왜 파란지 아무도 몰랐다고 말해주어라. 어떤 사람은 용감하게도 자신이 모른다는 것을 인정하고 스스로 그것을 밝혀내려고 연구를 시작했다고도 말해주어라.

　'왜?' 라고 묻는 것을 중단하지 말라! 가장 단순한 것에 관한 위대한 발견은 종종 그렇게 만들어진다.

9

왜 여름 다음이 가을일까?

어떤 불량 천문학의 내용은 치명적이다. 그것들은 타당한 것처럼 들리고, 심지어 또 다른 선입관이나 기억이 가물가물한 고등학교 과학 교과서와 의견이 일치하는 것처럼 보인다. 이러한 생각은 실제로 당신의 머리에 뿌리박혀서 없애기란 대단히 어렵다. 그 중에서도 아마 가장 골치 아픈 것이 바로 '왜 계절이 나타나는가' 하는 문제일 것이다.

아마도 계절은 우리의 생활에서 가장 명확하게 나타나는 천문학의 한 부분일 것이다. 지구 어디에서나 겨울보다 여름이 본질적으로 더 덥다. 그 이유에 대한 가장 명쾌한 설명은 지구와 태양간의 거리이다. 열원에 가까이 갈수록 더 뜨겁게 느껴지는 것은 상식이다. 또한 태양이 여러 열원들 중에 가장 두드러진 열원이라는 것도 상식이다. 한 여름날 큰 나무 그늘 아래에서 걸어보면 이것을 확신할 수 있다. 만약 어떻게든 지구가 태양에 보다 가까이 간다면 더 데워질 것이고, 조금 멀리 떨어진다면 온도가 내려갈 것이라는 점은 일리가 있다. 그렇다면 고등학교 시절 과학 과목에서 지구가 태양 주위를 타원 궤도로 돈다는 사실을 배우지 않았나? 그래서 때때로 지구는 정말로 태양에 보다 가까이 접근하고 때로는 멀어진다. 이러한 논리적 과정은 필연적으로 계절의 원인을 지구의 타원 궤도라 보게 한다.

불운하게도 이러한 전개 과정은 몇몇의 중요한 단계를 간과했다.

지구가 태양을 타원으로 도는 것은 사실이다. 우리는 이 사실을 정교한 측정에 의해 확인했지만, 이것은 과거에 그리 분명한 사실이 아니었다. 수천 년 동안 태양이 지구를 돈다고 생각해왔다. 1530년에 폴란드 천문학자 니콜라스 코페르니쿠스가 처음으로 태양이 지구를 돈다는 논문을 썼다. 문제는 지구와 다른 모든 행성이 완벽한 원 궤도로 움직인다고 생각한 점이다. 하늘에서 행성들의 위치를 예견하기 위해 이 생각을 적용해보았을 때 잘못된 결과가 얻어졌다. 그는 자신의 태양계 모델이 제대로 작동하는지 얼버무렸고 행성들의 위치를 예측하는 점에서 그리 좋은 결과를 얻지 못했다.

1600년대 초에 요하네스 케플러가 나타나 행성들은 원이 아니라 타원으로 움직인다는 사실을 발견했다. 400여 년이 지난 지금, 행성들의 위치를 하늘에서 계산해내기 위하여 우리는 여전히 케플러의 발견을 이용한다. 우리는 심지어 우주 탐사선을 다른 행성으로 보낼 때조차 그의 이론을 사용하기도 한다. 케플러가 이 사실을 안다면 어떤 반응을 보일까? (그는 아마 이렇게 말할 것 같다. "이봐! 나는 350년 전에 죽었다구! 아직도 그걸 사용해?")

그러나 케플러의 타원 궤도에는 나쁜 점이 있다. 타원 궤도는 상식과 연합하여 우리를 잘못된 결론으로 인도한다. 우리는 지구를 포함하여 행성들이 타원으로 돌기 때문에 때때로 태양에 가까워진다는 사실을 알고 있다. 또한 우리는 우리가 느끼는 열기가 거리와 관련된다는 사실도 알고 있다. 그러므로 계절은 태양과의 거리 변화에 원인이 있다고 논리적인 결론을 내린다.

그러나 상식 이외에 우리가 사용할 수 있는 또 다른 도구가 있다. 바로 수학이다. 천문학자들은 실제로 1년 동안 지구에서 태양까지의 거리를 측정한다. 거리와 온도와의 관계를 수학적으로 계산하는 일은 그리 어렵지 않다. 상세한 사항은 생략하기로 하고 답만 말하겠다. 놀랍게도 거리의 변화가 계절에 미치는 효과는 온도에서 단지 약 4℃에 불과하다. 이 결과는 온도가 1년 내내 거의 변화하지 않는 아열대 기후에 살고 있는 사람들에게는 놀라운 일이 아니겠지만 계절 온도 변화가 무려 44℃나 되는 곳에 살고 있는 사람에게는 충격적일 것이다.

분명히 그러한 큰 온도 변화를 가져오는 다른 무엇인가가 있을 것이다. 그것은 바로 지축의 기울어짐이다.

지구가 태양 주위를 돌고 있다고 상상해보자. 지구는 타원으로 돌고 이 타원은 평면상에 있다. 달리 말하면 지구는 태양 주위를 돌면서 위로 솟구치거나 아래로 내려가지 않는다. 지구는 멋진 편평한 궤도에 머물고 있다. 천문학자들은 이 평면을 '황도면'이라고 한다. 지구는 태양 주위를 공전하면서 팽이처럼 하루에 한 번씩 자신의 축을 중심으로 회전한다. 첫째로 생각해볼 수 있는 경우는 지구의 축이 황도면에 대해 아래 위 수직으로 세워져 있는 것이다. 그러나 그렇지 않다. 지축은 실제로 황도면에서 23.5도 기울어져 있다. 왜 지구의 자전축을 항상 수직에서 일정한 각도로 기울여서 지구본을 만드는지 궁금해본 적이 있는가? 지축이 기울어 있기 때문이다. 지축은 똑바로 세워져 있지 않다.

이 기울어짐이 그리 큰 영향을 줄 것 같아 보이지 않지만 이것은 지대한 영향을 미친다. 여기에서 간단한 실험을 해보자. 플래시와 흰 종이 한 장을 준비한다. 방안의 불을 끄고 플래시 불빛을 종이에 비춘다. 종이 위에 밝은 원의 불빛을 볼 수 있을 것이다. 이제 종이를 기울여서 불빛이 45도 각도로 비치도록 해보자. 불빛이 어떻게 퍼지는가? 불빛은 원이 아니라 타원으로 바뀌어 있을 것이다. 그러나 더 중요한 것은 불빛의 각도를 바꾸면서 불빛이 비친 타원의 밝기를 살펴보는 것이다. 원일 때보다 더 어두워져 있다. 종이를 비추는 전체 불빛의 양은 바뀌지 않았지만 종이를 기울임으로써 밝기를 바꿀 수 있었다. 종이의 더 많은 영역이 빛나지만 각 부분은 불빛을 서로 나누어야 하기 때문에 각 부분에 비치는 불빛이 줄어든다. 종이를 더욱 많이 기울이면 불빛은 더욱 퍼지고 따라서 더 어두워진다.

이것이 바로 지구에서 일어나는 일이다. 잠시 지축이 황도면을 정확히 위아래로 세워져 있어서 지구가 기울지 않았다고 생각해보자. 이제 태양이 지구 위를 비추는 거대한 플래시 불빛이라고 간주하자. 당신이 적도가 지나는 에콰도르에 서 있다고 생각하자. 당신에게 태양은 점심 때 머리 위에 있어서 태양빛이 지면을 곧바로 달구어놓을 것이다. 마치 실험에서 종이 바로 위로 불빛이 비칠 때처럼 태양빛은 상당히 집중된다.

이제 당신이 미네아폴리스에 있다고 상상해보자. 이곳은 적도와 북극점의 중간쯤인 위도 45도 부근에 있다. 다시, 실험에서 종이를 기울였던 것처럼 태양빛은 퍼진다. 지구에 열을 보내주는 것이 태양빛이라면 1제곱센티미터 면적당 보다 적은 열이 도달할 것이다. 지면은 태양으로부터 충분한 따스함을 얻지 못한다. 지면에 도달하는 빛의 양은 동일하지만 그 빛은 더욱 많이 퍼져 있다.

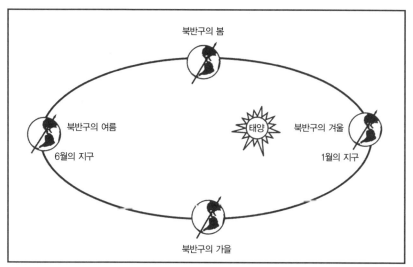

계절은 태양과의 거리 때문이 아니라 지구의 기울어짐 때문에 생긴다. 북반구에서 지구의 북극축이 태양 방향으로 향할 때가 여름이다. 멀리 향할 때는 겨울이다. 북반구에서 겨울일 때 지구가 태양에 더 가까움을 주목하자.

극단적으로 상상해보자면 이번엔 북극점에 있다고 생각해보자. 그곳에선 태양빛이 지면과 거의 평행으로 도달한다. 또 극단적으로 퍼진다. 이것을 달리 생각해보면 북극점에선 태양이 절대로 지평선에서 멀리 떨어지지 않는다. 이것은 플래시 불빛이 거의 종이를 따라 비치도록 종이를 기울이는 것과 같다. 불빛은 너무 많이 퍼져서 거의 열을 전하지 못한다. 이것이 바로 북극과 남극이 매우 추운 이유이다. 태양은 에콰도르나 미네아폴리스에서처럼 밝게 빛나지만 태양빛은 너무나 많이 퍼져서 지면을 거의 덥히지 못한다.

실제로 지구의 지축은 기울어져 있어서 문제가 좀 더 복잡해진다. 지구가 태양 주위를 공전하면서도 지축은 항상 동일한 방향을 가리키고 있다.

당신이 어느 쪽을 향하든 상관없이 나침반의 바늘이 항상 북쪽을 가리키는 것과 비슷하다. 하늘이 지구를 둘러싼 구 모양의 수정이라고 상상해보자. 지구의 지축이 수정을 통과하도록 연장하면 이 통과지점은 움직이지 않는다는 것을 볼 수 있을 것이다. 지구 표면 위에 있는 우리에게 지축의 통과지점은 항상 하늘의 동일한 지점에 나타난다. 지구의 북반구에 있는 사람에게 지축이 가리키는 지점은 북극성에 매우 가까이 위치해 있다. 일 년 중 언제이든 상관없이 지축은 항상 동일한 방향을 가리킨다.

그러나 지구는 태양 주위를 돌고 있기 때문에 태양 쪽 방향은 변화한다. 매년 6월 21일 무렵 지구의 북반구 자전축은 태양 쪽으로 가장 가까운 방향을 가리킨다. 6개월이 지나면 지축은 태양에서 가장 멀리 떨어진 방향을 가리킨다. 이것은 북반구에 있는 어떤 사람에게 6월 21일 정오가 되면 태양이 하늘 위로 매우 높이 뜬다는 것을 의미한다. 그리고 12월 21일 정오에는 하늘에 매우 낮게 뜬다는 것을 의미한다. 6월 21일에는 태양빛이 최대한으로 집중되고 그만큼 땅을 효과적으로 달군다. 12월 21일에는 태양빛이 퍼지고 땅을 그리 잘 달구지 못한다. 이것이 바로 여름이 더운 이유이고 또 겨울이 추운 이유이다. 우리가 계절을 느끼는 이유이기도 하다. 계절이 있는 이유는 태양으로부터의 거리가 아니라 태양으로의 방향이며 계절의 차이를 발생시키는 것은 태양빛의 각도이다.

태양에 대하여 지구의 자전축을 보여주는 그림을 살펴보자. 북반구 쪽 지축이 태양을 향할 때 남반구쪽 지축은 멀어진다는 사실에 주목하자. 그 때문에 남반구 사람들은 봄에 할로윈데이가 있고 여름에 크리스마스를 맞는다.

좀 더 살펴볼 내용이 있다. 우리의 지축이 기울어져 있어서 우리가 보듯

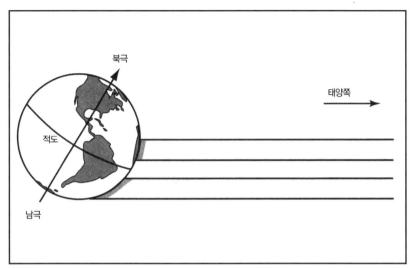

여름에는 태양이 하늘 높이 뜬다. 태양의 빛은 지구의 표면에 더욱 집중된다. 겨울에는 태양이 낮게 뜨고 빛이 퍼져서 지구를 효과적으로 데우지 못한다.

이 여름에 태양은 더 높이 떠 있다. 이것은 태양이 지나가는 길이 더 길어짐을 의미하고 태양은 낮 동안 더 오래 떠 있게 된다. 이것은 달리 보면 태양이 지구를 데울 시간이 더 길다는 것을 의미한다. 우리는 보다 직섭적으로 태양빛을 받을 뿐만 아니라 그 빛은 더 길게 지속된다. 두 배로 영향을 준다! 겨울이 되면 태양은 보다 낮게 떠 있고 낮도 짧아진다. 또한 태양은 지면을 데울 시간이 줄어든다. 그리고 더욱 추워진다.

만약 지구가 기울어져 있지 않다면 우리가 지구상의 어디에 있든 상관없이 낮과 밤은 12시간으로 동일할 것이고 우리에게 더 이상 계절은 나타나지 않을 것이다.

앞에 지구 공전이 그려진 그림을 다시 보자. 그림에는 1월에 지구가 오히려 태양에 더 가까운 것으로 나타나 있다. 이것이 계절은 태양까지의 거리 때문에 만들어진다는 잘못된 인식을 깨트리는 결정적인 근거가 된다. 그것이 사실이라면 북반구에서는 1월이 여름이 되어야 하고 6월이 겨울이 되어야 한다. 하지만 그 반대가 사실이므로 거리는 실제로 계절에 거의 영향을 미치지 않아야 한다.

그러나 이것을 완전히 무시할 수는 없다. 비록 매우 작지만 거리도 계절에 영향을 미친다. 북반구에 있는 사람들에게 이것은 지구가 원으로 공전할 때에 비해 겨울이 평균적으로 약간 더 따뜻함을 의미한다. 반대로 여름에는 멀어지기 때문에 약간 더 서늘해질 것이다. 이것은 또한 남반구에 있는 사람들은 북반구에 있는 사람들에 비해 여름에는 더 더워지고 겨울에는 더 추워짐을 의미한다.

그러나 실제로 상황은 더욱 복잡하다. 남반구는 대부분 바다이다. 필요하다면 지구본을 보며 당신 스스로 확인해보라. 바다는 육지에 비해 천천히 더워지고 또 천천히 식는다. 바다는 또한 지구의 열을 보관하는 역할을 하기도 한다. 알려진 것처럼 남반구의 여름도 북반구와 마찬가지로 매우 덥고 겨울은 매우 춥다. 남반구에 있는 엄청난 양의 바다는 완충장치 역할을 해서 지구의 큰 기온 변동을 막아준다.

놀랍게도 여기에서 한발 더 나아간 이야기가 있다. 나는 앞에서 지구의 자전축이 우주에 고정되어 있다고 말했다. 그러나 사실 그것은 거짓말이다. 나를 용서하라. 그 시점에서 너무 복잡하게 만들고 싶지 않았다. 사실은 지구의 자전축도 천천히 하늘을 가로지르며 움직이고 있다.

약간의 여담을 덧붙이면 내가 어렸을 때 아버지께서 장난감 팽이를 사주셨다. 나는 팽이를 돌려 바닥을 가로지르는 모습을 좋아했다. 또한 나는 팽이가 천천히 돌기 시작하면 흔들리기 시작한다는 사실도 알아냈다. 그 당시에 그것을 이해하기란 너무 어려웠지만 이제는 그 흔들림이 회전하는 팽이에 작용하는 복잡한 힘들의 상호작용에 의한 것임을 알고 있다. 만약 팽이의 축이 정확히 수직이 아니라면 중력은 팽이의 중심에서 벗어나게 작용한다. 이것을 '토크Torque'라 부른다. 팽이가 회전하기 때문에 그 힘이 수평으로 빗나가게 작용하고 팽이를 비틀거리게 만든다고 생각할 수 있다. 팽이가 회전할 때 당신이 중심에서 벗어난 위치에 힘을 가하면 동일한 현상이 발생한다. 축은 흔들리고 작은 원을 그린다. 가하는 힘이 클수록 팽이는 더 큰 원을 그릴 것이다.

이 흔들림이 바로 세차운동이다. 이것은 축에 일치하지 않은 힘이 팽이에 작용하기 때문이다. 회전하는 물체에 어떤 종류의 힘이 작용하면 이 현상이 일어난다. 물론 지구도 또한 팽이처럼 돌고 있으므로 이러한 힘이 작용한다. 달의 중력이 그 힘이다.

달은 지구 주위를 돌면서 중력을 작용해 끌어당긴다. 지구에 작용하는 달의 인력은 축에 어긋난 힘으로 작용해 지구의 축이 세차운동을 하게 만든다. 그것은 47도의 원을 그리는데, 지축 기울기의 정확히 두배가 된다. 이것은 우연이 아니다. 지구 궤도면인 황도면에 대한 지축의 기울기는 바뀌지 않는다. 이것은 항상 23.5도이다. 그러나 지축이 향하는 하늘의 방향은 시간에 따라 변화한다.

지구의 자전축이 한 바퀴의 원을 그리는 데에는 약 26000년이 걸린다. 이것은 실제로 측정 가능하다. 지금 현재는 지구의 북쪽 지축이 북극성을 향하고 있다. 그러나 지축은 항상 그 방향을 향하지 않았고 앞으로도 그렇지 않다. 지축이 세차운동을 하면 하늘의 다른 쪽을 향하게 된다. 기원전

2600년 전에 지축은 용자리에서 가장 밝은 별인 투반을 향했다. 앞으로 14000년이 되면 지축은 밝은 별인 직녀성을 향할 것이다.

천문학자들에게 세차운동은 약간 골치 아픈 문제로 여겨진다. 천문학자들은 지구의 표면을 위도와 경도로 그리는 것처럼 하늘에 있는 대상의 위치를 측정하기 위하여 하늘에 격자를 그려 지도를 만들었다. 하늘의 북극점과 남극점은 지구와 동일하게 대응시켜 정했지만 하늘의 북극은 세차운동 때문에 움직인다. 북극점이 움직이는 상황에서 북쪽, 남쪽, 동쪽, 서쪽을 사용하여 지구 표면에 방향을 정했다고 생각해보자. 어느 방향으로 가야할지 알기 위하여 북극점이 어디에 있는지 찾아야 한다.

천문학자들도 하늘에서 똑같은 문제를 갖고 있다. 어떤 대상의 위치를 측정하기 위해 지구 자전축의 세차운동을 계산해야만 한다. 변화는 매우 작지만 모든 성도는 25년에서 50년마다 새로 제작되어야 할 필요가 있다. 이것은 허블 망원경처럼 정확한 지점을 향해야 하는 망원경에서 특히 중요하다. 만약 대상의 위치 계산에 세차운동 요소가 포함되지 않는다면 그 대상은 망원경의 시야 내에 보이지 않을 수도 있다.

세차운동은 천문학자들에게 즉각적인 충격을 주었지만 계절에는 보다 천천히 충격을 준다. 지금 현재는 지구가 태양에서 가장 멀리 있을 때 지구의 북쪽 지축이 태양에서 가까운 쪽을 향하고 있다. 그러나 지금부터 13000년 후, 세차운동을 하며 원을 반쯤 회전하면 지구 궤도 상에서 가장 멀리 있을 때 북쪽 지축은 태양에서 먼 쪽을 향할 것이다. 그리고 6개월 후에 지구가 태양에 더 가까워졌을 때 지축은 태양에 가까운 쪽을 향할 것이다. 계절은 지금과 반대가 될 것이다.

그래서 그 무렵이면 지구의 북반구에서 지구가 태양에 가까워졌을 때 여름이 오고 더위는 더 심해질 것이다. 또 태양에서 멀어졌을 때 겨울이 와서 더 추워질 것이다. 계절의 온도 변화도 더 커진다. 남반구에서는 지금보다 계절의 변화가 덜해질 것이다. 태양에서 멀어졌을 때 여름이 오고 가까워졌을 때 겨울이 올 것이기 때문이다.

이것은 과거에도 적용되었다. 13000년 전에는 계절이 바뀌어 있었다. 북반구에서 여름은 보다 더웠고 겨울은 보다 추웠다. 기상학자들은 이 사실을 이용하여 그 시절엔 지금과 매우 달랐다는 점을 보여준다. 지구 자전축 방향의 느린 변화는 사하라를 사막으로 만드는 원인이 되기도 했다.

일 년, 일 년의 세차운동은 거의 인지하기 어렵지만 수백, 수천 년에 걸쳐 작은 변화는 계속 쌓인다. 자연은 보통 크고 빠르게 느껴지지만 동시에 느린 미묘함도 보여준다. 이것은 전적으로 당신의 관점에 달려 있다.

10

항상 달은 얼굴을 바꾼다는데 사실일까?

    불량 천문학이 건드리는 수많은 주제 중에서 달이 가장 많은 내용을 채운다는 것은 매우 놀라운 사실이다. 아마도 달이 모든 천문 대상들 중에서 가장 분명한 대상이기 때문일 것이다. 어떤 사람은 태양이라고 주장할지 모르지만 누구도 결코 태양을 직접 바로 볼 수 없다. 눈 가장자리로 태양을 보아야 하고 그것도 완전히 볼 수 없다.

    달은 이야기가 다르다. 밤이 되고 풀벌레마저 잠이 들면 깜깜한 하늘 위에 떠 있는 엄청난 보름달 빛이 아래로 쏟아진다. 심지어 가장 얇은 초승달일지라도 해가 진 후 서쪽하늘 지평선 부근에 낮게 걸려 있어 주의를 끈다. 하늘에 높이 떠 있거나 지평선 부근에 낮게 있거나 달은 밤을 지배한다. 그래서 달에 관하여 수많은 오해가 있다는 사실이 나를 놀라게 한다. 그 이유는 달이 그렇게 일반적인 대상이라면 달은 가장 잘 이해되어야 할

테니까 말이다.

그러나 그것은 나만의 짧은 생각이었다. 결국 어떤 것에 대해 더 많이 알게 될수록 그것을 잘못 이해할 여지는 더 많아진다. 달의 경우가 바로 그렇다.

달은 왜 하늘 높이 떠 있을 때보다 지평선 부근에 있을 때 더 커 보이는가? 위상은 왜 생기는가? 조석은 왜 일어나는가? 낮 동안에 달은 어떻게 나타나는가? 지구를 향해 왜 한쪽 면만 보여주는가? 어두운 부분은 어떤 부분인가?

이 주제들은 모두 꽤 무거운 불량 천문학 내용을 포함하고 있다. 그리고 우리는 그 모든 것을 고민해볼 필요가 있다. 그러나 순서가 있다. 달의 가장 분명한 모습은 변화한다는 것이다. 하늘에 전혀 관심이 없는 사람일지라도 때때로 달이 얇은 송편 모양에서 때로는 커다란 살찐 하얀 원판 모양으로 하늘에 걸린다는 것을 알고 있다. 그 시간 사이에 달은 절반만 부풀거나 부분적으로만 부푼다. 때때로 달은 완전히 사라지기도 한다! 이러한 모양 변화를 '달의 위상'이라고 부른다. 이것은 왜 일어날까?

많은 사람들이 그 이유를 달에 비쳐지는 지구의 그림자 때문이라고 생각한다. 달은 큰 구 모양이고 그래서 지구의 그림자에 들어갔을 때 초승달이 된다고 생각한다. 마찬가지로 달이 지구의 그림자에서 완전히 벗어났을 때 보름달이 된다고 생각한다.

이것은 그럴듯한 발상이기는 하지만 사실이 아니다. 태양은 태양계에서 가장 주된 빛의 원천이다. 이것은 지구의 그림자가 항상 태양의 반대편으로 향해야 함을 의미한다. 다시 말하면, 태양의 반대편 하늘에 있을 때 달은 지구의 그림자 속으로 들어갈 수 있음을 의미한다. 그러나 달은 항상 지구의 그림자 속에 들어가 있을 수 없고, 특히 하늘에서 태양 근처에 있을 때는 더욱 들어갈 수 없다. 우리는 또한 달이 태양과 지구 사이에 정확히 들어간다면 개기일식이 일어난다는 사실을 잘 알고 있다. 이것은 꽤 드문 현상이다. 반면 달의 위상은 매일 밤 변화한다. 분명히 지구 그림자 이론은 맞지 않을 것이다. 아마 다른 원인이 있을 것이다.

그렇다면 우리는 달에 대해 무엇을 알고 있는가? 물론 달은 커다란 공이고 한 달에 한 번씩 지구를 돌고 있다. 실제로 '한 달month' 이란 용어는 '달moon' 이란 낱말과 동일한 근원을 갖고 있다. 달이 우리 주위를 돌 때마다 위상이 변화하므로 이것은 달의 궤도와 어떤 관련이 있다는 명확한 암시를 준다. 과학은 '당신이 왜 그것을 보게 되는가' 보다 '당신이 보고 있는 것이 무엇인가' 를 고민해보는 것이 우선이다. 그래서 일단 먼저 위상부터 살펴보기로 하자.

신월은 달 위상 사이클의 시작점이다. 이것이 '신新' 이라고 불리는 이유이다. 달은 시작점에서 완전히 어둡다. 이것은 달이 태양 부근에 있을 때 일어난다. 태양이 너무나 밝기 때문에 또 달은 어둡기 때문에 신월은 보기에 대단히 어렵다. 예를 들면, 이슬람의 한 달은 가장 일찍 새로운 달이 보인 시점을 기점으로 한다. 그래서 대단히 주의 깊게 기록을 하고 예리한 눈을 가진 사람이 달을 보도록 하고 있다.

상현은 달의 절반이 빛나는 때이다. 이것도 상당히 혼란스럽다. 대략 신월에서 일주일이 지났을 때이며 달이 지구 주위를 돌며 태양에서 천구의 1/4 가량 떨어졌을 때 이처럼 빛나기 때문에 상현이라 불린다. 지구의 북반구에 살고 있는 사람에게 상현이란 달에서 태양을 향한 쪽인 달의 오른쪽 편이 밝고, 왼쪽 편이 어두운 상태를 의미한다. 남반구에 살고 있는 사

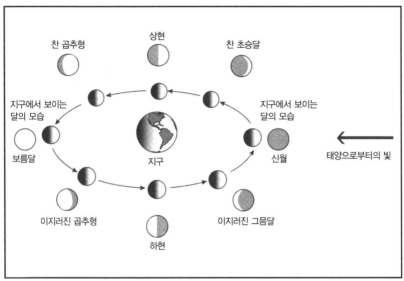

찬 곱추형
상현
찬 초승달
지구에서 보이는
달의 모습
지구에서 보이는
달의 모습
보름달
지구
신월
태양으로부터의 빛
이지러진 곱추형
하현
이지러진 그믐달

달의 위상은 지구 그림자 때문이 아니라 위치 때문이다. 이 그림에서 태양은 오른쪽 멀리 있다. 달의 위치는 안쪽 원에 나타나 있다. 지구상에서 보는 달의 위상은 바깥 원에 그려져 있다. 하늘에서 태양에 가장 가까울 때 신월이 된다. 그리고 태양에서 가장 멀어지면 보름달이 된다. 다른 위상들도 달이 지구를 돌면서 나타난다.

람들에게는 그 반대가 된다. 북반구 사람에게 보이는 달이 남반구에서는 아래 위가 뒤집혀 보이기 때문이다.

일주일 뒤, 달은 보름달이 된다. 전체 달의 면은 고르게 빛난다. 보름달이 되면 달은 하늘에서 태양의 반대편에 위치한다. 태양이 질 때 달은 떠오른다.

그로부터 일주일 뒤가 되면 달은 하현이 된다. 상현일 때처럼 달은 절반이 빛난다. 또한 상현일 때처럼 태양을 향한 쪽이 빛난다. 하지만 이번에 빛나는 부분은 지난번과 다른 쪽이다. 북반구의 사람들에게는 왼쪽 편이 빛나고 오른쪽 편이 어둡다. 남반구라면 그 반대가 된다.

마침내 일주일 후가 되면, 달은 다시 신월이 되고 사이클은 반복된다.

이 주요 네 모습 사이에도 달의 위상에 대한 또 다른 이름이 존재한다. 달의 보이는 부분이 점점 더 많이 빛나는 것을 우리는 달의 '참waxing'이라고 한다. 달이 신월과 상현 사이일 때 달은 여전히 송편 같은 모습이지만 좀 더 살이 쪄서 반달을 향해 가고 있다. 그 달을 우리는 '찬 초승달waxing crescent'이라 부른다. 반달이 지난 후 보름달을 향해 갈 때는 '곱추형 gibbous phase'이라 하고 더 정확하게는 '찬 곱추형waxing gibbous'이라 한다. 보름달이 지난 후 달은 작아지기 시작한다. 이것을 '이지러짐waning'이라 부른다. 보름달과 하현달 사이의 달을 '이지러진 곱추형waning gibbous'이라 하고 하현에서 신월 사이를 '이지러진 그믐달waning crescent'이라 부른다.

자, 이제 우리는 이 모든 모습에 대한 이름을 알게 되었다. 그러나 아직도 의문은 남아 있다. 왜 달은 위상 변화를 일으키는가? 이제 그 모습을 보았으므로 한 발짝 더 다가서서 풀 수 있게 되었다. 그러나 해야 할 한 가지 일이 더 남아 있다. 탁구공이나 야구공 하나를 가져오라. 없는가? 그래도 좋다. 상상력을 동원하면 된다.

하얀 공 하나를 들고 있다고 상상하자. 이것은 달의 모형이다. 당신이 바로 지구이고 방 건너편에 있는 전등은 태양이 될 것이다. 시연을 해보기 전에 잠시 동안 이 점을 생각해보자. 공을 들고 있으면 공의 절반은 전등에 의해 빛나고 나머지 절반은 그림자에 들어가 있다. 이 사실은 단순 명확하지만 위상을 이해하는 데 가장 근본적인 사실을 제공한다. 당신이 공을 어떻게 잡고 있든지 절반은 항상 빛나고 절반은 어둡다. 이해했는가? 좋다. 이제 달을 움직이게 해보자.

신월부터 시작해보자. 신월일 때 달은 태양과 지구 사이에 있다. 달이 태양과 일직선을 이룰 때까지 공을 들어보자. 당신이 보기에 태양은 밝게 빛나지만 달 그 자체는 어둡다. 태양에 의해 빛나는 달의 밝은 부분이 지구에서 먼 쪽을 향해 있기 때문이다. 지구에서는 태양에 의해 빛나지 않는 쪽만을 본다. 그래서 어둡다.

이제 태양으로부터 달을 1/4만큼 궤도를 움직여보자. 태양은 오른쪽으로 벗어나 있다. 그래서 달의 오른쪽 편이 밝아졌다. 달의 왼쪽 편은 어둡다. 달의 절반은 항상 태양에 의해 빛나고 있음을 명심하라. 달이 이 위치에 있을 때 우리는 빛나는 부분의 절반만을 보고 있다. 우리는 1/4을 보고 있다.

이제 달을 태양의 반대편으로 가게 하자. 당신의 뒤편에 태양이 있고 당신을 향해 빛나는 달의 절반 전체가 보일 것이다. 달은 만월이 되었다. 이것은 사진을 찍을 때 사진사들이 태양을 자신의 어깨너머에 위치하게 하여 찍기를 좋아하는 이유와 동일하다. 이 방법에서는 당신의 얼굴은 태양에 의해 환하게 빛나고 얼굴에 그림자가 지지 않는다. 물론 태양이 눈에 들어오므로 당신은 눈을 찡그릴 것이다. 그러나 좋은 사진을 위해서는 감수해야만 한다.

마지막으로 달을 그 궤도의 3/4지점에 위치하게 해보자. 태양은 이제 왼쪽으로 비켜나 있다. 그리고 달의 왼쪽 편이 밝아졌다. 물론, 실제로 달의 절반은 빛나고 있다. 그러나 당신은 그 절반의 절반인 1/4만 보게 된다. 이번에는 태양이 왼쪽에 있으므로 달의 왼쪽이 밝다. 오른쪽은 그림자 속에 있고 어둡다.

이것이 위상 변화가 일어나는 이유이다. 지구의 그림자 때문이 아니다. 달은 공이고, 태양에 의해 절반만 빛나기 때문에 위상 변화가 일어난다.

한 달 동안 태양에 대한 상대적인 위치가 변화하고 우리에게 달의 다른 부분이 빛나는 것을 보여준다.

이것을 이해했다면 흥미로운 부수적 효과도 알 수 있다. 예를 들면, 신월일 때 달은 항상 하늘에서 태양 근처에 있다. 이것은 달이 해가 뜰 때 떠오르고, 해가 질 때 진다는 것을 의미한다. 보름달일 때 달은 하늘에서 태양의 반대편에 있다. 태양이 질 때 달은 뜨고, 태양이 뜰 때 달은 진다. 달은 하늘에서 거대한 시계와 같다. 만일 하늘에 보름달이 높이 떠 있다면 분명히 시간이 자정 무렵일 것이다(해가 지고 뜨는 시간의 정중간이다). 만일 보름달이 서쪽에 낮게 걸린다면 곧 해가 뜰 시간이다.

반달을 이용하면 더 흥미로운 점을 얻을 수 있다. 상현은 태양으로부터 그 궤도의 1/4지점에 있을 때이다. 그리고 해가 질 때 하늘 높이 떠 있다(태양에서 90도 떨어져 있다). 그래서 상현은 정오에 떠오르고 자정에 진다. 상현일 때에는 오후 무렵 하늘에서 쉽게 달을 볼 수 있다. 하현도 마찬가지로 해가 떠오른 후에 하늘에서 볼 수 있다. 하현은 정오에 진다.

달의 또 다른 분명한 현상은 위상에 따라 밝기가 변한다는 사실이다. 이것은 꽤 명확하다. 반달일 때보다 보름달일 때 더 밝게 빛난다. 아마 그렇다면 밝기가 두 배가 되었으리라고 생각할지 모른다.

사실은 그렇지 않다. 다른 천문학 현상들과 마찬가지로 여기에도 좀 더 심오한 내용이 숨어 있다. 달의 밝기를 정확히 측정해보면, 반달일 때보다 보름달이 되면 그 밝기가 10배나 증가한다고 한다.

여기에는 두 가지 이유가 있다. 하나는 보름달이 되면 태양이 우리의 시선 방향에서 수직으로 달을 비춘다. 지구에서도 태양이 바로 머리 위에 있으면 그림자가 사라지고 태양이 낮게 뜨면 그림자가 길어진다. 달에서도 동일하다. 보름달이 되면 표면에 그림자가 없다. 상현일 때에는 그림자가 대단히 많다. 이 그림자가 표면을 어둡게 만들고 전체적으로 달의 밝기를 감소시킨다. 보름달이 되면, 그림자가 사라져서 반달일 때보다 2배나 넓은 면적이 빛남으로써 밝아지는 것보다 더 밝아진다.

또 하나의 이유는 달의 표면과 관련이 있다. 운석 충돌과 태양으로부터의 자외선 복사, 달 표면에서의 낮과 밤의 큰 기온 차는 달 표면을 부식시켰다. 그 결과로 남겨진 가루는 대단히 고와서 아주 잘 갈려진 미세가루와 같다. 이 가루는 특이한 특성을 가진다. 즉 빛을 온 방향으로 곧바로 반사시키는 성질이 있다. 대부분의 물체들은 빛을 여러 방향으로 산란시키지만 달에 있는 이 기묘한 토양은 대부분의 빛을 온 곳으로 다시 집중시켜 반사한다. 이 효과를 '후방산란' 이라 한다.

반달이 되면, 우리가 보았을 때 한쪽 옆에서 빛이 들어온다. 이것은 달의 토양이 빛을 우리와 동떨어진 태양 쪽으로 반사함을 의미한다. 보름달이 되면 태양은 바로 우리 뒤에 있다. 달에 부딪힌 태양 빛은 반사되어서 대부분 태양 쪽으로 돌아간다. 그러나 우리가 동일한 방향에 있다. 이 효과는 달이 우리 쪽으로 빛을 모아주는 것처럼 작용한다. 그림자가 줄어드는 것과 이 효과가 합쳐져서 기대하던 것보다 보름달을 더 밝게 한다.

신월일 때에도 당신이 생각하던 깃보다 더 밝아질 수 있다. 보통의 경우 신월은 어둡고 보기 어렵다. 그러나 때때로, 해가 진 직후에 초승달이 하늘에 낮게 걸려 있는 것을 볼 때가 있다. 주의 깊게 본다면, 비록 어둡기는 하지만 달의 어두운 나머지 부분이 그리는 윤곽을 볼 수 있을 것이다.

당신의 눈은 당신을 속이지 않는다. 이 효과를 '지구조' 라 한다. 달에서 보면 지구 또한 위상변화를 일으킨다. 지구의 위상은 달의 위상과 정반대이다. 지구에서 본 달이 보름달이면 달에서 본 지구는 신월과 같은 모양일 것이다. 지구는 물리적으로 달보다 크다. 그래서 빛을 더 효과적으로 반사시킨다. 달에서 바라보는 만월형 지구는 지구에서 바라보는 보름달보다 몇 배는 더 밝을 것이다.

이 밝은 지구는 신월을 꽤 빛나게 하여 달의 어두운 부분마저 희미하게 빛나도록 한다. 망원경이나 쌍안경을 통해 달을 본다면 표면에서 크레이터의 모습을 구분할 수 있을 정도이다. 지구의 밝은 면이 구름으로 덮여 있다면 태양빛을 더욱 잘 반사하기 때문에 이 효과는 더욱 증폭된다.

지구조는 이러한 현상을 의미하는 단어이지만 더욱 시적이기도 하다. 지구조는 이렇게 노래되기도 한다.

"새로운 달의 팔에 안겨있는 낡은 달……."

달의 위상은 당신이 생각한 것보다 더욱 복잡하고 훨씬 미묘하다. 이 책을 읽기 전에 잘못된 선입관을 갖고 있었다면 그것 또한 달의 한 모습이었다고 생각하자.

11

달과 조석은 복잡 미묘한 관계이다?

　내가 조석에 대한 질문을 받을 때마다 동전을 모았다면 엄청나게 많은 동전을 갖고 있을 것이다.

　조석에 대해서도 많은 잘못된 오해가 있다. 해변에서 하루라도 지내본 사람이라면 조석을 알고 있다. 물이 차고 짐이 그 주요 내용이다. 그러나 조석을 상세히 알아보면 좀 더 기묘하다. 예를 들면, 하루에 대략 두 번의 만조와 간조가 있다. 나는 항상 여기에 대해 질문을 받는다. 대부분의 사람들은 달의 중력이 조석을 일으킨다고 알고 있다. 그렇다면 왜 하루에 두 번의 조석이 있는가? 달이 머리 위에 있을 때 한 번의 만조가 있고, 달이 지구의 반대편에 있을 때 한 번의 간조가 있으면 안 될까?

　내가 조석에 대한 사이트를 만들 때, 또 이 책을 쓰려고 자료를 찾을 때 제대로 된 설명을 한 곳에서도 찾을 수 없었다. 여러 사이트와 많은 책들이 각기 다른 설명을 하고 있었다. 일부 괜찮은 설명도 있었지만 분명히 잘못된 내용도 포함하고 있었다. 다른 것들은 처음부터 틀리게 시작해서 점점 더 잘못된 방향으로 나아갔다. 대부분이 여러 가지 다른 요인에 의존하여 설명하고 있었다. 무엇보다 더 충격적이었던 사실은 내가 이 장의 초안을 써서 책을 출판하려고 했을 때 그때서야 나 또한 완전히 잘못된 사실을 알고 있었다는 점을 깨달았다는 것이다.

하지만 지금 당신이 읽고 있는 내용은 정확하다. 조석에 대해 제대로 알고 있는 사람은 심도 있는 토론을 하지 않는다는 점 또한 신기한 일이다. 조석은 멀리까지 영향을 미쳐서 달의 자전과 공전을 고정시키기도 하고 목성의 위성인 이오에 화산을 터트리게도 한다. 조석력은 심지어 보다 큰 은하에 의해 전체 은하계를 찢어버리기도 하고 잘게 부수기도 한다.

천문학자들에게 조석에 관한 이야기는 보통 물의 실제적인 움직임을 의미하진 않는다. 천문학자들은 이 용어를 조석력으로 사용한다. 이것은 중력과 매우 닮은 힘이고, 실제로도 중력과 연관되어 있다. 처음부터 우리는 중력에 대해 알고 있었다. 그리고 우리는 나이가 들수록 중력에 대해 더 많이 알게 된다. 나는 매일 잠자리에서 일어나는 것이 매우 어렵다. 또 어떤 것을 잘 떨어트린다. 때때로 지구가 매일 나만을 더 강하게 잡아당기는 것이 아닌지 궁금해질 때도 있다.

물론 이것은 사실이 아니다. 중력은 시간에 따라 변화하지 않는다. 물체를 끌어당기는, 즉 중력의 힘은 단지 두 가지로 좌우된다. 하나는 끌어당기는 물체의 질량, 다른 하나는 얼마나 떨어져 있는가 하는 점이다.

질량을 가진 모든 물체는 중력을 갖고 있다. 당신도 그러하고 나도 그러하다. 행성도 그러하고 깃털 또한 그러하다. 나 또한 지구를 끌어당기고 있다고 알려진 것처럼 지구의 중력에 대해 아주 조금의 양만큼 보복할 수 있다. 사실, 내가 지구를 끌어당기는 힘은 대단히 작지만 그것은 존재하고 있다. 물체는 무거울수록 더 강하게 끌어당긴다. 지구는 나보다 질량이 훨씬 더 많이 나간다(대략 보면 78,000,000,000,000,000,000,000배나 많다. 이걸 대체 누가 계산한단 말인가?). 그래서 내가 끌어당기는 것보다 지구는 훨씬 더 강하게 나를 끌어당긴다.

만약 내가 지구로부터 멀리 떨어진다면 그 힘은 약해질 것이다. 실제로 그 힘은 거리의 제곱에 비례하여 감소한다. 즉, 만약 내가 거리를 두 배로 늘리면 힘은 $2 \times 2 = 4$만큼 감소한다. 거리를 세 배로 늘리면 힘은 9만큼 감소할 것이다.

이것은 내 키의 두 배만큼 되는 사다리를 올라간다고 해서 중력이 1/4로 감소함을 의미하진 않는다. 거리는 지구 표면에서부터가 아니라 지구 중심으로부터의 거리이다. 수백 년 전에 17세기의 철학자이자 과학자인 아이작 뉴턴이 수학적으로 이를 증명했다. 거리가 연관되면 지구의 모든 질량이 중심부의 작은 점에 응축되어 있다고 상상할 수 있다. 그래서 우리가 고려하는 거리는 지구 중심으로부터의 거리이다.

지구의 반지름은 약 6,400킬로미터이다. 그러므로 거리를 두 배로 하려면 나는 로켓을 예약해야만 한다. 나는 지구 표면에서 또다시 6,400킬로미터를 더 떨어져야 하므로, 거의 달까지 거리의 1/60만큼 더 가야 한다. 단지 그곳에서만이 나는 지금의 1/4만큼의 몸무게를 느끼게 된다. 이것은 몸무게를 줄이는 상당히 파격적인 방법인 것 같다.

달은 지구보다 작고 질량도 작기 때문에 달의 표면에 서 있으면 지구에 비해 중력을 약 1/6만큼만 느낀다. 하지만 여전히 강한 끌어당김이다. 물론 달은 꽤 멀리 떨어져 있으므로 지구 위의 이곳에서는 중력 효과가 훨씬 적어진다. 달의 궤도는 평균적으로 384,000킬로미터 떨어져 있다. 이 거리에서 중력은 거의 1/50,000로 감소된다. 그래서 우리는 달의 중력을 느끼지 못한다.

그렇더라도 달은 존재한다. 중력은 절대로 완전히 사라지지 않는다. 비록 지구상에서는 달의 중력이 대단히 미약하지만 여전히 그 보이지 않는 손을 뻗쳐 지구를 잡고 또 끌어당기고 있다.

지구에 흥미로운 효과를 불러일으키는 중력은 거리가 멀어질수록 약해진다. 달에 가까이 있는 지구의 한 부분은 달에서 먼 지구의 부분에 비해 더 강하게 끌어당겨진다. 지구의 지름만큼에 해당하는 거리의 차는 중력의 크기에서도 차이가 남을 의미한다. 지구의 가까운 쪽은 먼 쪽보다 약 6% 강한 중력이 작용한다. 중력의 차이는 지구를 약간 늘리는 경향이 있다. 이것은 작용하는 중력이 지구의 한 쪽과 다른 쪽에서 다르기 때문이며 우리는 이것을 '차등중력'이라고 한다.

중력은 항상 인력으로 작용한다. 달의 중력은 항상 달 쪽으로 끌어당긴다. 그러므로 지구의 가까운 부분이 강하게 끌림을 느낀다면 물은 그곳에 모여들 것이고 만조가 일어날 것이라고 생각할 수 있다. 지구의 반대편인 먼 쪽에서는 간조가 일어나서 아마도 편평해질 것이다. 비록 그 힘이 약하다고 하지만 여전히 달 쪽으로 작용할 것이기 때문이다.

그러나 우리는 이것이 옳지 않다는 사실을 알고 있다. 하루에는 두 번의 만조와 두 번의 간조가 있다. 이것은 항상 어떤 시점이든 달을 향한 지구의 반대편에서도 마찬가지로 만조가 있음을 의미한다. 어떻게 된 것일까?

분명히 차등중력만으로 조석을 설명하기에는 충분하지 않다. 완전한 이해를 위하여 달을 다시 한 번 살펴보기로 하자.

잠시 주제에서 벗어나게 되더라도 용서하라.

몇 년 쯤 전에 나의 두 친한 친구 벤과 니키는 결혼을 했다. 그들은 당시 세 살이었던 나의 딸 조에게 꽃을 들어주기를 원했다. 결혼식은 사랑스러웠고 연회 후에 우리 모두는 춤을 추었다. 조는 나랑 춤을 추기를 원했다. 어떤 아버지가 거절할 수 있을까.

그래서 나는 딸의 손을 잡고 원을 그리며 춤을 추었다. 우리가 넘어지지 않기 위해 나는 몸을 약간 뒤로 기울여야 했다. 내가 딸을 잡고 원을 그릴 때 아이가 바닥에 그리는 원이 대단히 크고 나의 원은 작다는 사실을 깨달았다. 나의 몸무게가 적어도 아이보다 다섯 배는 더 나갔으므로 딸아이는 나보다 다섯 배나 더 큰 원을 그리고 있었다.

이것이 조석과 무슨 관련이 있단 말인가? 모든 것이 관련이 있다. 나와 딸의 춤은 지구와 달이 벌이는 춤을 작게 줄인 것과 같다. 서로의 손을 잡는 대신에 지구와 달은 중력을 사용하여 끌어당기고 있다. 나와 딸아이처럼 지구와 달도 원을 그리고 있다.

달의 질량은 지구의 1/80에 불과하므로 지구를 당기는 달의 효과는 지구가 달을 당기는 효과의 1/80에 불과하다. 딸아이가 나보다 훨씬 더 큰 원을 그린 것처럼 달은 지구 주위를 큰 원을 그리며 돌고 있다. 그러나 지구 또한 동시에 작은 원을 그린다.

이것은 마치 지구와 달의 모든 질량이 한 점에 집중되어 있는 것처럼, 두 천체는 사이에 있는 한 점을 중심으로 실제로 돌고 있음을 의미한다. 이 지점을 '질량 중심'이라고 한다. 지구는 달보다 약 80배나 더 무겁기 때문에 전체 시스템의 질량 중심은 지구의 중심으로부터 달의 중심 방향으로 1/80만큼 떨어져 있다. 이것은 지구 중심으로부터 약 4,800킬로미터 정도이며 지구 표면으로부터 약 1,600킬로미터 아래에 있다. 만약 우주 공간에서 지구를 본다면 한 달에 한 바퀴씩 표면 아래 1,600킬로미터 지점을 중심으로 지구가 작은 원을 그리며 도는 것을 볼 수 있을 것이다. 다시 말하면, 지구의 질량 중심이(실질적으로 바로 지구의 중심이다) 지구와 달 시스템의 중심을 한 달에 한 번씩 작은 원을 그리며 돌고 있다.

이것은 어떤 흥미로운 사실을 암시한다. 이것을 보기 위해 우주 스테이션에 우주인이 탑승했다고 하자. 그들은 마치 중력이 없는 것처럼 자유롭게 떠다닌다. 실제로 그들은 지구 표면 위의 우리만큼이나 강하게 중력을 느낀다. 결국 그들은 기껏해야 수백 킬로미터 위에 있고 지구의 반지름인 6,400킬로미터에 비하면 얼마 되지도 않는다. 우주인은 자유낙하 중이기 때문에 떠다닐 수 있다. 지구가 그들을 끌어당기고 있기 때문에 그들은 낙하 중이다. 그러나 그들은 측면 방향으로의 속도가 너무 빨라서 본질적으로 지구에서 거리를 유지하고 있다. 그들의 측면 방향으로의 궤도는 지구의 곡면과 동일한 곡면을 따라 움직이므로 그래서 그들은 끊임없이 떨어지지만 결코 조금도 지표면에 가까워지지 않는다.

우주 스테이션의 저울 위에 서 있는 우주인은 자신의 몸무게를 0으로 잴 것이다. 왜냐하면 그 우주인은 지구의 중심으로 떨어지고 있기 때문이다. 중력은 영향을 미친다. 그러나 느끼지 못한다. 이것은 궤도를 그리며 돌고 있는 물체의 경우 항상 그러하다.

그러나 지구의 중심 또한 지구와 달의 질량 중심을 기준으로 돌고 있음을 명심하라. 그래서 심지어 지구의 중심이 달로부터 중력에 의해 영향을 받더라도 그곳에 서 있는 사람은 실제로는 중력을 느끼지 못한다. 그들은

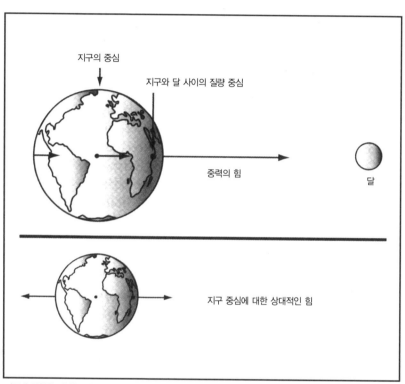

지구의 중심

지구와 달 사이의 질량 중심

중력의 힘

달

지구 중심에 대한 상대적인 힘

지구에 영향을 미치는 달의 중력은 항상 달을 향한다. 중력은 거리가 멀어지면 약해져서 지구의 가까운 쪽이 먼 쪽보다 달에 더 강하게 끌린다. 달의 중력을 계산해보면 지구의 먼 쪽에서는 실제로 달로부터 멀어지려는 힘을 느끼게 된다. 반면 가까운 쪽의 힘은 여전히 달로 향한다. 이것은 지구를 늘리는 결과를 가져와 하루에 두 번의 조석이 생기게 한다.

자유낙하 중이기 때문이다.

그러나 지구에 서 있지만 달 바로 아래에 있는 사람은 달의 끌어당김을 느낄 것이다. 그 반대편에 있는 사람도 마찬가지다. 그러나 달의 중력에 의해 느껴지는 힘은 지구의 중심에선 0이므로 우리는 지구의 중심을 기준으로 달의 상대적인 중력을 계산할 수 있다. 달에 가까운 쪽의 지구에 있는 사람은 달 방향으로 끌리는 힘을 느낀다. 지구의 중심에 있는 어떤 사람은 아무런 힘도 느끼지 못한다(그들은 자유낙하 상태임을 기억하라). 그러나 달에서 먼 쪽의 지구에 있는 사람은 지구의 중심에 있는 사람보다 달로 향한 힘을 더 작게 느낀다. 그렇다면 0보다 더 작은 힘은 무엇인가? 마이너스 힘이고 달리 말하면 달로부터 먼 방향, 즉 반대 방향으로의 힘이다.

천체로부터 어떤 것을 멀어지게 하는 힘을 느끼는 방식으로 중력이 작용할 수 있다는 것은 다소 모순처럼 느껴진다. 그러나 이 경우에는 지구의 중심에 대해 상대적인 힘을 측정했기 때문이다. 당신이 직접 재어보더라도, 달에서 먼 쪽에 있는 지구표면에서는 달에서 멀어지려는 방향으로의 힘을 느낄 것이다.

이것이 바로 두 개의 만조가 생기는 이유이다. 달에 가까운 지점에서는 달을 향한 힘이 작용하고, 달에서 먼 지점에서는 달에서 멀어지려는 힘이 작용한다. 물은 이 힘을 따라서 지구의 서로 반대편 양쪽에서 만조 때 모이게 된다. 두 만조 사이에는 간조가 있고 이 또한 마찬가지로 두 곳이다. 만조 하의 지점이 지구 자전에 의해 돌기 때문에 물이 차오른 몇 시간 뒤 지구가 1/4 바퀴 돌고 나면 그 지점은 이제 간조 지점이 되고 물은 빠져나간다. 다시 1/4이 돌고 나면 만조가 된다. 이런 일이 되풀이 되면서 만조와 간조는 대략 6시간마다 번갈아 나타난다.

그러나 정확히 6시간이 아니다. 잠시 달을 그 자리에 붙잡아둔다면 정확히 하루에 12시간 간격으로 두 번의 만조와 간조를 볼 수 있다. 그러나 앞 달은 매일 대략 한 시간씩 늦게 뜬다. 지구가 자전하는 동안 달도 공전하기 때문이다. 달은 하루 동안 움직이므로 우리가 달을 따라잡기 위해서는 매일 조금씩 더 자전해야만 한다. 그래서 이틀간의 달 뜨는 시각 사이에는 24시간이 아니라 대략 25시간이 걸린다. 이것은 두 만조 사이에 약간의 여분 시간이 필요함을 의미한다. 25시간의 절반인 12.5시간이다. 만조와 간조 시각은 매일 약 30분가량 변한다.

대부분의 사람들은 단지 물만이 이 조석력에 반응하고 있다고 생각한다. 이것은 사실이 아니다. 땅도 마찬가지로 반응한다. 지구의 땅은 실제로 완전히 단단하지 않다. 땅도 굽거나 휘어질 수 있다(지진을 경험해본 사람에게 물어보라). 달의 힘은 실제로 지구를 움직이고 있으며 지구의 표면을 하루에 30센티미터만큼이나 위아래로 움직이게 한다. 단지 천천히 일어나기 때문에 느끼지 못하는 것뿐이다. 그러나 분명히 일어나고 있다. 대기층에도 조석이 작용한다. 공기는 물보다 더 잘 흐르기 때문에 더 많은 움직임을 보인다. 그러므로 만약 어떤 사람이 지구가 움직이냐고 묻는다면, 1/3 미터만큼이나 움직인다고 대답하라.

우연하게도 이것이 조석에 관한 잘못된 이해를 불러온다. 어떤 사람들은 조석이 인간에게도 그대로 영향을 미친다고 생각한다. 인간 역시 대부분이 물로 이루어져 있어서 물이 조석력에 반응한다는 발상이다. 그러나 이 발상이 다소 유치하다는 것을 알 수 있다. 일단 공기나 땅도 조석력에 반응한다. 그러나 더욱 중요한 것은 인간의 몸은 조석에 의해 확연하게 영향을 받기에 너무 작다는 것이다. 지구는 크기가 수천 킬로미터나 되므로 조석이 발생한다. 이것이 달로부터의 중력을 차이가 나게 만든다. 키가 2 미터나 되는 사람이라도 머리와 발끝에서 느끼는 중력의 차이는 단지 0.000004%에 불과하다. 지구를 가로지르는 조석력은 그보다 수백만 배나 강하다. 말할 것도 없이 사람의 몸을 가로지르는 조석력은 너무 작아서 측 정할 수 없다. 서 있는 상태에서 인간의 몸이 느끼는 자연의 압박이 더 클 것이다. 즉 조석력에 의해 당겨지는 것보다 중력에 의해 수축되는 느낌이 더 크다. 심지어 큰 호수도 거의 조석력이 작용하지 않는다. 예를 들면 그 레이트 레이크(미국 유타 주에 있는 거대호수—옮긴이)는 조석에 의해 단지 4~5센 티미터의 높이 변화만 발생한다. 보다 작은 호수에서는 훨씬 더 작은 변화 만이 있을 것이다.

복잡하게 들릴지 모르지만 아직 끝나지 않았다. 달에 의해 발생하는 조 석은 절반에 불과하다. 음, 정확하게는 2/3이다. 나머지 1/3은 태양으로부 터 온다. 태양은 달보다 더욱 무겁다. 그러므로 그 중력이 더욱 강하다. 그 러나 태양은 훨씬 멀리 떨어져 있다. 달이 지구 주위를 도는 것처럼 지구 는 태양 주위를 돈다. 그래서 동일한 발상이 가능해진다. 지구는 태양쪽으 로 중력을 느낀다. 또 태양으로부터 멀어지는 원심력을 느낀다. 계산을 해 보면, 태양으로부터 발생하는 조석력은 달에 의한 조석력의 절반 가량이 된다. 조석에서는 질량이 매우 중요하지만 거리는 훨씬 더 중요하다. 가까 이 있는 가벼운 달이 훨씬 더 무겁지만 멀리 있는 태양보다 지구에 더 큰 조석력을 미친다. 지구에 작용하는 전체 조석력 중에 2/3는 달에 의한 것 이고, 1/3은 태양에 의한 것이다.

지구는 태양과 달 사이에서 지속적이고 복잡한 힘의 전쟁 속에 있다. 이 두 천체로부터의 힘이 일직선이 되는 때가 있다. 앞장에서 보았듯이 신월

무렵이면 달은 하늘에서 태양 가까이에 있다. 그리고 보름달이면 태양의 반대편에 있다. 이 두 경우 모두 달과 태양의 조석력은 일직선 상이 된다 (만조가 지구 양쪽에서 동시에 일어남을 기억하라. 지구의 어느 쪽인지는 중요하지 않다). 이때 보다 큰 만조가 일어난다. 이것은 또한 간조가 일직선 상이 됨을 의미하므로 더 심한 간조도 역시 일어난다. 이것을 '사리'라 부른다.

달과 태양이 하늘에서 90도 떨어져 있게 되면 이 두 힘은 서로 약간 상쇄되고 보다 덜한 만조와 간조가 발생한다. 이것을 '조금'이라 부른다.

상황을 더 심화시키는 것이 있다. 달은 지구를 타원 궤도로 돌고 있으므로 때때로 다른 때보다 가까워지는 경우가 있다. 그러면 그 힘도 더 커진다. 지구도 또한 태양을 타원 궤도로 돈다. 그래서 매년 1월 4일을 전후하여 태양과 가까워지는 동안에는 더 강한 조석이 발생한다. 달에도 가까워지고 태양에도 가까워지는 현상이 동시에 일어나면, 최대 규모의 조석이 일어날 것이다. 그러나 이 현상은 실제로 그리 큰 효과를 일으키진 않는다. 단지 몇%에 불과하다. 그러나 지금까지 살펴본 바와 같이 조석은 매우 복잡하고 그 힘은 결코 일정하지 않다.

여기에서 멈출 이유는 없다. 또 다른 효과가 있다. 조석력은 미묘하고 그 영향력은 꽤 복잡하다.

이미 말했듯이 날이 지구 주위를 도는 동안 지구는 스스로 자전을 한다. 물은 재빨리 조석력에 반응하여 달 아래와 그 반대편에 모인다. 그러나 지구는 달이 지구를 도는 속도(한 달에 한 바퀴)에 비해 더 빨리 자전한다(하루에 한 바퀴). 물은 달 아래에 쌓이려고 하지만 지구 자전과의 마찰력은 실제로 약간 더 앞으로, 즉 달보다 선행하여 물을 몰아버린다. 그래서 만조의 위치는 달을 직접 가리키지 못하고 약간 그보다 앞쪽에 위치하게 된다.

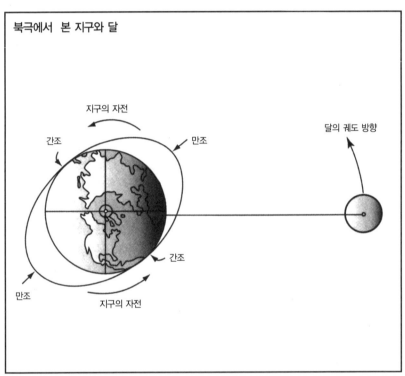

북극에서 본 지구와 달

지구의 자전

간조

만조

달의 궤도 방향

간조

만조

지구의 자전

달이 지구를 도는 것(한 달에 한 바퀴)보다 지구는 더 빨리 자전(하루에 한 바퀴)한다. 달의 조석력에 의해 튀어나온 부분은 지구의 자전에 의해 달보다 앞서 나간다. 이것은 다시 달을 끌어당겨 공전을 더 빠르게 하고 1년에 4센티미터만큼씩 달을 지구에서 멀어지게 한다. 이것은 또한 동시에 지구의 자전에 영향을 준다.

그래서 이런 그림이 그려진다. 달에 가까운 쪽의 만조 위치는 실제로 달과 지구를 잇는 직선에서 약간 앞쪽에 있다. 이 부푼 곳은 많지 않지만 약간의 질량을 가진다. 그러면 중력이 생기고 달을 끌어당긴다. 이것이 달을 그 궤도보다 약간 앞쪽으로 끌어당긴다. 즉, 작은 로켓처럼 달을 약간 앞으로 민다. 원을 그리며 돌고 있는 물체를 앞으로 밀면 그 물체는 더 높은 궤도, 더 큰 원으로 이동한다. 그래서 지구의 만조 부분이 달을 앞으로 끌고 있으므로 달은 점점 지구로부터 멀어진다. 이 효과는 꽤 정확하게 측정되어 왔다. 달은 실제로 조금씩 멀어지고 있어서 1년 전에 비해 약 4센티미터만큼 멀어진다. 내년에도 달은 4센티미터만큼 더 멀어질 것이다.

물론 달도 동일하게 만조의 부푼 부분을 끌어당긴다. 만약 만조 부분이 달의 앞쪽에 있으면 그리고 나서 달은 지구 자전에 비교하면 만조의 뒷부분에 있는 셈이 된다. 이것은 달이 만조 부분을 뒤로 당겨서 천천히 가도록 함을 의미한다. 지구 나머지 부분과의 마찰력 때문에 만조 부분의 느려짐은 실제로 지구의 자전을 느려지게 한다. 이것이 하루를 더 길어지게 만든다. 마찬가지로 그 효과는 매우 작지만 측정 가능하다.

위상을 제외한다면 달의 가장 분명한 모습은 우리를 향해 항상 동일한 면을 보여주고 있다는 점일 것이다. 이것은 달이 지구를 한 바퀴 도는 시간과 스스로 자전하는 시간이 동일하기 때문이다. 이 시간은 기적적으로 우연히 이루어진 것처럼 보이지만 그렇지 않다. 조석이 이렇게 만든 것이다.

달의 중력이 지구에 조석을 일으키는 동안 지구 또한 달에 동일한 일을 한다. 그러나 달에서의 조석은 지구에 비해 80배나 더 크다. 지구가 달보다 80배나 더 무겁기 때문이다. 지구에서 일어나는 모든 조석 효과는 달에서도 동일하게 일어나고, 그것도 보다 더 빠르고 더 강하게 일어난다.

지구는 달에 큰 조석을 일으킨다. 달을 양쪽으로 당겨서 편다. 딱딱한 바위 덩어리지만 달에도 두 개의 큰 만조 부분이 존재한다. 달이 생성되었을 때 달은 지구에 보다 가까웠고 훨씬 더 빨리 돌았다. 지금 지구의 만조가 하는 것처럼 지구에 의해 일어난 달의 만조 부분이 달의 자전을 늦추기 시작했다. 달이 지구로부터 점점 더 멀어지자 공전 주기가 자전 주기와 동일하게 될 때까지 공전도 느려졌다. 달리 말하면 하루가 한 달과 같아질 때까지이다. 이렇게 되자 만조 부분이 지구와 일직선 상에 놓여지게 되고 공전 주기는 일정하게 되었다. 즉 느려짐이 멈춘 것이다.

이것이 바로 달이 항상 한쪽 면만을 향하는 이유이다. 달은 돌고 있지만, 조석력이 이렇게 만든 것이다. 이것은 우연이 아니다. 이것은 과학이다.

지구의 자전 역시 느려지고 있음을 기억하라. 아주 오래전에 달이 그랬듯이 마침내 지구의 자전도 느려져서 지구상 만조의 부푼 부분이 지구와 달의 중심을 잇는 선과 정확히 일치하게 될 것이다. 이 현상이 일어나면 달은 더 이상 만조 부분을 당기지 않으므로 지구의 자전도 느려짐을 멈출 것이다. 지구의 하루는 한 달과 같아질 것이다(그때쯤이면 달의 멀어짐은 한 달 또한 길어지게 하므로 약 40일이 될 것이다) 먼 미래에 이때가 되면 만일 우리가 달에 서서 지구를 바라보게 되면 지금 현재 우리가 달의 한쪽 면만을 바라보고 있는 것처럼 지구의 동일한 면을 항상 보게 될 것이다.

조석으로 인한 이러한 변화를 '조석 진화' 라 한다. 이것은 지구와 달에 심오한 영향을 미친다. 오래전 지구와 달은 서로 더 가까이 있었고, 둘 다 훨씬 더 빨리 자전하고 있었다. 그러나 수십억 년의 시간 동안 상황은 극적으로 바뀌어갔다.

지구의 회전이 달과 같이 고정되면, 상호간의 조석에 의해 더 이상 지구와 달 시스템에서는 진화가 일어나지 않을 것이다. 그러나 여전히 태양으로부터의 조석이 있다. 이것 또한 시스템에 영향을 미치지만 이 모든 것이 일어나는 그 시간이 되기 전에 태양은 적색거성이 되어 지구와 달을 굽고 있을 것이다. 그 시점이 되면 우리의 손에는 조석보다 훨씬 더 큰 문제가 기다리고 있을 것이다.

물론 우리는 달을 가지고 있는 단 하나의 행성이 아니다. 예를 들면 목성은 위성을 상당히 많이 갖고 있다. 목성이 그 위성에 일으키는 조석은 무시무시하다. 목성의 질량은 지구의 300배나 된다. 목성의 작은 위성인 이오는 지구를 도는 달과 비슷한 거리에서 목성을 돌고 있다. 그러므로 이오는 달보다 약 300배나 조석의 영향을 크게 받는다. 이오 또한 조석에 의해 목성에 고정되어 있다. 그래서 한 번 공전하는 동안 자전도 한 번 한다. 만일 목성에 서 있다면 항상 이오의 동일한 면밖에 볼 수 없을 것이다.

그러나 목성은 위성을 많이 갖고 있다. 그리고 그 위성 중 몇몇은 상당히 크다. 예를 들면 가니메데는 행성인 수성보다도 더 크다. 이 위성은 또한 서로 간에 조석을 일으킨다. 어떤 위성이 다른 위성을 지나가면 차등중력은 위성을 비틀고 펴고 하면서 주무른다.

금속 옷걸이를 구부렸다가 반대로 폈다가 하는 것을 빨리 해본 적이 있는가? 금속은 열을 받아서 매우 뜨거워진다. 이 위성들이 비틀려질 때도 동일한 현상이 일어난다. 압력의 변화는 위성의 내부를 뜨겁게 만든다. 실제로 이것은 이오의 내부를 녹이기에 충분할 만큼 뜨겁다. 지구처럼 이오의 녹은 내부는 거대한 화산을 통해 표면으로 분출된다. 1979년 이 위성을 지나간 보이저 1호에 의해 이런 모습이 처음으로 발견된 후 계속 발견되었다. 이 불쌍한 위성에는 항상 화산이 터지고 있는 것처럼 보인다.

이 조석의 마찰력은 다른 위성들도 뜨겁게 만든다. 유롭파(목성을 도는 위성 가운데 갈릴레이의 네 위성 가운데 하나–편집자 주)는 얼음 표면 아래 액체 바다가 있다는 증거가 발견되었다. 이 액체는 지나가는 위성들의 조석력에 의해 뜨거워진다.

더 멀리 바라보면 많은 조석을 볼 수 있다. 때때로 별들은 이중성이 되어 서로를 돈다. 만약 별들이 서로 매우 가깝다면 조석은 별을 달걀 모양으로 만들어버린다. 만약 더욱 가까워지면 두 별은 서로 물질들을 교환하게 되어 이쪽에서 저쪽으로 가스의 흐름이 발생한다. 이것이 별의 앞날에 영향을 준다. 때때로 그 중 한 별이 무겁고 단단히 뭉쳐진 백색왜성白色矮星(밀도가 높고 흰빛을 내는 작은 항성. 지름은 지구와 비슷하고 질량은 태양과 비슷하다. 시리우스의 동반성 따위가 있다–편집자 주)이라면 평범한 별인 다른 별로부터 전해진 가스는 그 표면에 쌓인다. 충분한 가스가 축적되면 핵폭탄처럼 갑자기 폭발을 일으킨다. 그 폭발은 별을 조각조각 만들어 태양이 일생 동안 내뿜는 에너지를 일초 만에 쏟아내는 거대한 초신성을 탄생시킨다.

이제 좀 더 나아가서 정말로 큰 규모로 가보자. 전체 은하들도 또한 조석의 영향을 받는다. 수천억 개의 별들이 중력에 의해 묶여서 이루어진 은하들은 때때로 서로를 가까이 지나게 된다. 지나가는 한 은하의 조석력은 다른 은하를 펴고 비트는 것만이 아니라 실제로는 찢어버린다. 때로는 이중성처럼 더 질량이 큰 은하가 보다 작은 은하로부터 별, 가스, 먼지 같은 물질들을 빼앗아가기도 한다. 이를 은하 병합이라고 한다. 이것은 매우 드문 일이다. 그러나 우리은하도 과거에 이랬다는 증거가 있다. 그 결과 현재도 우리은하는 궁수자리 왜소은하와 충돌하고 있다고 믿어진다. 그 은하는 은하수의 중심부 부근을 지나가고 있으며 보다 크고 무거운 우리 은

하에 별들을 빼앗기고 있다.

　그러므로 다음에 바다에 갔을 때에는 당신이 보는 것들을 잠시 생각해 보자. 조석력은 물을 해변으로 들어왔다가 나가게 하겠지만 그것은 또한 우리의 하루를 길게 하고 달을 보다 멀리 떨어지게 하며 화산을 폭발시킨다. 또 별을 잡아먹고, 전체 은하를 찢어버리기도 한다. 물론, 조석은 해변에서 예쁜 조개를 더 쉽게 찾을 수 있도록 해준다. 때때로 우주 전체에 관하여 생각하면 두렵기도 하지만 어떤 때에는 젖은 모래에 발을 흔드는 것만으로도 행복하다.

12

달을 볼 때 왜 착시작용이 일어날까?

딸이 아직 갓난아기였던 시절 어느 따뜻한 봄날 저녁에 아내와 나는 아이를 유모차에 태우고 이웃 동네 산책을 나갔다. 남쪽으로 걷다가 모퉁이에서 서쪽으로 향해 있는 길로 들어섰다. 그때 태양이 우리 바로 앞에서 막 지고 있었다. 태양은 지평선 아래로 떨어지면서 붉은 광채를 발하며 크게 부풀어오른 것처럼 보였다. 대단한 광경이었다.

그날 밤이 보름달이라는 사실을 기억하고 뒤로 돌아 동쪽을 쳐다보았다. 반대편 지평선이 있는 그곳에 달이 떠오르고 있었다. 우리 뒤편으로 180도 떨어져서 비록 붉지는 않았지만 태양처럼 크게 부풀어오른 것처럼 보였다.

나는 달을 멍하니 쳐다보았다. 달은 집과 나무, 주차된 차와 전화 송신탑 위를 밝히면서 꽤 크게 보였다. 달에 빨려들 것만 같은 느낌, 손을 뻗으면 만질 수 있을 것 같은 느낌이 들었다.

물론 나는 이 현상을 잘 알고 있다. 그날 저녁 늦게 밤 11시쯤 되어 나는 밖으로 나갔다. 여전히 날은 맑았고 하늘 위에 떠 있는 달을 재빨리 찾을 수 있었다. 몇 시간 동안 지구의 자전은 달을 지평선에서 멀리 떨어진 곳에 옮겨놓아 보름달은 하늘 높은 곳에서 나에게 밝고 하얀 빛을 보내고 있었다. 나는 쓴웃음을 지으면서 달이 줄어든 것처럼 보인다는 사실을 확인했다. 그날 저녁 일찍 지평선에서 나에게 빛을 보내던 커다란 부푼 원형에서 지금은 머리 위에 걸린, 작은 원으로 축소되어 보였다.

나는 '달의 착시'라고 불리는 현상의 희생자였다.

대부분의 사람들이 머리 위에 있는 달보다 지평선 근처에서 뜨거나 지고 있는 달이 더 크게 보인다고 생각한다는 것은 의심의 여지가 없다. 실험에 의하면 머리 위에 있을 때보다 지평선 부근에 있을 때 두세 배는 더 크게 보인다고 한다.

이 현상은 수천 년 전부터 알려져 있었다. 기원전 350년에 아리스토텔레스가 이 사실을 기록했다. 또 그보다 300년 이전에 니네베의 왕립도서관에서 나온 진흙 명판에도 이것에 관한 묘사가 있다.

현대의 과학 속에서도 이 현상에 대한 수많은 설명들이 있다. 여기에 가장 일반적인 세 가지를 소개한다.

첫째로 달은 지평선에 있을 때 실제로 관측자에게 더 가까이 있다. 이것이 더 크게 보이게 한다. 둘째로 지구의 대기는 렌즈와 같은 역할을 해 달을 확대시키기 때문에 달을 더 크게 보이게 한다. 마지막으로 지평선을 볼 때 우리는 무의식적으로 달을 지평선 상에 있는 나무나 집과 같은 물체와 비교한다. 이것이 달을 더 크게 보이게 한다.

사실 이 설명들은 모두 틀렸다.

첫 번째로 달이 지평선에 있을 때 더 가깝다는 것은 너무나 틀린 사실이다. 달이 크기가 두 배로 보이려면 그 거리는 절반으로 줄어들어야 한다. 이미 달의 궤도는 타원이 아니라는 사실이 알려져 있다. 실제로 달의 궤도에서 달이 지구와 가장 가까워지는 근지점과 가장 멀어지는 원지점의 차이는 약 40,000킬로미터이다. 즉 달은 평균적으로 400,000킬로미터 떨어져 있으므로 이것은 단지 10%의 효과밖에 안 된다. 환상적으로 보이는 두 배와는 너무도 큰 차이가 있다. 또한, 달은 근지점에서 원지점에 갈 때까지 약 2주가 걸리므로 하루 저녁 동안에 이 효과를 볼 수 없을 것이다.

신기하게도 달은 실제로 지평선에 있을 때보다 머리 위에 있을 때가 당신에게 조금 더 가까이 있다. 그래서 실제로 조금 더 크게 보인다. 지구의 중심으로부터 달에 이르는 거리는 하룻밤 동안 거의 일정하다. 지평선 상에 있는 달을 볼 때 달과 지구의 중심선을 잇는 선과 당신과 달을 잇는 선은 거의 평행하다. 그리고 거의 같은 거리만큼 떨어져 있다. 그러나 머리 위에 있을 때 달을 보게 되면 당신은 지구의 중심과 달 사이에 있다. 실제로 6,000킬로미터나 달에 더 가까이 있는 것이다. 이 차이는 지평선에 있을 때보다 머리 위에 있을 때 달을 약 1.5% 더 크게 보이게 만든다. 달을 작게 보이게 하지 않는다. 분명히 달의 물리적 거리는 여기서 중요하지 않음을 알 수 있다.

두 번째로 지구의 대기가 달의 모습을 왜곡시켜 더 크게 보이게 한다는 것도 틀렸다. 빛은 새로운 매질로 들어갈 때 굴절한다. 말하자면 공기에서 물로 들어갈 때 그러하다. 이 효과가 컵의 물속에 잠긴 숟가락을 굽어보이게 한다.

우주의 진공에서 빛은 상대적으로 밀집된 매질인 우리의 대기로 진입할 때 또한 굴절한다. 하늘을 보았을 때 대기의 두께는 지평선 근처에서 높이에 따라 매우 급격하게 바뀐다. 이것은 대기권이 지구를 따라 휘어 있기 때문이다. 이 변화가 지평선에서 떨어진 각각의 빛을 서로 다른 양만큼 굴절시키는 원인이 된다. 달이 지평선 부근에 있을 때 위쪽 부분은 아래쪽 부분에 비해 0.5도만큼이나 높이 있으므로 이것은 아래쪽 부분에서 온 빛이 더 많이 굴절됨을 의미한다. 대기는 빛을 굴절시켜서 마치 달의 아래쪽 부분이 위쪽 부분으로 찌그러져 올라간 것처럼 보이게 만든다. 이것이 바로 달이(물론 태양도 마찬가지다) 지평선 바로 위에 있을 때 아래가 편평하게 보이는 이유이다.

수직 방향으로는 찌그러지지만 수평 방향으로는 그렇지 않다. 이것은 지평선을 둘러보면 양옆으로 대기의 두께가 동일하기 때문이다. 찌그러지는 효과를 볼 수 있는 경우는 빛이 서로 다른 높이에서 올 때뿐이다.

거리 설명처럼 지평선 부근에서 달의 크기는 하늘 높이 있을 때보다 실제로 약간 작다는 사실을 알 수 있다. 그러므로 이 설명은 틀렸음에 분명하다. 그렇더라도 이것은 많은 사람들이 믿는다.

당신의 눈과 머리가 무엇을 말하든 간에 밖으로 나가 달이 지평선에 있을 때와 머리 위에 있을 때의 크기를 재어본다면 거의 같은 크기임을 알게 될 것이다. 정확히 잴 필요도 없다. 스스로 비교를 하기 위하여 지우개 달린 연필을 들고 팔을 쭉 뻗기만 하면 된다. 이렇게 해본다면 지평선 부근에서 달이 크게 보일지라도 잰 크기가 조금도 달라지지 않음을 알게 될 것이다.

지평선에서의 큰 달 효과는 놀랍도록 강력하다. 그러나 크기의 변화는 착시 현상일 뿐이다. 그러므로 이것이 물리적 현상이 아니라면 그것은 심리학적 현상임에 틀림없다.

세 번째의 설명은 심리학에 근거를 두고 있다. 달이 물리적으로 더 커야 할 필요성은 없다. 달은 단순히 지평선 상에서 다른 물체의 근처에만 있으면 된다. 심리적으로 우리는 달을 다른 물체와 비교하며 달이 더 크게 보인다고 생각한다. 머리 위에 있을 때에는 비교해볼 대상이 없으므로 달은 훨씬 멀리 있는 것처럼 느낀다.

그러나 이것은 옳지 않다. 환상은 심지어 달이 지평선상에 아무것도 없을 때에도 나타난다. 즉 달은 바다 위에 떠 있는 배 위에서 보았을 때나 비행기 창밖으로 보았을 때에도 나타난다. 또한 머리 위에 떠 있는 달을 큰 빌딩 사이에서 보더라도 달은 여전히 더 크게 보이지 않는다.

더 명확한 확인을 위해 이것을 한번 시도해보자. 다음번 지평선 상에서 큰 보름달을 보았을 때 다리 사이로 고개를 숙여 거꾸로 달을 한번 쳐다보자(아마 주위에 다른 사람들이 없을 때까지 기다려야 할지도 모른다). 대부분의 사람들은 이렇게 했을 때 착시 현상이 사라졌다고 외친다. 만일 이 착시가 앞에 있는 물체와의 비교에 의해서 나타나는 것이라면 이처럼 구부려 보았을 때에도 계속해서 나타나야 한다. 거꾸로 보았을 때에도 앞에 있는 물체를 볼 수 있기 때문이다. 그러나 착시가 사라지므로 세 번째 또한 정확한 답이 될 수 없다. 또 이것은 달의 크기가 변화하는 것이 아님을 알려주는 증거이기도 하다.

그렇다면 무엇이 달의 착시를 유발하는가? 정확히는 아무도 모른다. 비록 이것이 착시라고 알려져 있긴 하지만, 또 이것이 우리의 뇌가 물체의 모습을 해석하는 방법 때문에 일어난다고도 알려져 있지만, 심리학자들도 이 현상이 왜 일어나는지 정확히 설명하지 못한다. 관련 논문에 여러 주장들이 있긴 하지만 달의 착시 원인은 여전히 완전하게 이해되지 않는다.

우리가 그것을 조금도 이해하지 못했다는 의미는 아니다. 관련된 여러 가지 요소가 존재한다. 아마도 가장 중요한 두 가지는 멀리 있는 물체의 크기를 어떻게 판단하는가와 하늘 그 자체의 형상을 어떻게 인지하고 있는가 하는 점일 것이다.

복잡한 거리를 지날 때 바로 옆에 서 있는 사람은 멀리 있는 사람보다 더 크게 보인다. 그 사람들이 얼마나 크게 보이는지 눈 부근에 자를 들고 주위 사람들의 겉보기 크기를 재어보면, 5미터 밖에 서 있는 사람은 키가 30센티미터로 보인다. 그러나 두 배 가량 멀리 떨어진 사람을 보면 15센티미터의 크기로 보일 것이다. 당신의 망막에 맺힌 두 사람의 물리적 크기는 다르다. 그러나 당신은 그 둘을 동일한 크기로 인식한다. 당신은 분명히 멀리 있는 사람의 키가 가까이 있는 사람의 절반이라고 생각하지 않는다. 뇌의 어느 한 부분에서 이 모습들을 해석하고 그 다음에야 그 두 사람의 키가 동일하다고 생각한다.

이 효과를 '크기의 일관성'이라 한다. 이것은 분명히 이점이 많다. 만약 당신이 멀리 있는 사람의 키가 더 작다고 느낀다면 깊이의 지각에서 혼란해질 것이다. 그럴 경우 육식동물이 얼마나 멀리 있는지, 또 얼마나 큰지 알기 어려워 오래 살아남기도 어려울 것이다. 이런 의미에서 크기의 일관성은 생존의 중요한 요소이고 그것이 대단히 강력한 효과를 보인다.

그러나 우리는 이 때문에 바보가 되었다. 다음 페이지의 그림에 위쪽으로 한 점에 접근하는 두 선이 있다. 이 선을 가로지르는 두 개의 수평선도

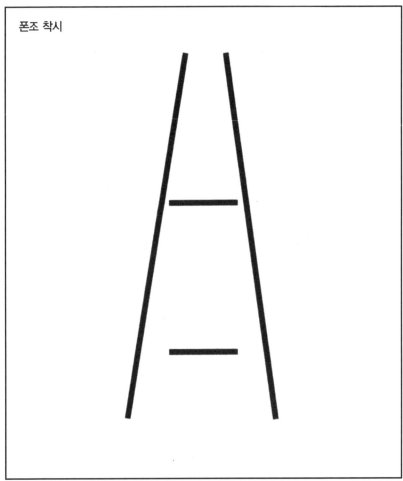

폰조 착시

폰조 착시는 착시 현상 중에서 가장 유명한 것이다. 수평으로 그어진 선은 실제로 동일한 길이지만 위쪽으로 모이는 수직선 때문에 위의 선이 더 길게 보인다.

그어져 있다. 하나는 두 선이 모여 있는 위쪽에 그어져 있고 하나는 아래쪽 두 선이 멀리 떨어져 있는 곳에 그어져 있다. 수평으로 그어진 두 선 중 어느 선이 더 길게 보이는가? 대부분의 사람들은 위쪽의 것이 더 길다고 대답한다. 그러나 실제로 재어보면 두 선이 동일함을 확인할 수 있을 것이다.

이것은 이것을 연구한 과학자의 이름을 따서 '폰조 착시'라 한다. 기찻길처럼 사람의 뇌는 모여지는 두 선을 평행하다고 인식한다. 마치 기찻길이 수평선 근처에서는 모여서 보이는 것처럼 두 선이 모인 곳은 실제로 매우 멀리 있다고 지각한다. 그래서 뇌는 그림의 위쪽 부분이 아래쪽 부분보다 더 멀리 있다고 간주한다.

이제 크기의 일관성을 고려해보자. 사람의 뇌는 위쪽 선이 더 멀리 떨어져 있다고 생각하려 한다. 두 선의 실제 길이는 동일하지만 당신의 뇌가 윗선이 아랫선보다 더 길다고 이해하는 것이다. 크기의 일관성은 실제로 그것이 그러하지 않을 때에도 윗선이 더 길다고 뇌가 생각하도록 속임수를 쓰는 감각적 효과이다.

이것이 달의 착시와 어떤 관련을 가지는가? 이를 해결하기 위해 하늘로 돌아가보자. 보통 하늘은 반구로 그려진다. 즉, 큰 공을 절반으로 자른 것이다. 물론 실제로는 그렇지 않다. 지구 위쪽으로는 사실 아무런 구의 면이 없다. 하늘은 무한하다. 그러나 우리는 하늘을 우리 위쪽에 있는 구의 표면으로 인지한다. 그래서 하늘은 어떤 모습을 가진 것으로 인지된다. 구에서 모든 지점은 중심으로부터 동일한 거리에 떨어져 있다. 머리 바로 위의 지점을 '천정'이라 한다. 만일 하늘을 정말로 구로 인지한다면 천정과 지평선의 한 지점은 거리가 같다.

그러나 이것은 사실이 아니다. 나 자신을 포함한 모든 사람들은 실제로

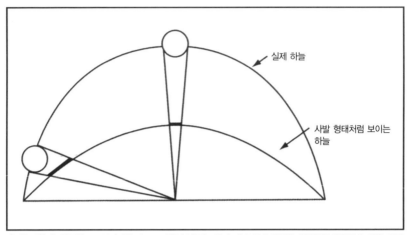

우리는 하늘을 반구형으로 보지 않는다. 그 대신 실제로는 우리 머리 위에 뒤집힌 사발처럼 생각한다. 달은 지평선 상에 떠 있을 때 머리 위에 있을 때보다 더 멀리 있는 것처럼 보인다. 우리의 머리는 달이 지평선 상에 있을 때 실제보다 더 큰 것처럼 생각하는 속임수에 빠진다.

하늘을 절반으로 잘려진 공으로 보기보다는 꼭대기 부분이 편평한 그릇처럼 본다. 믿어지지 않는가? 한번 시도해보자. 하늘을 지평선부터 천정까지 모두 다 볼 수 있는 탁 트인 곳으로 나간다. 하늘 꼭대기에서 지평선까지 똑바로 선을 그리는 것을 상상해보자. 팔을 뻗고 지평선에서 45도 위, 하늘과 땅의 절반 위치라고 생각되는 지점을 손가락으로 가리켜본다.

이제 친구에게 땅과 당신 팔의 각도를 재어보게 해보자. 당신의 팔은 45도가 아닌, 아마 대략 30도 정도를 가리키고 있을 것이란 사실을 나는 확신한다. 나는 이것을 여러 친구들과 직접 해보았고(그들 중 일부는 천문학자였다) 어느 누구도 40도보다 높은 각도를 가리키지 않았다. 이것은 우리가 하늘을 편평하다고 보기 때문에 일어나는 현상이다. 천정으로부터 지평선 사이의 중간 지점인 편평한 하늘은 반구인 하늘에 비해 더 낮을 수밖에 없다.

하늘을 우리가 이런 식으로 인지하게 되는 이유에 대해선 잘 알려져 있지 않다. 11세기에 아랍의 과학자 알하잔은 이것이 땅이 편평한 우리의 경험에서 기인한다고 주장했다. 우리가 발밑 부근을 내려다보면 땅은 우리 주변에 가까이 있다. 우리가 시선을 올리면 땅은 저 멀리에 위치해 있다. 우리는 하늘도 똑같이 인식한다. 머리 위를 쳐다보면 하늘은 우리에게 가까이 있다. 그 다음 시선을 내리면 하늘은 저 멀리 떨어져 있다. 비록 이 설명이 1000년이나 되었지만 아마 정말로 옳은 설명일 것이다.

그러나 원인이 무엇이든 이러한 인식은 존재한다. 하늘은 편평하다. 알하잔이 지적했듯이 이것은 머리 위의 하늘보다 지평선의 하늘이 더 멀게 보임을 의미한다.

이제 각 내용을 합쳐보자. 당연히 달은 물리적으로 머리 위에 있을 때와 지평선 상에 있을 때 동일한 크기를 가진다. 그러나 뇌는 달이 머리 위에 있을 때보다 지평선상에 있을 때 더 멀게 느끼도록 인지하게 만든다. 마지막으로 폰조 착시에 의해 동일한 물체가 서로 다른 위치에 있을 때 더 멀리 있는 물체가 더 크다고 인식하게 만든다. 그러므로 달이 지평선 상에 있다면 뇌는 달이 더 크다고 인식한다. 이 현상은 대단히 강해서 폰조 착시와 동일한 강도를 가지므로 이것을 달의 착시 원인이라고 결정지어도 될 것 같다.

이 설명은 최근에 롱아일랜드 대학의 심리학자 로이드 카우프만과 아이비엠사 알만 연구센터의 제임스에 의해 수행된 기발한 실험에서도 증명되었다. 그들은 달까지 인식한 거리를 판별할 수 있는 실험 장치를 사용했다. 이 기구는 하늘에 두 개의 달 이미지를 투영한다. 하나의 이미지는 진짜 달처럼 고정되어 있고, 다른 하나는 그 크기를 조정할 수 있게 되어 있다. 피실험자는 조정 가능한 이미지를 이동시켜 고정된 달 이미지와 자신

사이의 중간에 있는 것처럼 보일 때까지 조정한다. 예외 없이 모든 사람들은 지평선 상에 있는 달의 중간 지점을 높이 떠 있는 달의 중간 지점보다 더 멀리 두었다. 평균적으로 약 4배나 멀었다. 이것은 사람들이 지평선을 하늘 천정보다 약 4배나 더 멀리 있다고 인지하고 있음을 의미한다. 그리고 달 착시의 원인으로 폰조 착시가 타당함을 설명해준다.

그러나 어떤 사람들은 이 결론에 반대하기도 한다. 예를 들자면 어떤 사람에게 "지평선 상에 있는 큰 달과 하늘 높이 떠 있는 작은 달 중에서 어느 것이 더 가까이 있다고 생각하는가?"라고 물었을 때 사람들은 지평선의 달이 더 가까이 있는 것처럼 보인다고 대답한다. 이것은 뇌가 더 큰 물체를 더 멀리 있다고 인지한다는 폰조 착시를 정면으로 반박하는 현상이다.

그러나 이것이 완전히 옳은 것은 아니다. 폰조 착시는 더 멀리 있는 물체가 더 크다는 것이지, 더 큰 물체가 더 멀리 있다는 설명이 아니기 때문이다. 차이를 알겠는가? 폰조 착시에서 뇌는 처음에 무의식적으로 거리를 판정하고 그 다음에 크기를 인식한다. 당신이 사람들에게 "어느 달이 더 큰가?"라고 물었을 때, 그들은 처음에 크기를 살펴보고 그 다음에 의식적으로 거리를 인식한다. 이 두 가지는 다른 과정이며 뇌의 동일한 부위에서 수행되지 않을 수 있다. 이 반박은 실제로 타당하지 않다.

나는 크기의 일관성과 연관된 폰조 착시와 우리가 인지하는 하늘의 모습이 수천 년 지속된 달 착시 미스터리의 답으로 충분하다고 생각한다. 진정한 의문은 '왜 이러한 별개의 과정을 이런 방식으로 인지하는가' 일 것이다. 그러나 나는 심리학자가 아니고 단지 호기심 많은 천문학자일 뿐이다. 천문학자이므로 그 이론 자체를 판별할 수는 없다. 결국 더 좋은 이론이 나타나거나 또는 폰조 착시 이론에 치명적 결함이 발생할 가능성도 있다. 희망하건데 그런 일이 일어난다면 이 현상을 똑바로 이해할 수 있도록 심리학자들이 천문학자들에게 설명해줄 것이라 생각한다.

덧붙여서 나는 때때로 우주인들도 우주 공간에서 이 현상을 느끼는지 궁금하다. 어떻든 그것은 착시의 근원에 관한 흥미로운 실마리를 제공할 수도 있을 것이다. 나는 우주선에 탑승했던 론 패리스에게 이것을 느꼈는지 물어보았다. 불운하게도 그의 대답은 스페이스 셔틀의 창문이 너무 작아서 하늘을 제대로 볼 수 없다고 했다. 아마 언젠가는 나사가 우주인이 우주 유영을 할 때 이것을 실험으로 시도한다면 알게 될 것이다. 달이 지구의 외곽인 테두리 근처에 있을 때 보이는 겉보기 크기와 지구에서 멀리 떨어져 있을 때 보이는 달의 크기가 다르게 나타나는지 비교해볼 수 있을 것이다. 이 실험은 이곳 지구 위에서 실험할 때보다 훨씬 더 빨리 할 수도 있다. 90분 만에 한 바퀴를 도는 셔틀의 궤도에서 달이 떠오를 때부터 지구의 가장 높이 위치할 때까지 단지 22분만 기다리면 되기 때문이다.

이 모든 설명을 마치고, 이제 마지막 질문을 하고자 한다. 만약 당신이 보름달을 보고 그 다음에 동전 하나를 들고서 보름달과 같은 크기로 보이도록 동전을 위치시키려면 얼마나 멀리 팔을 뻗어야 할까?

답은 아마 당신을 놀라게 할 것이다. 약 2미터나 떨어져야 한다! 팔이 대단히 길지 않는 한 이처럼 멀리 팔을 뻗을 수 없다. 대부분의 사람들은 하늘에 있는 달의 모습이 크다고 생각한다. 그러나 실제로 달은 너무나 작게 보인다. 달은 시직경이 약 0.5도이며 이것은 지평선부터 천정까지(90도의 각거리이다)를 달로 채운다면 180개가 필요함을 의미한다.

여기서 나의 요점은 종종 우리의 지각은 실체와 상반된다는 것이다. 보통 실체는 그대로를 보여주지만 우리는 그것을 종종 틀리게 인식한다.

III

왜 그럴까?_밤하늘의 진실 찾기

불량 천문학을 찾기 위해 달의 저편으로 여행을 하다보면 잘못 알려진 기괴한 것들로 가득한 우주를 만날 수 있을 것이다.

유성은 불량 천문학의 중요 소재이다. 18세기 예일의 두 과학자는 외계로부터 유성이 온다고 말했다. 이에 어떤 사람이 대답했다.

"하늘에서 돌이 떨어진다는 것보다 두 미국 교수가 거짓말을 했다는 것을 더 믿겠다."

이 사람이 바로 토마스 제퍼슨이었다. 고맙게도 그는 버지니아 대학(나의 모교)을 설립하고 국가를 경영하는 일 등에 더 관심을 가졌으며 천문학에는 관여하지 않았다.

구름이 없는 밤에 밖으로 나가면 운이 좋을 경우 한두 개의 유성을 볼 수 있을 것이다. 도심에서 멀고 광해에 영향을 받지 않는다면 당신은 수백 개, 또는 수천 개의 별을 볼 수 있을 것이다. 유성처럼 별빛은 먼 거리를 여행하여 도달한다. 심지어 가장 가깝다고 알려진 별도 40조 킬로미터나 떨어져 있다. 유성처럼 이 별빛의 광자들도 인간이 우주를 잘못 이해할 때마다 중요한 소재가 되어 왔다. 별도 색깔을 갖고 있고 반짝이며 밝기도 각각 다르다. 이 모든 특성은 조잡한 잘못된 인식에 관련되기 쉽다.

불량 천문학은 종종 운명 예언자들을 밖으로 끌어낸다. 여러 예언들은 해마다, 달마다, 날마다 일어난다. 최근까지 내가 살펴본 것처럼 세상은 아직 멸망하지 않았다. 운명에 대한 외침은 항상 일식이 일어날 때에도 나타난다. 일식은 하늘이 내리는 재앙의 징조로 오래도록 알려져왔지만 사실 하늘이 보여주는 가장 아름다운 광경이다.

이 챕터에서 우리는 시간과 공간을 거슬러 모든 것이 시작된 빅뱅에 이를 것이다. 모든 것의 시초를 고민하는 일은 이미 혼란한 우리의 마음을 더 혼동되게 한다. 빅뱅에 대한 설명은 대개의 경우 문제를 풀어내기는커녕 더 혼란스럽게 만든다. 빅뱅은 우리의 가장 오래된 다른 이론들보다 더 불가사의하다.

13

별은 왜 반짝일까?

나는 천문대에 앉아 대기하고 있었다. 1990년에 나는 석사 학위 논문을 위해 관측을 시도하고 있었다. 문제는 비였다. 버지니아 산맥의 평소 9월과는 달리 오후에 비가 한바탕 쏟아부었고 나는 좋은 이미지를 얻을 수 있을 때까지 하늘이 깨끗하게 개기만을 기다리고 있었다.

몇 시간 뒤 하늘의 구름이 갈라지기 시작했다. 나는 재빨리 관측을 준비하면서 밝은 별을 하나 찾았고, 천체망원경을 겨누어 초점을 맞추었다. 그러나 이런 노력에도 불구하고 컴퓨터 모니터에 나타난 성상은 결코 선명해지지 않았다. 나는 초점을 앞뒤로 움직여보며 여러 시도를 해보았지만 성상은 커다랗게 퍼져 있었다.

그래서 세 시간 후에 밖으로 나가 다시 하늘을 올려다보았다. 내가 선택했던 밝은 별은 하늘 높이 떠서 심하게 깜박이고 있었다. 내가 보는 동안에도 발작적으로 깜박이며 심지어 색깔을 바꾸기도 했다. 나는 즉시 성상을 선명하고 깨끗하게 얻을 수 없었던 이유를 알아냈다. 망원경 탓이 아니라 대기 탓이었다. 몇 시간을 더 기다렸지만 별은 초점이 맞추어지지 않았다. 나는 집으로 돌아가며 내일 밤 다시 시도해보기로 했다.

어두운 밤 까마득하게 펼쳐진 밤하늘 아래 앉아서 별을 보며 감탄해보지 않은 사람이 있을까? 너무나 멀고, 너무나 밝게 빛나고, 너무나 흥분되게 하는……

별들은 반짝인다. 매우 예쁘다. 별을 바라보면 별은 가물거리고 춤추며 깜박인다. 때때로 순간적으로 색깔을 변화시키기도 한다. 흰색에서 초록색으로, 붉은색으로 바뀌었다가 다시 흰색으로 돌아온다.

그러나 저곳에 있는 저 별을 보자. 다른 것보다 더 밝은 저 별은 꾸준히 흰 빛을 내뿜는다. 왜 저 별은 깜박이지 않는 것일까? 많이 궁금하다면 근처의 사람들이 말해줄 것이다.

"저것은 행성이야. 행성은 반짝이지 않지만, 별은 반짝이지."

그렇다면 왜 별들이 반짝이는지 물어보라. 그들도 모르고 있는 경우가 많을 것이다. 그리고 어쨌거나 그들은 틀렸다. 행성도 별만큼이나 반짝일 수 있고 또 반짝인다. 단지 그 반짝임이 사람들이 볼 때 그리 분명하게 보이지 않을 뿐이다.

지구가 대기를 갖고 있다는 것은 우리를 숨쉴 수 있게 한다거나 종이비행기를 날게 하고, 자전거의 바람개비를 돌게 하는 등 명확한 이점을 갖고 있다는 사실을 의미한다. 그러나 우리가 공기를 좋아하는 것만큼 때때로 천문학자들은 공기가 존재하지 않기를 바란다. 공기는 방해요인이다.

만일 대기가 조용히 움직임 없이 안정되어 있다면 모든 점이 좋을 것이다. 그러나 실제는 그렇지 않다. 대기는 어지럽게 흐른다. 대기는 서로 다른 온도의 여러 층을 갖고 있다. 그것은 이쪽으로 저쪽으로 흐른다. 그리고 이 어지러운 난류가 별의 반짝임의 주범이 된다.

대기의 골치 아픈 성질 중 하나는 빛을 구부러지게 만든다는 것이다. 이것을 '굴절'이라고 하며 수도 없이 이런 현상을 보았을 것이다. 빛은 공기에서 물로, 또는 그 반대 경우처럼 어떤 매질에서 다른 매질로 이동할 때 구부러진다. 컵 속에 숟가락을 놓아보면 숟가락은 공기와 물이 만나는 지점에서 굽은 것처럼 보인다. 그러나 실제로 굽은 것은 물에서 공기로 나오는 빛이다. 시냇가에서 그물을 사용하여 고기를 잡아보았다면 마찬가지로 이런 현상을 보았을 것이다.

대기의 한 영역에서 빛은 밀도가 작은 다른 영역으로 이동할 때 굴절한다. 예를 들자면 뜨거운 공기는 차가운 공기에 비해 밀도가 작다. 검은 아스팔트 도로 위에 있는 공기는 더 위쪽에 있는 공기보다 더 뜨겁다. 이 층을 통과하는 빛은 굴절된다. 이것이 바로 한여름날 당신의 앞에서 도로 위가 아른거리는 이유이다. 공기는 빛을 굴절시키고 도로 표면을 액체처럼 흐늘거리게 보이도록 한다. 때때로 이 층에 의해 반사된 차를 보기도 한다.

이곳 지면 위에서 공기는 비교적 안정되어 있다. 그러나 우리의 머리 위에서는 상황이 다르다. 수 킬로미터를 올라가면 공기는 끊임없이 휘몰아친다. 그곳에선 '셀'이라 불리는 공기의 작은 덩어리가 이쪽저쪽으로 날아다닌다. 각각의 셀들은 수십 센티미터 크기이고 끊임없이 움직인다. 날아다니는 셀을 들어갔다가 나오는 빛은 약간 굴절된다.

그것이 바로 반짝임의 원인이다. 별빛은 지구까지 수 광년을 가로질러 오는 동안 안정되어 있다. 대기가 없다면 별빛은 직접 우리의 눈으로 들어올 것이다.

그러나 우리에겐 대기가 있다. 별빛이 대기를 통과할 때 별빛은 셀을 들어갔다가 나오면서 통과한다. 각 셀들은 빛을 임의의 방향으로 약간 굴절시킨다. 매초당 별빛의 경로에는 수백 개의 셀들이 날아다닌다. 그리고 각 셀들이 별빛을 이리저리 뛰어다니게 만든다. 지면에서 보면 별의 크기는 공기의 셀 크기보다 훨씬 더 작다. 그러므로 별의 상은 매우 심하게 이리저리 움직이는 것처럼 보인다. 우리가 보는 별의 모습은 빛이 임의로 굴절됨에 따라 춤추는 것처럼 보인다. 그래서 별은 반짝인다.

천문학자들은 보통의 경우 이것을 반짝임이라 표현하지 않고 '시상 Seeing'이라고 부른다. 수 세기 동안 내려온 용어지만 일반화된 말이다. 천문학자들은 별의 겉보기 크기를 측정하여 주어진 밤의 시상이 얼마인지 결정한다. 성상이 너무나 빨리 이리저리 춤을 추면 우리의 눈은 이것을 밝게 퍼진 원판형으로 인식한다. 시상이 나쁠수록 별은 더 크게 보인다. 특별한 밤에 시상은 수 초각에 불과할 때가 있다. 비교를 해보면, 달은 겉보기 크기가 거의 2,000초각이고 사람은 맨눈으로 약 100초각을 분리해낼 수 있다. 지구에서 가장 좋은 시상은 보통 1/2초각 정도이다. 그러나 대기가 얼마나 흔들리는가에 따라 시상은 훨씬 더 커진다.

시상은 또한 시간에 따라 달라진다. 때때로 대기가 수 초 동안 갑자기 잠잠해질 때도 있다. 그리고 별의 크기는 극단적으로 줄어든다. 별빛이 더 작은 면적 안으로 집중되기 때문에 이 현상은 보다 어두운 별을 볼 수 있게 해준다.

한번은 수 분 동안 망원경 아이피스에 눈을 대고 성운 속에 숨어 있는 어두운 중심별을 찾으려고 한 적이 있었다. 그 별의 밝기는 망원경의 극한 등급 한계 부근이었다. 갑자기 잠시 동안 시상이 안정되었고 유령처럼 창백한 푸른 별이 내 눈에 들어왔다. 그러다가 다시 시상이 나빠지자 별은 사라졌다. 그 별은 나의 눈으로 직접 본, 가장 어두운 별이었고 또 놀라운 경험이었다.

그렇다면 왜 행성들은 반짝이지 않는가? 행성들은 크다. 물론, 실제로는 별보다 훨씬 더 작다. 그러나 행성들은 또한 훨씬 더 가깝다. 심지어 가장 큰 망원경으로도 밤하늘의 가장 큰 별은 작은 점으로 보이지만 목성은 쌍안경으로 보아도 원판형으로 보인다.

목성도 별만큼이나 시상의 영향을 받는다. 그러나 행성의 원판이 크기 때문에 이리저리 뛰는 것처럼 보이지 않는다. 원판은 움직이지만 그것이 보이는 크기에 비해 보다 작게 움직인다. 그래서 작은 별들이 춤추는 것처럼 움직이지 않는다. 행성 표면의 작은 모습들은 퍼져서 사라지지만 전체 행성 모습은 여전히 그곳에 있고 공기의 움직임에 달라지지 않는다.

더하고 덜한 것의 차이일 뿐이다. 특히 나쁜 환경 하에서 행성도 반짝일 수 있다. 폭풍우가 친 다음날, 대기가 매우 불안정하고 행성이 태양으로부터 먼 쪽에 있어서 행성의 크기가 특별히 작게 보인다면 더욱 반짝이기 쉽다. 그러나 시상이 매우 나쁠 경우 그날 밤의 관측은 가망성이 없다.

반짝임을 증가시키는 또 다른 요인은 지평선 부근을 보는 것이다. 대기가 지구를 따라 굽어 있기 때문에 별이 막 뜨거나 질 때 우리는 더 많은 공기를 통하여 별을 보게 된다. 이것은 우리와 별 사이에 더 많은 셀이 있다는 사실뿐 아니라 더 심하게 반짝인다는 것을 의미한다. 얄궂게도 도심 위로 별을 보게 된다면 대기는 더 안정적이다. 도심 상공에는 시상을 안정시키는 스모그 층이 있다.

현실에서 보듯이 어떤 색깔의 빛은 다른 색깔에 비해 더 많이 굴절된다. 예를 들면 파란색 빛은 빨간색 빛보다 더 많이 굴절된다. 때때로 매우 나쁜 시상 하에서 어떤 색깔의 빛이 먼저 굴절되고 다음에 다른 색깔이 굴절되면서 별들이 색깔을 바꾸는 모습을 볼 수 있다. 시리우스는 밤에 보이는 가장 밝은 별이고, 눈에는 보통 안정된 흰색으로 보인다. 그러나 때때로 시리우스가 낮게 떠 있으면 이 별은 매우 활발하게 깜박이면서 색깔을 바꾸기도 한다. 나는 이런 현상을 몇 번이고 보았다. 그것은 대단히 매혹적이다.

그러나 이것은 곤란한 상황을 만들 때가 있다. 밤에 외딴 길을 차를 운전하며 가고 있다고 상상해보자. 당신을 따라오는 밝은 대상을 목격했다. 그것은 보는 동안 극렬하게 깜박거리며 밝아졌다 어두워졌다를 반복하고 주황색에서 초록색으로, 붉은색에서 푸른색으로 색깔을 바꾸고 있다. 그것은 우주선일까? 외계인에 의해 유괴되는 것은 아닐까?

아니다. 단순한 불량 천문학의 희생자일 뿐이다. 그러나 이 이야기는 어째 친숙하지 않은가? 수많은 유에프오 이야기가 이와 비슷하다. 별들은 너무나 멀리 떨어져 있어서 당신이 운전하는 동안 따라오고 있는 것처럼 보인다. 별의 반짝임은 밝기와 색깔을 바꾸고 상상이 나머지를 담당한다. 이와 비슷한 유에프오 이야기를 들으면 나는 항상 웃음을 참지 못한다. 비록 그것이 유에프오는 아니었지만 확실히 지구 밖의 것이긴 했다.

반짝이는 별은 노래와 시의 소재가 되지만 천문학자들은 이것을 불편하게 생각한다. 우리가 거대한 망원경을 만드는 이유는 대상을 보는 분해능을 증가시키는 데 도움이 되기 때문이다.

시상보다 작은 크기를 가지면서 다른 것에 비해 절반가량의 크기를 가지는 각각의 두 물체를 생각해보자. 시상 때문에 이 둘은 모두 퍼져서 동일한 크기로 보일 것이다. 우리는 어느 것이 더 큰지 알 수 없다. 시상이 우리가 볼 수 있는 크기와 정확히 그 크기를 잴 수 있는 한계를 정한다. 이 한계보다 더 작은 것은 흐리게 퍼져서 더 크게 보이게 된다. 보다 나쁜 점은 서로 가까이 붙어 있는 것은 시상에 의해 퍼져서 구별할 수 없게 될 것이다. 이것이 우리가 식별해낼 수 있는 물체 크기의 한계를 정한다.

시상을 극복하기 위하여 우리가 선택한 몇 가지 방법들이 있다. 하나의 방법은 시상보다 높은 곳에서 작업을 하는 것이다. 망원경을 대기권 위로 올려보낸다면 시상에 전혀 영향을 받지 않을 것이다. 이것이 1990년에 허블 우주망원경을 궤도에 올려놓은 이유이다. 망원경과 연구 대상 사이에 대기가 없으므로 땅 위에 있는 망원경보다 더 좋은 모습을 보게 될 것이다. 허블은 시상에 의해 제한을 받지 않는다. 지상의 망원경에 비해 더 상세하게 대상을 분리해볼 수 있다. 문제점은 망원경을 쏘아 올리는 것은 매우 비싸서 우주망원경을 만드는 비용은 지상의 망원경에 비해 10배나 더 든다.

시상을 극복하는 또 다른 방법은 대상을 매우 짧은 시간 동안 촬영하는 것이다. 만약 노출이 아주 짧다면 공기가 그것을 번지게 하기 전에 성상을 고정시키게 될 것이다. 이것은 움직이는 물체에 노출을 빨리 하는 것과 같다. 경주용 자동차를 1초의 노출로 찍으면 흐려지지만 1만 분의 일초로 찍는다면 깨끗하고 선명한 상을 얻을 수 있을 것이다. 매우 **빠른** 노출은 깨끗한 성상을 얻게 해준다. 그러나 성상의 위치는 빛의 굴절로 인하여 매 촬영마다 이리저리 바뀔 것이다.

천문학자들은 별을 수백, 또는 수천 분의 1초로 찍어서 전자기기로 각각의 영상들을 합칠 수 있다. 이 작업으로 긴 시간의 노출에서 얻을 수 없는 상세한 이미지를 얻는다. 이 기법은 태양을 제외한 다른 별의 첫 번째 고해상도 이미지를 얻는 데 쓰였다. 적색거성인 안타레스가 목표물이었고 그 이미지는 비록 퍼져 보이기는 했지만 단지 빛의 점이 아니라 명확히 분리되는 크기를 가진 모습이었다.

이 기법의 가장 큰 단점은 밝은 대상에 대해서만 적용 가능하다는 것이다. 어두운 대상은 짧은 노출 시간에서 나타나지 않는다. 이것은 적용 대상을 극도로 제한하고 이 기법의 유용성도 감소시킨다.

놀라운 활약을 기대하게 하는 세 번째 방법도 있다. 대기가 어떻게 별의 상을 왜곡시키는지 관측자가 실제로 측정할 수 있다면 그것을 상쇄시키도록 망원경의 반사경 형상 그 자체를 휘게 할 수 있다. 이 기술을 'AO', 또는 '적응 광학'이라 부른다. 망원경의 광학 시스템을 시상에 따라 적절히 변화시킬 수 있기 때문이다. 이것은 망원경 반사경 뒤에 부착된 '액츄에이터'라 불리는 피스톤에 의해 가능해진다. 어떤 경우에는 피스톤이 반사경을 밀어서 그 형상을 바꿔 시상의 변화에 적합하게 반사경을 비튼다. 또 다른 방법은 각각의 거울에 액츄에이터를 부착한 후, 서로 맞물리는 6각형 반사거울을 조합하여 반사경으로 사용하는 것이다. 작은 거울은 큰 거울보다 쉽고 값싸게 만들 수 있다. 그래서 세계에서 가장 큰 거대 망원경

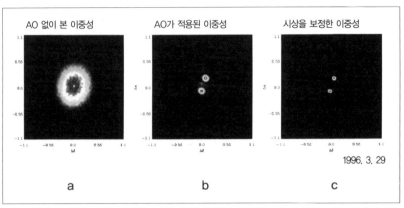

| AO 없이 본 이중성 | AO가 적용된 이중성 | 시상을 보정한 이중성 |

1996. 3. 29

a   b   c

a.근접 이중성은 AO없이 보았을 때 하나의 번진 빛처럼 보인다 b.망원경에 AO가 적용되면 이중성은 쉽게 분리된다. c.이 별들은 단지 0.3초각 떨어져 있다. 이것은 15킬로미터 떨어진 동전의 겉보기 크기와 동일하다(사진 허가, 캐나다-프랑스-하와이 망원경 회사 허가, c. 1996).

들은 이러한 방식으로 디자인된다.

 그 결과는 믿기 어려울 만큼 훌륭하다. 위의 사진은 AO를 적용한 캐나다-프랑스-하와이의 3.6미터 망원경으로 찍은 것이다. 왼쪽 사진은 AO 기능을 끈 상태에서 이중성을 찍은 것이다. 우리가 볼 수 있는 것은 퍼진 상뿐이다. 그러나 AO를 켠 상태에서 찍은 오른쪽 사진에서는 시상을 보정하여 두 개의 이중성이 초점이 맞은 모습으로 나타나 있다.

 유럽남 천문대는 칠레에 AO를 이용한 수 대의 망원경을 갖고 있다. 하나는 VLT라 불리는 '대단히 큰 망원경'으로 거대한 8미터의 육각형으로 나누어진 반사경을 장착하고 있다. 실제로 이러한 망원경이 4개가 있으며 AO를 사용하여 얻어진 성상은 허블에 필적할만하다. AO의 유일한 단점이라면 좁은 시야이다. 단지 하늘의 좁은 영역만을 각 사진에 담을 수 있다. 기술이 발전한다면 그 영역도 늘어날 것이다. 그리고 마침내 망원경들은 AO를 적용하는 것이 일반화되어 더 많은 하늘을 포착하게 될 것이다.

다음에는 맑은 날 밤 밖에 나가서 별이 춤추는 것을 보자. 당신은 별이 반짝이는 것과 같은 단순한 사실도 심지어 복잡한 기원을 갖고 있다는 점을 기억하게 될 것이다. 또 때때로 그것 때문에 여러 상황들이 얼마나 어려워지는지도 알게 될 것이다. 어쩌면 당신은 단순히 별이 반짝이는 것만을 볼 수도 있다. 그것 또한 좋다.

14

별의 색깔은 다양하다?

맑은 날 밤 내가 가장 좋아하는 일은 망원경을 꺼내어 하늘을 쳐다보는 것이다. 보통의 경우 나무와 가로등, 또는 다른 방해물을 피해서 뜰에 망원경을 조립해 세운다. 그러면 이웃사람들은 나를 보다가 망원경을 구경하려고 집을 방문한다.

얼마 전에 나의 이웃은 초등생 두 명을 데리고 왔다. 그 아이들은 가정학습으로 과학 숙제를 해야 했다. 망원경과 함께 보내는 야외의 하룻밤은 가정 학습으로 가치가 있었을 것이다.

달, 토성, 목성과 몇몇 다른 행성을 본 뒤, 아이들은 망원경을 통해 별을 보고 싶어 했다. 나는 그들에게 별은 원판이 아니라 빛의 점처럼 보인다고 미리 설명을 해주었다. 일반적인 어떤 망원경도 별을 원판으로 확대할 수 없다. 그런 다음 나는 하늘에서 가장 밝은 별에 속하는 직녀성을 향해 망원경을 겨누었다. 다른 말은 하지 않고 그들에게 망원경을 보여주었다.

즐거움은 탄성으로 바뀌었다.

"보석 같아요!"

한 아이가 숨을 헐떡였다.

"저렇게 푸르다니 믿을 수가 없어요!"

나도 그런 반응을 기대하고 있었다. 아이들이 망원경에서 떨어지자 나는 하늘 높이 떠 있는 직녀성을 가리켰다. 아이는 잠시 그 별을 쳐다보더니 말했다.

"별에도 색깔이 있는지 몰랐어요. 별들은 모두 흰색이라고 생각했거든요."

나는 그 또한 예상하고 있었다. 이미 수도 없이 들었다.

별은 색깔을 갖고 있다. 어떤 것들은 매우 아름답게 색을 띠고 있다. 대부분은 우리 눈 때문에 희게 보인다. 별이 이상해서 그렇게 보이는 것이 아니라 우리의 눈이 이상한 것이다.

놀랍게도 별처럼 거대한 물체는 가장 작은 물체인 원자 때문에 색깔을 나타내게 된다.

별들은 기본적으로 거대한 가스 공이다. 중심에는 외부 층에서 전해지는 막대한 압력이 가스의 원자들을 한꺼번에 짓눌러 짜낸다. 어떤 것은 눌러 짜면 뜨거워진다. 태양과 같은 별들의 중심부 압력은 너무나 높아서 온도가 수백만 도에 도달한다. 고온에서 원자의 중심부에 있는 양전하를 띤 양성자와 중성자로 구성된 핵은 서로 으깨어져서 '핵융합'이라고 불리는 과정을 거쳐 서로 붙게 된다. 이 과정에서 '감마선'이라고 불리는 매우 활발한 빛의 형태로 에너지를 방출한다.

빛은 전령사와 같아서 에너지를 한 곳에서 다른 곳으로 전달한다. 이러한 의미에서는 빛과 에너지는 동일한 것이다. 감마선은 멀리 가기 전에 또 다른 핵에 흡수된다. 그들은 즉시 재방출되고 다시 옮겨 다니면서 재흡수된다. 이러한 과정이 셀 수 없을 만큼 수조 번이나 반복해 일어나면서 별 중심부의 핵융합 에너지는 표면까지 전달된다.

감마선이 원자 단위의 물질에 부딪히면 그 입자의 에너지가 증가된다. 달리 말하면 뜨거워진다. 별의 중심부는 온도가 수백만 도나 되지만 중심부에서 멀어지면서 온도가 하락한다. 마침내 별의 표면 근처에 이르면 온도는 섭씨 수천 도 정도로 비교적 차가워진다(지구의 방안 온도는 섭씨 22도 정도이다).

이 온도는 여전히 원자로부터 전자를 떼어내기에 충분한 온도이다. 태양표면 근처에서 이 모든 입자들은 서로 압축되고 부딪히며 빛의 형태로 에너지를 흡수하고 방출한다. 오랜 시간 동안 태양이 빛을 어떻게 방출하는가를 규명하는 것은 천문학에서 중요한 문제였다.

1900년을 전후하여 독일의 물리학자 막스 플랑크는 태양에 있는 입자들은 진동자이자 떨고 있는 작은 스프링과 같다고 생각했다. 이 진동자가 에너지를 방출하는 현상에 대해서는 잘 규명되어졌으므로, 태양이 빛을 어떻게 방출하는지를 밝히는 연구에 희망이 보였다.

플랑크는 빛이 파장의 형태로 방출된다고 가정했기 때문에 각각의 입자는 특정한 색깔의 빛만을 내보내야 했다. 그 당시의 물리학에 의하면 입자들은 원하는 어떤 양의 에너지도 방출할 수 있었다. 그러나 플랑크는 이것이 별이 어떻게 빛을 내보내는지 실제로 규명하지 못한다고 생각했다. 그는 이 문제를 각 입자들이 만들어낼 수 있는 에너지의 양을 제한함으로써 풀었다. 그는 방출된 에너지는 양자화되어 입자는 어떤 단위의 배수로만 에너지를 생산해낼 수 있다는 사실을 알게 되었다. 달리 말하면 어떤 별이 단위의 2, 3, 4만큼의 에너지를 방출할 수 있지만(그 에너지의 단위가 무엇이든) 2.5나 3.1만큼은 할 수 없다는 것이다. 그 배수는 정수여야만 한다.

그러나 이것은 오히려 플랑크를 좌절시켰다. 그는 이렇게 될 아무런 근거가 없다고 생각했다. 수 세기 동안 물리학자들은 에너지는 연속적으로 흐르고 작은 묶음으로 흐르지 않는다고 여겼다. 플랑크의 양자화된 모델은 이 문제에 부딪혀서 난관을 겪고 있었다. 그러나 이 모델이 실험 데이터와 더 잘 일치했다. 수학적으로 타당했으므로 그는 마침내 이것을 발표했다.

이것이 바로 양자역학量子力學(입자 및 입자 집단을 다루는 현대 물리학의 기초 이론. 입자가 가지는 파동과 입자의 이중성, 측정에서의 불확정 관계 따위를 설명한다. 1925년 하이젠베르크의 행렬 역학과 슈뢰딩거의 파동 역학이 통합된 이론이다-편집자 주)이 탄생한 배경이다.

플랑크는 옳았다. 빛은 아주 작은 에너지 단위로 오고 있었다. 우리는 그것을 '광자'라 부른다. 아인슈타인은 빛이 금속으로부터 전자를 방출하는 내용의 논문을 연구하면서 이 이론을 사용했다. 그는 이것을 '광전효과'라 불렀다. 오늘날 우리는 이 효과를 소형 계산기에서 허블 망원경에 이르기까지 에너지를 공급하는 도구인 태양열 전지판에 응용하고 있다. 일반인들이 알고 있는 바와 달리 아인슈타인은 유명한 상대성이론이 아니라 이 연구로 노벨상을 받았다.

플랑크가 양자에너지에 관한 이론을 완성했을 때 그는 흥미로운 것을 발견했다. 별이 방출하는 빛의 양과 색깔이 온도와 관련된다는 것이었다. 만약 두 별이 동일한 크기라면 더 뜨거운 것이 더 많은 빛을 방출하고, 빛은 차가운 별에 비해 더 푸르게 된다고 생각했다. 파란색 광자가 빨간색 광자보다 에너지를 더 많이 포함하고 있기 때문에 더 많은 에너지를 가진 더 뜨거운 별이 에너지가 많은 광자를 만든다. 일정한 온도의 별은 모든 종류의 빛을 방출한다. 그러나 그 별은 대부분의 빛을 하나의 특정 색깔로 방출한다.

예를 들자면 2500도의 비교적 차가운 별은 빨간색 빛을 가장 많이 방출한다. 6000도 부근의 보다 뜨거운 별은 초록색 빛을 가장 많이 방출한다. 만약 별이 더욱 뜨거워진다면 파란색 빛을 가장 많이 방출할 것이다. 그보다 더 뜨거워지면 자외선을 가장 많이 방출할 것이고 우리의 눈에 보이지 않게 된다.

이것이 첫 번째 열쇠이다. 별의 색깔은 온도와 관련되어 있다. 그래서 우리는 별의 색깔로 온도를 결정할 수 있다. 실제로 이 공식은 너무 잘 알려져 있어서 별이 방출하는 빛의 총량을 측정할 수 있다면 우리는 그 별이 얼마나 큰지도 알아낼 수 있다. 놀랍게도 우리는 별을 보기만 하면 그 온도를 알아낼 수 있고 크기를 잴 수 있다. 태양에서 가장 가까운 별이 40조 킬로미터나 떨어져 있다는 사실을 생각하면 이것은 축복이다.

그러나 어떤 별의 최대 에너지가 어떤 색깔에서 나타난다고 하여 그 별이 그 색으로 보이는 것은 아니다. 태양을 예로 들 수 있다. 태양의 최대 에너지 발산 지점은 초록색이지만 우리에게는 하얗게 보인다. 태양은 스펙트럼의 양끝인 빨간색이나 파란색도 또한 내보낸다. 그럼에도 하얗게 보이는 이유는 그것이 태양의 색깔에 기여하는 모든 색깔이 혼합된 것이기 때문이다. 이렇게 생각해보자. 초콜릿 칩 쿠키를 구우면서 다른 것들보다 밀가루를 더 많이 넣는다. 그렇더라도 쿠키는 밀가루 맛만 나지 않는다. 다른 여러 맛들이 혼합된 맛이 난다. 별들도 마찬가지다. 태양은 다른 파장의 빛보다 초록색 빛을 많이 방출하지만 여러 빛들이 혼합되어 희게 보인다.

흥미롭고도 특이한 점은 본질적으로 초록색 별은 없다는 사실이다. 온도가 어떠하든지 간에 혼합된 색깔은 초록색이 아니다. 천문학자들에 의해 초록색으로 묘사된 몇몇 별들이 있긴 하지만 그것들은 이중성에 국한되어 있다. 즉, 그 별들은 다른 별에 매우 가까이 붙어 있다. 보통 옆의 별이 붉거나 주황색이어서 색상의 대조에 의해 실제로는 흰색이 초록색으로 느껴지게 된다. 나 스스로도 이것을 본 적이 있다. 붉은색 동반성 옆에 초록색으로 빛나는 별을 보는 것은 정말 멋지다.

그러므로 만일 별들이 모두 다른 색을 하고 있다면 왜 우리는 별들을 흰색으로 보는가?

다시 생각해보자. 어떤 별들이 희게 보이는가? 만약 당신이 하늘에서 가장 밝은 별부터 찾아본다면 해답을 얻게 될 것이다. 많은 밝은 별들은 청백색이거나 붉다. 밤하늘에서 가장 밝은 별인 시리우스는 푸르스름하다. 시리우스를 볼 수 있다면 아마 베텔기우스도 떠 있을 것이다. 베텔기우스는 주황색이다. 전갈자리의 심장에 위치한 안타레스는 빛바랜 붉은색이다. 안타레스란 이름은 '화성의 적'이란 뜻으로 이 둘의 색깔은 매우 유사하다.

계속 별들을 관찰해보면 별이 어두워짐에 따라 색깔을 잃어버리는 현상을 발견할 것이다. 마침내 어떤 밝기 이하에선 모든 어두운 별들이 희게 보인다. 분명히 이것은 별들의 본질적인 성질이 아니고 우리의 문제이다.

이것은 우리 눈의 구조에 기인한 것이다. 우리 눈에서 빛을 인지하는 망막에는 두 가지의 다른 세포가 있다. 간상세포는 우리 눈에 들어오는 빛의 밝기를 결정하는 역할을 한다. 원추세포는 색깔을 구별하는 역할을 한다(두 개를 모두 언급했지만 보다 쉽도록 하기 위하여 원추세포가 색깔을 본다고 말하겠다). 간상세포는 매우 민감하여 상태가 좋다면 단 한 개의 광자도 인지할 수 있다. 반면, 원추세포는 보는 것에 조금만 기여한다. 색깔이 무엇인지 알아내기 위해서는 많은 빛을 보아야 한다. 그래서 간상세포가 인지할 수 있을 만큼 빛을 발하는 어두운 별이면 당신은 그 별을 볼 수는 있지만, 원추세포를 자극할 만큼 충분히 밝지 않아서 색깔을 알아볼 수는 없다. 그 별은 단지 희게 보인다. 그 별 자체는 푸른색이거나 주황색, 또는 노란색이지만 어떤 색깔인지 알아내기에는 원추세포를 자극할 만큼 빛의 양이 충분하지 않다.

이것은 많은 사람들이 알지 못하는, 천체망원경이 가지는 이점과 연관된다. 망원경은 멀리 있는 물체를 확대시키는 도구 이상의 쓰임새가 있다. 비를 모으는 물통처럼 망원경은 별빛을 모은다. 물통이 클수록 더 많은 비를 담을 수 있다. 마찬가지로 망원경이 클수록 더 많은 빛을 담을 수 있다. 그 빛은 방향을 바꾸어 당신의 눈에 초점을 맺는다. 그래서 심지어 어두운 별도 훨씬 밝게 보일 수 있다. 맨눈에 희게 보이는 어떤 별은 망원경으로 보았을 때 원래의 색깔이 보일 수도 있다. 더 좋은 점은 밝은 별도 더욱 색깔이 진하게 보인다는 것이다.

이것이 바로 나의 이웃 아이들에게 직녀성이 보석처럼 보인 이유이다. 직녀성은 밤하늘에서 4번째로 밝은 별이며 맨눈에도 색깔을 알 수 있는 드문 별이다. 망원경으로 한번 쳐다보면 사파이어 광채로 빛나는 별을 보게 될 것이다.

이 사실이 결론을 알려준다. 나는 항상 망원경을 들고 밖으로 나가기를 좋아하지만 가장 적합한 날은 할로윈데이이다. 그 날에는 많은 아이들이 돌아다닌다. 매년, 그 날이 되면 내가 집에 있는 동안 나의 아내 마르세라는 5살 난 딸 조를 데리고 장난을 치며 거리를 쏘다닌다. 나는 집에서 아이들에게 사탕을 주기도 하지만 망원경으로 목성이나 토성을 보여주기도 한다. 그들 중 대부분은 이전에 한 번도 진짜 망원경을 본 적이 없다. 아이들이 토성의 고리를 보았을 때 높이 외치는 소리를 듣는 것은 꽤 멋진 일이다.

나는 꽤 거친 이웃들과 살아왔다. 몇몇 아이들의 장난은 학교 선생님들의 입장에선 문제를 일으키는 경향이 있는, 위험한 것이고 극소수는 학교에서도 금하는 일들이다. 그러나 이러한 아이들도 나의 망원경을 통해 목성의 위성을 보았을 때 놀라움을 금치 못한다. 그들은 '멋지다', '대단하다' 또는 '와우'라는 말과 유사한 그들만의 은어로 감탄사를 터트린다. 우주가 눈앞에 다가왔을 때 그들의 문제점은 순간적으로 사라진다.

많은 사람들이 요즘 아이들의 세대는 피곤하다고 말한다. 나는 이러한 사람들에게 할로윈데이에 아마추어 천문가의 집을 방문해보라고 진심으로 권하고 싶다. 아마 그들은 그동안 얼마나 잘못된 생각을 하고 있었는지 알게 될 것이다.

15

대낮에 별보기가 왜 어려울까?

나는 보이 스카우트를 하지 않았다. 보이 스카우트는 분명 재밌는 일이다. 나는 어린아이 때 꽤 똑똑했다. 그렇더라도 나는 내 또래의 다른 아이들과 숲속에서 보이 스카우트의 힘든 시간을 보냈더라면 더 좋았을 것이라고 믿는다. 고등학교 때에서야 비로소 나는 또래 친구들이 나에게 한 못된 장난에 대해 복수를 하려면 때론 약간 능청맞을 필요가 있음을 배웠다.

보이 스카우트에서는 전통적인 장난이 하나 있다. 그 장난은 주로 해가 하늘에 꽤 높이 떠 있는 늦은 오후에 행해진다. 숲속에서 오랜 시간을 보낸 뒤 대부분이 지친 상태에서 하면 가장 효과가 있다. 휴식을 하며 둘러앉아 있을 때 대화의 주제는 '천문학 배지'로 넘어간다. 그 배지를 갖기 위한 퀴즈 중 하나는 별자리를 찾는 것이다. 얼마간 서로 대화를 한 뒤 한 소년이 일어나서 다음과 같이 말한다.

"자, 이제 별자리를 찾아보자."

당연히 이것은 새내기들에게는 생소하기만 하다.

"하지만 태양이 떠 있잖아."

어린 신입생은 당연히 이렇게 말할 것이다.

"낮 동안에는 별을 볼 수 없어!"

그러면 선배 아이는 겸손한 미소를 지으며 말한다.

"하지만 나는 볼 수 있지. 튜브를 사용하면 돼!"

그리고 나서 종이를 말아 튜브를 만든다. 그것을 통해 하늘을 쳐다보면서 그는 다음과 같이 말한다.

"아, 지금 오리온이 떠 있어."

그는 심지어 다른 선배들을 불러서 보여준다. 그리고 그들 모두 별이 몇 개 보인다고 동의한다.

신입생 아이는 잠시 동안 의아해하겠지만 곧 호기심이 일어난다. 그 아이도 한번 보겠다고 말한다. 선배가 튜브를 건네주고 신입생이 튜브를 눈에 대고 하늘을 쳐다보는 순간, 또 다른 소년이 튜브에 물을 붓는다. 어린 희생자는 흠뻑 젖는다.

그 희생자는 분명히 내가 될 수도 있었다. 나는 낮 동안 별을 보려는 시도에 대해 회의적인 표정을 지으며 큰 소리로 격렬하게 항의했을 것이다. 당연히 나도 흠뻑 젖게 되었을 것이다.

즉, 나는 바른 말을 했기 때문에 젖은 소년이 되었을 것이다. 낮 동안 튜브를 통하여 별을 보는 것은 말이 되지 않는다. 그러나 이 의견과 비슷한 생각은 오랜 시간에 걸쳐 존재해왔다.

큰 굴뚝 아래나 깊은 우물 바닥에서 낮 시간에 별을 보는 것이 가능하다는 말은 수도 없이 들어왔다. 왜 그것이 가능한지 명확한 설명을 결코 들은 적이 없다. 하지만 사람들은 깊은 우물에서는 하늘의 밝기가 대폭 어두워져서 별을 보는 것이 더 쉬워진다는 애매한 주장을 한다. 하늘은 너무나 밝아서 별들을 사라지게 만든다. 하늘의 밝기를 일정 부분 어둡게 해준다면 별들은 보다 보기 쉬울 것이다.

이 의견은 분명 타당하게 들린다. 이것은 또한 오랜 역사를 갖고 있다. 그리스의 철학자인 아리스토텔레스는 자신의 수필 중 하나에 이 사실을 언급했다. 찰스 디킨스도 자신의 작품에서 이것을 말했다. 1837년 디킨스는 《피크윅 페이퍼》란 책에서 다음과 같은 난해한 문장으로 20번째 장을 시작한다.

콘힐에 있는 프리만 주택가의 가장 먼 끝에 위치한 집 앞 지하실에 메서의 네 서기가 앉아 있었다. 왕의 변호사이면서 웨스트민스터 법정의 변호사인 도슨, 포그, 그리고 고등 법정의 두 법무관 등 네 서기관은 깊은 우물 바닥에 앉아 희미한 하늘의 별빛을 보았다. 격리된 상황이었으므로 낮 시간 동안 본 별이 무엇인지 파악할 수는 없었다.

이해되는가? 달리 표현하자면 서기관들은 우물의 바닥에서 별을 볼 수 있었다. 분명히 디킨스의 출판업자는 말이 안 되는 이야기를 쓴 그에게 돈이 아닌 말로만 보상을 해주었을 것이다.

또 6세기의 성인이자 역사가인 투어스의 그레고리는 《기적의 책》에서 성모 마리아가 우물에서 물을 뜨자 우물이 그녀의 현신을 축복했다고 쓰고 있다. 신앙심 깊은 사람이 하늘의 밝은 빛을 차단하기 위해 머리를 옷으로 가리고 이 우물을 쳐다본다면, 물에 반사된 베들레헴의 별을 볼 수 있다고 말한다. 이것은 오히려 단순한 속임수이다. 만약 별이 보이지 않는다면 당신은 신앙심이 부족하여 그런 것이라고 했다.

낮 시간 동안 별을 볼 수 있다는 전설은 역사책의 곳곳에서 찾아볼 수 있을 만큼 매우 흔하다. 이것이 오랫동안 믿어져온 이유는 애매한 '과학화' 때문일 것이다. 내가 이미 지적했듯이 이런 것은 마치 사실인 것처럼 들린다. 이러한 전설에는 충분한 과학적 속임수를 담고 있어서 사람들을 미혹시킨다. 사람들은 그것을 이해하지 못하지만 그것은 사실이다. 이제 우리는 소문에서 벗어나 과학을 들여다보자.

전설을 보다 가까이에서 살펴보자. 낮 동안 별을 보는 것을 보다 쉽게 해주는 굴뚝은 어떠한가? 분명한 사실은 굴뚝의 바닥은 어둡다는 것이다. 눈이 어둠에 적응한다면 빛에는 더욱 민감해진다. 아마 이것은 별을 보는 데 도움을 줄 것이다.

불운하게도 이것은 사실이 아니다. 높은 굴뚝이나 연기통 바닥에 앉아 있다고 생각해보자. 그리고 마침 별 하나가 머리 위에 나타났다. 또한 눈이 어둠에 완전히 적응되었다고 가정하자. 그러나 잠시만 생각해보자. 만일 당신의 눈이 어둠에 적응이 되었다면 당신은 별로부터 오는 빛에 더욱 민감해질 것이다. 어둠은 또한 하늘로부터 오는 빛에도 눈을 더욱 민감해지게 만든다. 이것은 별을 보는 것을 전혀 쉽게 해주지 않는다. 이것은 친구와 이야기를 하기 위해 커다란 기둥에 귀를 대고 서 있는 것과 같다. 그 친구의 목소리를 듣기 어려우므로 청력을 높이기 위해 도움 장비를 사용한 셈이다. 그러나 이것은 작동하지 않는다. 당신 친구의 목소리를 귀에 더욱 집중시킬 수 있겠지만 이것은 기둥 주위로부터 오는 소음 또한 증가시킨다. 실제로 바뀐 것은 아무것도 없다. 그리고 친구의 목소리를 듣기란 여전히 어렵다.

또한 이것은 우물의 물에 반사된 베들레헴의 별을 보는 전설도 잘못되었음을 판명해준다. 물은 하늘의 밝기를 줄여주겠지만 정확히 그만큼 별의 밝기도 줄여준다. 아마 굴뚝의 바닥에서 보는 것이 그나마 나을 것이다.

밤에는 쉽게 별을 볼 수 있지만 낮 동안에는 쉽지 않거나 또는 전혀 볼 수 없다. 그 이유는 대체로 분명하다. 밤에는 하늘이 어둡고 깜깜하다. 그러나 낮 동안에는 매우 밝다. 태양이 하늘을 밝히기 때문에 본질적으로 낮에는 하늘이 밝다.

태양만이 하늘을 밝히는 단 하나의 원천은 아니다. 보름달이 떠 있는 야밤에 밖으로 나가보면 달의 눈부신 빛을 이기려고 사투를 벌이고 있는 오직 밝은 별 몇 개만이 보일 것이다. 도심의 불빛도 하늘을 밝게 만든다. 이것을 '광해'라고 하는데, 심지어 작은 마을에서도 광해는 좋은 것이 아니다. 이것이 바로 천문학자들이 인구가 밀집된 지역에서 멀리 벗어나 천문대를 짓는 이유이다.

낮 시간 동안에 밝은 하늘은 별로부터 오는 희미한 빛을 삼켜버린다. 사실 평균적인 맑은 날에 낮 시간의 하늘은 깨끗한 달 없는 밤하늘에 비해 대략 6백만 배나 더 밝다. 대낮에 별을 보기 힘들다하여 전혀 이상할 이유가 없다. 별들은 하늘 그 자체의 엄청난 빛의 양과 격렬히 싸워야만 하기 때문이다.

낮 시간 동안 달을 보는 것은 가능하다. 그러므로 외계의 천체 중에도 대낮의 하늘을 극복하고 볼 수 있을 만큼 충분히 밝은 대상이 있을 가능성이 있다. 밝은 하늘에 대비하여 별이 보이려면 얼마나 더 밝아야 할까?

밝은 배경에 놓인 대상을 보려면 당신의 눈이 그것을 인지할 수 있을 만큼 주변이 충분히 밝아야 한다. 20세기 초에 행해진 실험에서 대상이 배경 하늘보다 밝기에서 약 50% 차이가 난다면 그 별을 볼 수 있다는 사실이 입증되었다. 다소 이상하게 들릴지 모르지만 주변의 밝기보다 더 어두워서 볼 수 있다. 그러나 별빛은 한 점에 집중되어 있고 하늘의 빛은 온 동네에 퍼져 있다. 하늘과의 상대적인 대비가 별을 보이게 만든다.

1946년으로 돌아가서 하늘의 밝기를 극복하고 별이 보이기 위해서는 얼마나 밝아야 하는지 과학자들이 실험을 했다. 인공으로 만들어진 별 주위의 배경 밝기를 조절하면서 밤하늘과 비교하여 낮 동안에 별을 볼 수 있는 실험을 했다. 그들은 낮 동안에 볼 수 있는 태양을 제외한다면 하늘에서 가장 밝은 별인 시리우스보다 5배는 더 밝아야 한다는 사실을 발견했다.

그러므로 낮 동안에 별다른 도구 없이 맨눈으로 어떤 별을 보는 것은 불가능하다. 여기서 이 이야기가 끝이 난다고 생각하겠지만 여담이 있다. 1946년에 수행된 실험에서는 외부의 빛이 하늘 전체에서 온다고 가정했다. 만일 당신이 굴뚝이나 우물 아래에 있다면 전체 하늘을 볼 수 없다. 단지 그 일부만을 볼 수 있다. 만약 당신이 하늘로부터 오는 빛나는 광채를 대부분 차단할 수 있다면 더 어두운 별도 볼 수 있을 것이다.

20세기 초에 두 명의 천문학자가 제각각 사람의 눈이 볼 수 있는 한계를 규명하고 밤하늘에서 볼 수 있는 가장 어두운 별을 결정하려고 했다. 그들은 모두 하늘의 양을 제한한다면 어두운 별을 보는 능력이 대폭 증가한다는 사실을 발견했다. 하늘의 아주 작은 부분만을 열어두고 나머지를 차단한다면 전체 하늘 하에서 보았을 때보다 10배나 더 어두운 별까지 볼 수 있다고 결론을 내렸다. 이 경우 낮 동안에 시리우스를 겨우 볼 수 있게 된다. 그러나 그뿐이다. 그 다음 밝은 별인 카노푸스는 볼 수 있는 경계에 있게 된다. 양보해서 이 두 별이 모두 이러한 방법으로 보인다고 해보자. 또한 맨눈으로 볼 수 있는 밝은 행성들이 있다는 사실도 기억하자. 수성, 금성, 화성, 목성은 카노푸스나 시리우스보다 더 밝게 나타날 수 있다.

그래서 우리는 굴뚝의 좁은 입구가 하늘의 빛을 대부분 차단해주기만 한다면 6개의 천체를 볼 수 있다고 결론을 내릴 수 있다. 길고 어두운 원통 바닥으로부터 하늘을 보는 장점을 모두 살펴보았다.

그러나 대단히 치명적인 단점이 하나 있다. 아이러니하게도 우리가 장점으로 간주했던 사항이다. 바로 굴뚝의 좁은 입구이다. 앞에서는 그것이 하늘의 밝기를 차단시켜 현저한 대비를 통해 별을 보기 쉽게 해주는 장점이었다. 그러나 좁은 입구는 밝은 별이 당신의 시야를 지나갈 기회를 줄인다는 것을 의미한다.

대부분의 사람들은 하늘이 별로 가득 차 있다고 생각한다. 그것은 환상일 뿐이다. 맨눈으로 대략 10,000개의 별을 볼 수 있다고 하고 이 별들이 하늘 전체에 고르게 퍼져 있다고 생각하자. 당신은 굴뚝 꼭대기에 열려진 창을 통해 볼 수 있는 평균적인 별의 수를 추정해볼 수 있을 것이다. 그 답이 아마 당신을 놀라게 할 것이다. 매우 큰 입구라 할지라도 매우 깨끗하고 어두운 밤하늘에서 평균적으로 단지 10~20개의 별만을 볼 수 있다. 보통의 밤에는 한 개나 두 개의 별밖에 볼 수가 없다. 그래서 실제로 굴뚝을 통해 보는 것은 심지어 밤에도 별을 보기 어렵게 한다. 하늘의 너무나 많은 부분을 잘라내 버려서 좁은 입구로는 매우 작은 수의 별만을 볼 수 있다. 낮 시간 동안에 이 사실은 더욱 악화된다. 앞에서 시작할 때 설명한 것처럼 낮 동안 볼 수 있는 대상은 10,000개가 아니라 단지 6개뿐이다. 이들 중 하나가 굴뚝 입구에 있을 확률은 정말로 낮다.

당연히 과학자들은 단순히 숫자만을 계산하고 그것이 옳다고 생각하진 않는다. 그들은 실제로 밖으로 나가 실험을 해본다. 알렌 하이넥이라는 천문학자는 이 실험을 실제로 했고 1951년《스카이엔텔레스코프》잡지에 결과를 발표했다.

어느 날 그 천문학자는 오하이오 대학교 부근의 외딴 굴뚝에 자신이 가르치는 천문학과 학생 몇몇을 데리고 갔다. 하늘에서 네 번째로 밝은 별인 직녀성이 그 위도에서 거의 머리 꼭대기로 지나가고 있었다. 그들은 굴뚝 바닥에서 별이 지나갈 시간에 실험을 했다. 계산에 의하면 직녀성은 보일 가능성이 있는 밝기의 절반 정도였지만 하늘에서 가장 밝은 별에 속한다. 낮 동안 이 별을 볼 수 없다면 분명히 대부분의 별들도 마찬가지로 볼 수 없을 것이다.

예정된 바로 그 시각에 하이넥과 학생들은 희미한 별빛을 보려고 위를 쳐다보았다. 그러나 모두 별을 보는 데 실패했다. 두 명의 학생들은 대비 효과를 더욱 증가시키기 위하여 쌍안경을 사용하기도 했다. 그들 또한 직녀성을 보는 데 실패했다. 이것은 실제로 놀라운 일이 아니다. 직녀성은 너무 어둡다. 그들은 직접적인 실험을 통해 굴뚝으로 별을 보는 것은 아주 어렵다는 사실을 보여주었다.

또 다른 문제는 먼지였다. 이 경우엔 검댕 먼지인 재였다. 좁은 입구를 통해 보는 것은 어두운 대상을 보는 능력을 증가시켜준다. 하지만 낮 시간 동안 별을 보기에 충분할 만큼 많이 증가시켜주지 않는다. 그리고 좁은 입구는 밝은 별이 시야에 있을 확률을 더욱 감소시킨다.

지금까지처럼 나는 이 주장이 틀렸다는 사실에 의문을 갖고 있지 않다. 나의 친구인 어떤 천문학자는 이 이야기들이 사실이라고 말했다. 그는 자신이 직접 보았다고 주장했다. 한번은 낮 시간 동안 긴 굴뚝 아래에서 위를 올려다보았을 때 별을 보았다고 했다.

데이비드 허지스는 〈별을 보다(특히 굴뚝 위로)〉라는 제목이 붙은 논문에서 '좋은 조건의 굴뚝은 불이 없더라도 상승 기류가 형성된다'라고 명시했다. 나의 친구는 먼지 조각이 상승 기류를 타고 태양에 의해 잠시 빛나는 장면을 보았을 가능성이 있다. 먼 거리에서 그 먼지는 작고 빨리 움직이지도 않는 것처럼 보인다. 이것은 순간적으로 희미한 별로 착각할 수 있다. 나는 이 사실을 친구에게 설명해주었고 배경 하늘의 밝기, 별의 밝기와의 차이에 대해 이야기를 해주었다. 심지어 밝은 별이 극도로 좁은 그 시야 안에 나타나는 것이 얼마나 터무니없는 일인지도 말해주었다. 그러나 그는 받아들이지 않았다. 그는 자신의 주장을 고수했다. 철두철미한 과학 정신도 때론 버리기 싫어하는 미신을 갖고 있다는 추정을 해본다. 내 생각에 이것은 우리 모두가 주의해야 할 흥미로운 이야기이다.

이제 모든 이야기를 마친 시점에서 낮에도 별처럼 보이는 대상 하나를 쉽게 볼 수 있다는 사실을 고백해야겠다. 바로 금성이다. 금성은 대략 시리우스보다 15배나 더 밝고 낮 시간 동안에도 볼 수 있을 뿐만 아니라 또한 비교적 찾기도 쉽다. 어디를 보아야 하는지만 알고 있다면 금성은 보인다. 나는 환한 대낮에 여러 번 직접 그것을 본 적이 있다. 그러나 대낮에 금성이 보인다는 사실을 굴뚝에서 별이 보였다는 것으로 비약하기에는 너무 과장된 것이다. 결론적으로 전설은 전설일 뿐이다.

이제 이 주제에 대한 마지막 내용이다. 고참 보이 스카우트의 튜브 속임수에 나 자신 또한 속았을 것이라는 사실을 잘 알고 있다. 왜? 내가 일곱 살, 여덟 살쯤이었을 때 비슷한 장난에 속은 적이 있기 때문이다. 나는 종이판을 몇 센티미터만큼 튀어나오도록 말아서 나의 앞 약간 떨어진 곳에 고정시켰다. 그리고 돌멩이를 나의 코 위에다 균형을 잡아서 올려놓았다. 그 다음, 머리를 앞으로 숙이면 돌멩이가 말아 놓은 종이 안으로 떨어져 들어가도록 하는 놀이를 했다.

내가 머리를 뒤로 젖히자마자 다른 아이들이 매우 차가운 얼음물을 쏟아부었다. 이 사건은 일생 동안 머릿속에 깊이 자리를 잡았다. 그래서 소풍가서 종이판을 갖고 놀면 지금도 심리적으로 위축된다. 내가 아는 한, 그 사건은 그러한 일에 대하여 두려움을 주어 나를 지금 당신이 손에 잡고 있는 이 책으로 인도했다. 그래서 나는 순진한 아이에게 장난을 친 그 선배 아이들에게 감사하다고 말하고 싶다.

16

소행성을 지구에서 빗나가게 하려면 태양 돛을 설치한다?

2000년 12월 4일 오후 5시 경, 뉴햄프셔 샐리스베리에 살고 있는 데이비드와 도나 에이욥의 마당에 하늘에서 어떤 것이 떨어져내렸다. 목격자들은 그것이 빨리 움직이고 뜨겁게 타오르고 있었다고 증언했다. 땅에 떨어졌을 때 에이욥의 마당에 약 1미터가 떨어진 두 개의 작은 불길이 발생했다. 두 사람은 재빨리 나가서 불을 진화했다.

이 사건은 마을 사람들에게 큰 관심을 가져왔다. 먼저 그것은 《콩코드 모니터》라는 지역 신문의 뉴스 섹션에 조그맣게 실렸다. 이 기사에 주목한 사람들이 소행성, 유성, 혜성 충돌에 관심있는 천문학자에게 이메일을 보냈다. 곧 에이욥은 전 세계의 뉴스 미디어로부터 관심을 받았다. 모든 사람들이 그들이 무엇을 보았는지 궁금해했고, 대부분의 사람들은 그것이 유성 충돌이라고 생각했다.

그 다음날 그 소식을 접했을 때 나는 회의에 빠졌다. 나는 직접 그것을 조사해보기로 결정하고 목격자들에게 수차례 전화를 걸었다. 이 사람들은 진실했고 정말로 무슨 일이 일어났는지 알기를 원했다. 그들 말을 들은 뒤, 나는 어떤 것이 정말로 하늘에서 떨어졌고 불을 냈다는 것을 믿었다. 그러나 나는 그것이 무엇이었든 간에 운석이었다고 생각하지 않았다.

왜 나는 운석이었다고 믿지 않을까? 당연히 이것은 불량 천문학의 이야깃거리이다.

나는 항상 작은 유성에 미안함을 느낀다.

유성체는 수십억 년 동안 태양을 돌고 있다. 아마도 초기에는 화려한 혜성이나 소행성의 한 부분이었을 것이다. 태양 주위를 셀 수 없을 만큼 돌고 난 뒤 마침내 그 궤도가 지구와 교차한다. 유성체는 초당 100킬로미터나 되는 빠른 속도로 지구에 가까워져 안으로 들어온다. 우리의 대기권과 만났을 때 이 무시무시한 속도는 열로 바뀐다. 그리고 유성체가 충분히 크지 않다면 이 열이 그 작은 돌조각을 증발시켜버린다.

지구 표면에 있는 우리의 시각에서 유성체는 사람의 눈에 보일 수도 있고, 보이지 않을 수도 있는 밝은 선을 만든다. 수십억 년에 걸친 그 작은 돌조각의 생명은 수 초 만에 끝나버리고, 그것도 사람의 눈에 목격되지 않고 사라질 수도 있다.

하지만 이야기는 여기에서 끝나지 않는다. 불량 천문학의 가장 일반적인 예를 들어달라고 요청받았을 때 나는 거의 대부분 유성에 관한 이야기를 한다. 관심있는 모든 사람들은 하늘을 가로지르는 빛나는 유성을 본 적이 있다. 그러나 신기하게도 대부분의 사람들은 유성을 전혀 이해하지 못한다.

더 나쁜 점은 이것의 이름마저 혼동되고 있다는 사실이다. 어떤 사람들은 그것을 '별똥별' 이라 하지만 분명 이것은 별이 아니다. 단단한 고체 부분은 우주 공간을 떠돌 때나 우리의 대기권을 통과할 때 모두 '유성체' 라고 불린다. 대기를 통과할 때 유성체로 인한 빛을 '유성' 이라고 부른다. 땅에 떨어지면 '운석' 이라고 한다.

그러나 이름만 정의하는 것은 그리 많은 도움이 되지 않는다. 우리는 그 단계 동안 무슨 일이 발생하는지 알 필요가 있다.

대개 혜성이나 소행성처럼 큰 물체의 한 부분으로 유성체는 일생을 시작한다. 소행성은 서로 부딪혀서 구성 물질을 격렬하게 내뿜거나 더 나쁜 경우 몸체가 완전히 깨져버릴 수 있다. 어떤 경우이든 모든 방향으로 급격히 뿌려지는 파편들이 생겨난다. 그 파편들은 새로운 궤도로 움직이고 그 중 어떤 것은 마침내 지구와 교차하게 된다. 이 현상이 일어나면 우리는 하늘을 가로지르는 하나의 밝은 유성 불빛을 볼 수 있게 된다. 유성체 조각들이 우주 공간에서 임의의 방향으로부터 들어오기 때문에 하늘에서 어떤 무작위의 지점으로부터 들어오는 것처럼 보이게 된다. 우리는 이를 '산발유성' 이라 부른다.

혜성에 기원을 둔 유성은 다르다. 혜성은 소행성과 비슷한 크기를 갖고 있지만 그 구성 물질이 다르다. 돌과 금속으로 이루어진 대신에 혜성은 얼려진 눈덩이와 같다. 조약돌 크기에서 수 킬로미터에 이르는 것까지 돌들이 물이나 암모니아, 그 밖의 얼려진 물질들에 의해 서로 모여 있다. 혜성이 태양 부근에 이르면 얼음이 녹고 작은 돌조각들은 헐거워진다. 이러한 형태의 파편들은 상당한 시간 동안 혜성과 거의 동일한 궤도를 유지한다. 그러나 오래지 않아 그 궤도는 근처에 있는 행성의 중력, 태양풍, 심지어 태양으로부터 발산되는 빛의 압력으로부터 영향을 받기 때문에 변화한다. 그러나 그 파편의 궤도는 일반적으로 모 혜성의 궤도와 유사하다.

지구가 이 유성체들의 띠를 가로질러 지나가게 되면 하나가 아닌 여러 개의 유성을 볼 수 있다. 보통의 경우 이 파편 띠의 궤도를 가로지르는 데에는 수 시간에서 수 일이 걸리기 때문에 비처럼 유성이 쏟아져내리는 유성우를 보게 된다. 해마다 거의 동일한 시각에 동일한 파편의 띠를 지나가기 때문에 유성우들은 예측 가능하다. 예를 들면, 매년 스위프트 터틀 혜성의 파편 궤도를 지나가는 8월 12일이나 13일 무렵에 최대의 유성우를 볼 수 있다.

내부에 전등이 가득 켜진 터널을 운전을 하며 통과하고 있다고 상상해보자. 터널을 통과할 때 전등들은 터널 내부에서 당신 앞에 있는 한 지점에서 밖으로 줄을 지어 나가는 것처럼 보인다. 이것은 실체가 아니다. 실제로 전등들은 당신의 주변에 있지만 이처럼 보이는 이유는 원근법에 따른 효과 때문이다. 유성우에서도 동일한 현상이 발생한다. 지구의 궤도는 유성체의 흐름과 어떤 일정한 각도로 교차하고 그 각도는 매년 그리 바뀌지 않는다. 터널 속의 전등처럼 유성은 빛을 내며 하늘 전체로부터 당신을 지나간다. 그러나 모든 유성들의 궤적을 뒤로 연결해보면 복사점이라고 불리는 한 지점을 가리키게 된다. 이 지점은 지구가 우주 공간에서 앞으로 나아가는 방향과 유성체 자체의 움직임이 합해져서 나타나는 것이다. 복사점은 터널의 끝지점에 있는 불빛 같은 것이다.

그래서 앞에서 이야기한 유성우는 시간뿐만 아니라 공간적으로도 되풀이된다. 매년 8월이 되면 그 유성들은 나타나서 페르세우스 별자리 방향으로부터 온 하늘로 뿌려지는 것처럼 보인다. 유성우는 그 복사점에 따라 이름을 붙인다. 그러므로 이것은 페르세우스 유성우라 불린다.

가장 유명한 유성우는 매년 11월 사자자리에서 떨어진다. 사자자리 유성우는 두 가지 이유 때문에 흥미롭다. 하나는 모 혜성의 궤도가 우리와 달리 태양을 반대로 돈다. 이것은 우리가 유성체 앞으로 돌진하여 부딪힘을 의미한다. 유성체의 속도가 우리 쪽으로 더해지면 우리는 더욱 빨리 유성이 불꽃을 일으키며 하늘을 가로지르는 것을 볼 수 있다.

두 번째 흥미로운 점은 유성체 흐름이 밀집되어 있다는 것이다. 모 혜성은 대략 33년마다 태양 부근에 가까이 갈 때 매우 활발히 활동하며 분출한다. 이 분출물은 많은 파편 조각을 포함하고 있다. 지구가 이 밀집된 영역을 통과하게 되면 시간당 수십, 수백 개의 유성이 보이는 것이 아니라 때로는 수천, 수만 개의 유성을 볼 수 있다. 이것을 '유성 폭풍'이라 부른다. 1966년 유성 폭풍에서는 시간당 수십만 개의 유성이 떨어졌다. 이것을 당신이 보았다면 매초마다 여러 개의 유성이 지나가는 것을 계속 볼 수 있었을 것이다. 정말로 하늘에서 별이 떨어지는 것처럼 보였을 것이다.

이것이 바로 우리가 유성을 보게 되는 이유이다. 그렇다면 유성은 왜 그렇게 밝게 빛나는가? 대부분의 사람들은 그것이 마찰 때문이라고 생각한다. 우리의 대기가 유성체를 뜨겁게 하여 빛나게 한다. 이 답은 틀렸다.

유성체가 대기권의 상층부에 도달하면, 바로 앞에 있는 공기를 압축하게 된다. 기체는 압축되면 가열된다. 그리고 초당 100킬로미터만큼이나 되는 빠른 속도는 그 경로상의 공기에 충격을 준다. 공기는 너무나 압축되어 유성체를 녹일 정도로 충분히 뜨거워진다. 그러면 이 뜨겁게 달아오른 앞쪽 공기에 접해 있는 유성체의 앞면이 녹기 시작한다. 유성체는 서로 다른 화학성분을 내뿜고 이것이 가열되었을 때 매우 밝은 빛을 방출한다. 그 표면이 녹으면서 유성은 밝게 빛나고 지상에서 우리는 불꽃을 내며 하늘을 가로지르는 밝은 물체를 보게 된다. 유성체는 이제 유성이 되어 불타오른다.

여기에서 나 스스로 불량 천문학을 범하는 잘못을 저질렀다. 과거에 나는 사람들에게 공기와의 마찰이 유성체를 가열시킨다고 말했다. 내가 말한 것처럼 이것은 보통의 책과 텔레비전에서 나온 설명이다. 그러나 이 설명은 틀렸다. 실제로는 유성체와 공기 사이에는 마찰이 거의 존재하지 않는다. 매우 가열된 압축 공기는 유성체의 앞부분에만 존재한다. 이것을 물리학자들은 '격리쇼크'라 한다. 이 뜨거운 공기는 실제 표면에서 꽤 앞쪽에 있고, 그 사이에는 상대적으로 천천히 움직이는 작은 공기 주머니가 있다. 압축된 공기로부터 전달되는 열은 유성체를 녹인다. 천천히 움직이는 공기는 녹은 부분을 외부로 날려버린다. 이것을 '융제'라 한다. 떨어지는 유성체 뒤쪽으로 녹아서 떨어져나온 입자들은 때로는 '유성흔'이라고 불리는, 수 킬로미터 길이의 발광하는 자국을 남긴다. 이 유성흔은 수 분 동안 남아 하늘에서 빛을 내며 머무르기도 한다.

압축된 공기, 가열된 표면, 녹은 외피의 융제 이 모든 과정이 수십 킬로미터 상공의 대기권 매우 높은 곳에서 일어난다. 유성체의 운동에너지는 재빨리 소산되어 유성체는 급속히 속도가 떨어진다. 유성체가 음속 이하의 속도로 떨어지면 이 시점에서 앞쪽의 공기는 더 이상 압축되지 않고 유성도 발광하는 것을 멈추게 된다. 보통의 마찰이 일어나면 유성체를 시간당 수백 킬로미터 정도의 속도로 감속시킨다. 이 속도는 자동차가 달리는 속도보다 그리 빠르지 않다.

이것은 보통의 유성체가 땅에 이를 때까지 남은 대기권을 통과하는 데 수 분이 걸림을 의미한다. 만약 땅에 충돌하면 '운석'이라 불리게 된다.

이것도 유성에 관한 또 다른 오해를 불러일으킨다. 현실적으로 내가 본 영화나 TV프로그램에서 작은 유성체가 땅에 충돌하여 화재를 발생시킨다. 그러나 이것은 실제 일어나는 현상이 아니다. 유성체는 일생의 대부분을 저 먼 우주에서 보냈기 때문에 매우 차갑다. 대기권을 통과하는 동안 아주 조금만 가열된다. 열기가 내부까지 충분히 전달될 만큼 긴 시간 동안 가열되지 않는다. 특히 암석으로 이루어져 있다면 유성체는 상당히 좋은 절연체이다.

실제로 가장 뜨거운 부분이 날아가 버렸기 때문에 유성체가 땅에 닿을 때까지 걸린 수 분 동안 외부는 오히려 더 식게 된다. 게다가 유성체는 땅으로부터 수 킬로미터 떨어진 차가운 공기를 통해 여행을 한다. 지상에 충돌할 시점엔 또는 그 직후엔 운석의 대단히 차가운 내부 온도가 외부를 금세 식혀버린다. 작은 운석이 화재를 일으키는 것이 아니라 발견되었을 때 대부분의 운석은 실제로 서리가 덮여 있다.

큰 운석의 경우는 이야기가 좀 달라진다. 수 킬로미터 이상이 될 만큼 크다면 대기는 유성체를 충분히 감속시키지 못한다. 정말 큰 운석이라면 대기는 없는 것과 동일하다. 이런 운석은 땅에 충분히 큰 속도로 충돌하고 그 운동에너지는 열로 바꾸어진다. 엄청난 열이다. 직경이 수백 킬로미터 정도 되는 비교적 작은 소행성도 광범위한 충격을 줄 수 있다.

1908년에 그 정도 되는 크기의 암석이 시베리아의 먼 오지에서 공기 중에 폭발했다. 지금은 퉁구스카 폭발로 불리는 이 폭발은 상상하기 힘든 재난을 가져와서 수백 킬로미터에 걸쳐 나무를 쓰러트렸고 지진을 유발했다. 폭발에서 수천 킬로미터 떨어진 영국에서는 이 사건으로 자정 무렵 하늘에서 밝은 광채가 관측되었다. 이 사건으로 일어난 화재도 대단한 것이었다.

당연히 이러한 사건은 많은 사람들의 근심을 불러일으킨다. 축구장만큼 비교적 작은 암석덩어리도 대형 참사를 가져올 수 있다. 그러나 시베리아 정도의 충격을 발생시키려면 꽤 큰 바위여야 한다. 작은 것은, 사과 크기 정도의 정말로 작은 것들은 보통 볼만한 광경을 제공하는 것 이외의 사건을 일으키지 않는다. 나는 십대였을 때 친구 집에서 돌아오다가 가장 밝은 유성을 의미하는 화구를 본 기억이 있다. 그것은 그림자를 생기게 할 만큼 대단히 밝게 하늘을 빛냈다. 그리고 그 뒤로 매우 긴 유성흔을 남겼다. 수년이 지난 지금도 그 장면은 마음속에 선명히 자리잡고 있다. 얼마 뒤 나는 그 유성체가 포도알이나 작은 볼링공보다 크지 않았다는 것을 계산해냈다.

그러나 큰 운석은 많은 사람들을 불안감에 휩싸이게 한다. 커다란 충돌이 공룡뿐만 아니라 지구상에 존재했던 다른 종류의 동물들과 식물들을 멸종시켰다는 사실을 의심하는 과학자는 없다. 그 운석은 아마 직경이 10킬로미터 남짓한 것이었을 터이고 수백 킬로미터에 달하는 운석공을 남겼다. 그 폭발은 40억 메가톤에 달하는 에너지와 맞먹는 것이었다(이를 핵폭탄과 비교하면 핵폭탄 하나는 100메가톤 정도이다). 몇몇 천문학자들이 이를 근심하여 밤을 지새우는 것은 놀라운 일이 아니다.

잠재적인 지구 충돌 물체를 찾고 있는 세계적인 천문학자 모임이 있다. 그들은 인내심을 가지고 하늘을 매일 밤 수색하고 연속적으로 영상을 비교하며 찾는다. 그들은 궤도를 계산해보고 미래의 궤도를 그려서 지구와 충돌 가능성이 있는지 점검한다. 아무도 아직 그런 바위덩어리를 찾지 못했다. 그러나 우주에는 수많은 바위가 있다…….

가까운 미래 어느 순간 경고 등이 켜졌다고 상상해보자. 공룡을 멸종시킨 크기만큼의 소행성이 발견되고 곧 우리의 궤도와 교차할 것이다. 그러면 우리는 어떻게 해야 할까?

할리우드 영화에 나오듯이 최후의 순간에 폭파시켜버리기 위하여 우주선에 여러 명의 석유 채굴 기술자를 태워 소행성으로 보내는 것이 정답은 아니다. 1998년 블록버스터 영화 「아마겟돈」에서는 성공했지만 현실에서는 되지 않는다. 심지어 지금까지 만들어진 가장 큰 폭탄도 텍사스 주 만한 크기의 소행성을 부수지 못한다(「아마겟돈」이 모든 장면에서 대단히 정확했던 것이 아니다. 단지 사실이었던 것은 소행성이 있었다는 점이고 실제로 그런 소행성은 존재할 수 있다). 같은 해에 영화 「딥 임팩트」는 지구 대기권에 들어오기 직전의 혜성을 폭탄으로 산산조각내는 것을 묘사했다. 이것은 더 잘못되었다. 이 경우 수십억 메가톤의 폭발을 일으키는 한 번의 충격 대신에 수 메가톤의 폭발을 불러오는 여러 번의 충격을 받게 된다.

아리조나 대학의 행성학자 존 루이스는 《강철과 얼음의 비》라는 책에서 상당한 크기의 소행성을 부수는 것은 실제로 재난을 4배에서 10배까지 증가시킨다는 사실을 계산해냈다. 지구의 더 넓은 영역에 재난을 퍼트려서 더 큰 문제를 불러온다는 것이다.

소행성을 날려버릴 수 없다면 어떻게 해야 할까? 물론 가장 좋은 방법은 처음부터 우리를 비켜가게 하는 것이다. 그래서 우리는 그것을 옆으로 밀쳐야만 한다. 소행성의 궤도는 힘을 가해줌으로써 변경할 수 있다. 만약 적어도 십여 년에 해당하는 충분한 시간이 주어진다면 작은 힘이 필요하다. 시간이 짧다면 대단히 큰 힘이 필요하다.

그러한 소행성을 밀쳐서 빗나가게 만드는 몇 가지 방법이 있다. 하나는 로켓을 보내어 소행성 표면에 거대한 태양 돛을 설치하는 것이다. 수백 제곱킬로미터의 면적에 달하는 얇은 강화 필름으로 만들어진 돛은 태양풍을 받고 또한 태양빛의 자그마한 압력에도 반응할 것이다. 이것은 작지만 계속적인 힘을 부가하여 소행성을 안전한 궤도로 이동시킨다.

또 다른 방법은 좀 더 투박하다. 소행성에 로켓을 장착하여 소행성을 미는 방법이다. 이것은 첫 단계에서 로켓부스터를 소행성에 어떻게 부착할 것인지에 대한 기술적인 어려움이 남아 있다.

다른 계획으로는 소행성을 부수는 대신에 그것을 가열하기 위해 핵폭탄을 사용하는 것이다. 《강철과 얼음의 비》라는 책에서 루이스는 작은 핵폭발이면(그는 대략 100kg 정도라고 언급했다) 충분하다고 주장했다. 표면의 수 킬로미터 상공에서 터트리면 폭발의 막대한 열이 소행성 표면의 물질들을 증발시켜 떨어져나가게 할 것이다. 이 물질들은 외부로 퍼져나가며 마치 로켓처럼 소행성을 다른 방향으로 밀게 된다. 루이스는 이 방법이 두 가지 장점이 있다고 말한다. 이 방법은 충돌을 방지하고 지구의 핵폭탄도 제거하는 효과가 있다. 이것은 이를 연구한 사람들이 추천하는 가장 좋은 방법이다.

이 모든 방법들은 소행성과 혜성의 구조를 알고 있어야 한다는 전제가 깔려 있다. 실제로 우리는 모른다. 소행성은 많은 성분들로 구성되어 있다. 어떤 것은 철이고, 어떤 것은 돌이다. 또 다른 것은 스스로의 중력에 의해 거의 함께 붙어 있지 못하는 느슨한 잡석더미로 이루어져 있다. 소행성에 대한 가장 기본적인 지식도 없이 우리는 말하자면 어둠 속에서 싸우고 있는 셈이다.

대부분의 문제들처럼 우리의 가장 유용한 무기는 과학 그 자체이다. 우리는 소행성과 혜성을 연구할 필요가 있으며 자세하게 연구할수록 그런 시간이 닥쳐왔을 때 어떻게 비켜나가게 할 것인지 더 잘 이해할 수 있을 것이다.

2000년 2월 14일, 나사의 탐사선이 소행성 에로스의 궤도로 들어갔다. 이 탐사로부터 얻어낸 것은 놀라운 것이었다. 소행성의 표면 구조와 광물 구성 같은 것들을 알아냈다. 앞으로 더 많은 탐사가 계획되고 있다. 그 중 어떤 계획은 용감하게도 실제로 소행성에 착륙하여 내부 구조를 탐사하는 것이다. 이렇게 하다보면 충돌 시간이 닥쳤을 때 위험한 소행성을 어떻게 다루어야 할지 알게 될 것이다.

이 모든 것에 대한 흥미로운 결론이 있다. 만약 우리가 단순히 소행성을 부수는 대신에 궤도를 비켜가게 할 수 있다면 이것은 우리가 소행성을 조종할 수 있게 됨을 의미한다. 그렇다면 지구 주위를 도는 위험한 소행성을 안전한 궤도로 바꾸는 것이 가능해질 것이다. 그 사실로부터 실제로 채굴 작업을 계획할 수 있다. 운석과 소행성의 스펙트럼 관측에 의하면 직경 500미터의 소행성은 코발트, 니켈, 철, 백금 등을 합쳐 약 4조 달러의 가치가 있다고 추정하고 있다. 금속들은 순수하고 성긴 구조여서 상대적으로 쉽게 채굴이 가능할 것이다. 이 결과로 얻어지는 이익은 초기의 투자금을 갚고도 충분히 남을 것이다. 게다가 이것은 작은 소행성이다. 더 큰 행성들도 풍부하다.

과학소설 작가인 래리 니벤은 공룡이 멸종한 이유는 우주에 대한 연구와 준비가 없었기 때문이라고 말한다. 현재 우리는 우주에 대한 계획이 있다. 충분한 노력이 있으면 이 잠재적인 위험한 무기를 문자 그대로 인류를 위한 금광으로 탈바꿈시킬 수 있을 것이다.

　그때까지 우리는 선택의 여지가 없다. 훗날 충돌 시간이 왔을 때 즈음이면 아마도 큰 소행성의 궤도를 바꿀 수 있겠지만 지금 현재 우리가 할 수 있는 일은 충돌이 어떠할지를 상상하는 것뿐이다. 불운하게도 영화에서는 그 충돌 장면을 제멋대로 보여주고 있다. 언제나 설명할 수 없는 현상은 하늘로부터 떨어지는 어떤 것을 포함한다. 대부분 유성이 그 시발점이 된다.

　뉴햄프셔의 샐리스베리 뒷마당에서 운석을 찾고 있는 에이욥의 이야기로 다시 돌아가보자. 처음에 이 밤의 불청객에 대한 설명은 보통의 운석을 묘사한 것처럼 들렸다. 그러나 그들의 행동은 다른 상황을 말해준다. 앞에서 말했듯이 대단히 크지 않다면 운석은 화재를 일으키지 않는다. 또, 다른 것들도 추가되지 않는다. 궤적은 둥글게 묘사되었지만 유성의 궤적은 직선으로 아래로 내려온다. 또한 샅샅이 수색했음에도 어떤 운석도 발견되지 않았다. 나는 그 사람들에게 운석은 꽤 비싼 값으로 팔릴 수도 있다고 말해주었다. 그래서 운석을 찾으려는 의지가 강했을 것이다. 나는 어떤 것을 발견했다는 소식을 아직 듣지 못했다.

　마지막으로 보통 이러한 사건은 주위에서 원인을 찾을 수 있다. 나는 에이욥의 집 부근 울창한 숲속에서 어떤 사람이 불장난을 한 것이라고 생각한다. 이것은 나의 추측이고 또 틀렸을 수 있다. 우리는 결코 무엇이 그런 화재를 일으켰는지 알지 못한다. 그러나 우리는 무엇이 아닌지에 대해서는 안다. 우리는 운석에 대한 잘못된 이해를 할리우드의 탓으로 돌릴 수는 있다지만 모든 것을 불쌍한 운석 탓으로 돌릴 수는 없다.

17

비밀을 간직하고 있는 우주의 실체는?

천문학은 때로 사람들을 왜소하게 느끼게 만드는 경향이 있다. 역사 속에서 우리 인류는 스스로 꽤 중요한 존재가 되어 왔다. 우리는 자신만의 영역을 주장하고 그 경계 밖에서는 무엇이 일어나든 무시한다. 심지어 우리는 전체 우주가 우리를 돌고 있다고 말하지 않았는가.

그러나 우리는 우주의 중심에 있지 않을 뿐 아니라 실제로 우주에는 중심도 없다. 그 이유를 알기 위해 우리는 역사로 들어가 과거를 잠시 살펴볼 필요가 있다.

수천 년 동안 우리는 지구가 우주의 중심이며 하늘이 우리를 돌고 있다고 믿어 왔다. 분명히 하늘에 대한 관측은 이 믿음을 지지한다. 밖으로 나가 몇 분 동안만 하늘을 쳐다보아도 하늘이 움직이는 모습을 볼 수 있을 것이다. 그러나 지구 스스로가 움직이는 것을 전혀 느끼지 못하므로 지구가 고정되어 있고 하늘이 움직이는 것처럼 느낀다.

심지어 오늘날에도 우리는 마치 이것이 사실인 것처럼 말한다. 우리가 일상적으로 하는 말들 속에는 지구가 모든 우주의 중심이라는 의미를 전제하고 있는 말이 많다. '해는 아침 6시 30분에 뜬다.' 이 말은 '지평선이 아침 6시 30분에 둥근 지구 표면 위의 고정된 지점에서 태양의 겉보기 위치 아래로 움직였다' 라는 말보다 부정확하다. 그러나 이것이 더 쉽다.

지구 중심은 150년경 그리스의 천문학자 프톨레미에 의해 고안되었다. 사람들은 이를 바탕으로 행성의 위치를 예측했으나 그 위치는 맞지 않았다. 그 후 이 이론은 더 복잡하게 수정되었지만 결코 정확히 맞출 수 없었다.

마침내 수 세기에 걸친 일련의 발견들에 의해 지구는 우주의 중심에서 사라졌다. 먼저 니콜라스 코페르니쿠스가 지금까지와는 반대로 지구가 태양 주위를 돈다는 새로운 태양계 모델을 제안했다. 이 이론은 행성의 위치를 예측함에 있어 프톨레미의 이론보다 실제로 더 낫지 않았다. 그리고 나서 약 100년 뒤 요하네스 케플러가 행성 궤도가 원이 아닌 타원임을 발견하여 그 이론을 수정했다. 예측은 훨씬 좋아졌다.

20세기가 막 시작될 무렵 야코부스 캅테인은 우주가 얼마나 큰지 고민을 했다. 그는 이것을 간단한 방법으로 해결하고자 시도했다. 그는 별의 수를 세었다. 그는 우주가 특정한 모습을 하고 있다고 생각했으며 별들은 균일하게 퍼져 있다고 보았다. 당신이 어떤 방향으로 더 많은 별을 볼 수 있다면 우주는 그 방향으로 더 멀리 늘어져 있는 것이다.

그는 놀라운 사실을 발견했다. 태양이 우주의 중심에 위치해 있었다. 그가 별을 지도에 표기하는 것을 마쳤을 때 우주는 아메바 같은 물방울 모양이었다. 태양이 그 중심에 있는 것은 꽤 타당하게 보였다. 결국 고대인들이 옳았던 것일까.

그렇지 않다. 캅테인이 몰랐던 것은 우주가 가스와 먼지로 가득 차 있어서 우리의 시야를 가로막는다는 점이었다. 비행기 격납고처럼 커다란 방안에 연기가 가득한데, 그곳에 서 있다고 상상해보자. 연기가 시야를 가리기 때문에 당신은 모든 방향으로 20미터까지만 볼 수 있다. 당신은 방이어떤 모습인지 알 수 없다. 방은 원이거나 사각형이거나 오각형일 수도 있다. 심지어 방이 얼마나 큰지도 알 수 없다. 불과 1미터 앞에 벽이 있을 수도 있다. 단지 보는 것만으로는 전체를 알 수 없다. 그러나 크기나 모양이어떠하든 방은 반지름이 20미터로 보이고 중앙에 당신이 있다는 느낌이든다.

이것이 캅테인의 문제였다. 그는 가스나 먼지가 시야를 가리기 전의 수백 광년밖에 볼 수 없었기 때문에 당시에는 우주 전체라고 생각되었던 은하수 중심에 우리가 있다고 생각했다. 그러나 또 다른 천문학자인 하로우 샤플리는 1917년에 우리가 은하수의 중심에 있지 않다는 사실을 증명했다. 우리는 중심에서 약간 벗어난 곳에 있었다.

당신은 그 패턴을 볼 수 있는가? 처음에 지구는 모든 것의 중심이었다. 와아! 그 다음에 음, 태양이 중심에 있었다. 에이! 그러나 그 다음에 우리는 은하의 외곽으로 밀려났다. 윽! 물론 이것은 모욕적인 일이기도 하다.

그러나 더 놀라운 일은 아직 나타나지 않았다. 캅테인의 우주라고 부르는 모형은 붕괴되기 직전이었다. 아니, 더 정확하게는 폭발하고 있었다.

훗날 우주망원경의 이름이 된 에드윈 허블의 관측은 우리의 은하수가 수천, 수백만의 다른 은하들과 같은 것임을 보여준다. 전체 우주라고 생각했던 것이 실제로는 우주를 떠다니는 별의 섬에 불과했다. 중심에 있기는

커녕 우리는 군중 속의 또 다른 얼굴에 불과했다.

허블이 다른 은하들로부터 온 빛을 분석했을 때 모든 과학자들이 깜짝 놀랄만한 문제에 부딪히게 되었다. 그는 이 수많은 은하들이 우리로부터 멀어지고 있다는 사실을 발견한 것이다. 마치 우주의 모든 것들이 우리를 싫어하여 우리로부터 멀어지려고 애쓰는 것처럼 보였던 것이다.

실수가 아니었다. 이것은 정말 기괴한 것이었고 전혀 예측하지 못한 것이었다. 우주는 안정되고 변하지 않는 것으로 간주되어 왔다. 그러나 허블은 우주가 움직인다는 것을 발견했다. 이 관측으로 인한 충격은 엄청난 것이었다. 여기에다 더욱 신기한 것이 있었다. 허블은 모든 은하들이 우리로부터 멀어져 감을 발견한 것뿐만 아니라 우리로부터 멀리 있을수록 더 빨리 멀어진다는 사실을 발견했다. 허블 시대의 장비로는 엄청나게 먼 은하를 볼 수 없었지만 최근에는 더 크고 더 감도 높은 장비를 사용하여 허블이 옳았다는 사실을 밝혀냈다. 더 먼 곳의 은하일수록 우리로부터 더 빨리 후퇴하는 것처럼 보인다.

이것이 팽창의 특징이라는 것을 깨닫는 데에는 그리 오랜 시간이 걸리지 않았다. 만약 폭탄을 터트리고 몇 초 뒤에 폭발 장면을 촬영한다면 중심에서 먼 것이 더 빨리 움직인다는 사실을 명확히 알 수 있을 것이다. 주어진 시간에 가장 빠른 조각이 가장 멀리 날아가며 느린 조각은 멀리 가지 않는다.

이것은 우주가 커다란 폭발을 시작했다는 사실을 암시한다. 당신은 이것을 다음과 같은 방법으로 생각할 수 있다. 시간이 흐름에 따라 모든 은하들이 우리로부터 멀어진다면 과거에는 보다 가까운 곳에 있었을 것이다. 만약 시간의 화살을 거꾸로 돌린다면, 과거 어떤 순간에는 우주의 모든 것들이 한 점에 모여 있던 때가 있었음에 틀림없다. 다시 시간을 원래 대로 돌리면 '펑!' 하고 모든 것이 흩어지기 시작한다.

빅뱅이란 우주가 시작하면서 물체를 날려보내는 것이다. 이것이 옳을 수 있을까? 우주는 한 점에서 시작해서 외부로 퍼져나갔는가? 아마 어떤 과학 이론도 빅뱅 이론보다 사람들을 흥분시키고 자극하지 않았을 것이다. 심지어 다윈의 진화 이론도 우주의 대폭발에 비하면 초라할 것이라고 나는 생각한다.

그러나 한 가지 다행스런 사실이 있었다. 모든 것이 우리로부터 멀어져 가고 있으므로 우리가 중앙에 있다는 사실이다. 과연 그럴까? 유추해보자. 당신이 극장 안에 앉아 있다고 생각하자. 의자가 너무 가까이 밀집되어 있어서 서로 닿고 있다. 게다가 이 의자들은 움직일 수 있다. 단추를 눌렀다. 갑자기 모든 의자가 서로 간에 1미터가 떨어지도록 움직였다. 당신의 앞, 뒤, 좌, 우의 모든 의자들이 모두 1미터가 떨어졌다. 그 옆의 다른 의자들은 모두 2미터가 떨어졌다. 그 다음 의자는 3미터가 떨어졌다. 일어나서 한 줄 위의 다른 의자로 가서 이 실험을 반복해본다. 똑같은 현상을 볼 수 있을 것이다. 바로 옆의 의자들은 1미터 움직였고 그 다음 의자는 2미터를 움직인 식이다.

그래서 당신이 어디에 앉아 있든지 모든 의자들이 당신으로부터 멀어지고 있는 것처럼 보인다. 당신이 중앙의 의자에 앉아 있든, 아니든 문제가 되지 않는다.

또한, 당신으로부터 가장 멀리 있는 의자는 가장 빨리 움직인 것처럼 보인다. 내가 단추를 누르는 순간 바로 옆의 의자는 1미터를 움직였지만 그 옆의 의자는 2미터를 움직였다. 마찬가지로 당신이 어디에 앉아 있었든지 똑같은 것을 볼 수 있다. 마치 모든 의자들이 멀어진 것처럼 보이고 가장 멀리 떨어져 있는 의자가 가장 빨리 움직이는 것처럼 보인다. 이것이 바로 허블이 발견한 것이다. 이 사실을 몰랐을지라도 어떤 면에서 우주는 극장이다. 허블의 관측을 연구하던 과학자들은 우주의 팽창은 사실이며 우리가 그 중심에 있지 않을지라도 중심에 있는 것처럼 착각을 일으키게 한다는 사실을 금세 깨달았다.

허블의 놀라운 발견 이전에 아인슈타인은 수 년 동안 우주에 대해 심사숙고하고 있었다. 그는 복잡한 수학에 적용해보았고 곧 난관에 부딪혔다. 그가 발견한 우주는 이곳에 있을 수 없었다. 더 정확히 말하면, 우주 자신의 중력에 대항하여 어떤 것이 저항하고 있었다. 우주를 그대로 놓아둔다면 우주의 중력은 모든 은하를 서로 끌어당겨서 우주는 오븐 속에서 구워진 달걀반죽 요리처럼 되어 버릴 것이다. 허블 이전에는 우주가 변하지 않는다고 생각했음을 기억하라. 어떤 것이 반드시 중력에 반대로 작용해야 했으므로 아인슈타인은 반중력에 해당하는 어떤 상수를 그의 식에 집어넣기로 결심했다. 그는 그것이 무엇인지 알 수 없었지만 정확하게 그것이 있어야 함을 계산해냈다.

후에 아인슈타인이 우주가 팽창한다는 사실을 알게 되었을 때 팽창 그자체가 중력에 대해 반대로 작용한다는 사실을 깨달았고 우주적 상수가 필요없다는 사실도 알아냈다. 아인슈타인은 상수를 버리면서 그것을 "내 인생의 가장 큰 실수"라고 말했다.

정말로 안된 일이다. 천문학자인 밥 커쉬너가 언젠가 나에게 지적했던 것처럼 그 당시에 아인슈타인이 알았던 것을 감안하면 그는 실제로 우주의 팽창을 예측할 수 있었어야만 했다.

어쨌든 훗날 아인슈타인이 이해했던 것은 우주가 특이한 세상이란 것이었다. 먼저 그는 공간이 어떤 것이라는 사실을 깨달았다. 이것이 무슨 의미인가 하면, 우리는 공간을 어떤 물체가 존재하는 단지 공간이라고만 생각한다. 그러나 공간은 그 자체로는 모습이 없다. 단지 공간일 뿐이다. 그러나 아인슈타인은 공간을 우주가 짜여져 있는 천처럼 실체가 있는 것으로 보았다. 중력은 그 천을 비틀 수 있어서 공간 그 자체를 휘게 한다. 행성이나 별같이 무거운 물체는(또는 규모면에서 훨씬 더 작은 가재나 칫솔, 못 같은 것도) 공간을 휘게 한다.

보통의 경우 3차원 공간을 2차원 고무판으로 비유한다. 늘려진 고무판은 공간을 나타낸다. 테니스공을 가로질러 보내면 공은 직선으로 움직일 것이다. 그러나 만약 볼링공을 그 위에 둔다면 고무판은 깔때기 모양으로 변형될 것이다. 그 다음에 테니스공을 볼링공 근처로 굴리면 테니스공의 궤적은 굽어질 것이고 볼링공 부근에서 곡선을 그릴 것이다. 이것이 바로 실제 우주공간에서 일어나는 현상이다. 무거운 천체는 공간을 휘게 한다. 그리고 천체의 궤적은 그 옆으로 지나가면서 휘어질 것이다. 그 휘어짐이 우리가 '중력' 이라고 부르는 것이다.

만일 공간 그 자체가 실체가 있는 어떤 것이라면 공간이 어떤 형상을 가지는 것이 가능해진다. 실제로 우주학에 적용된 수학은 공간이 어떤 종류의 모습을 갖고 있음을 강하게 암시하고 있다. 평범한 인간인 우리가 그런 개념을 머리로 생각하기란 어렵기 때문에 다시 한 번 2차원 추론이 꽤 유용해진다.

당신이 개미라고 상상하자. 당신은 모든 방향으로 무한히 뻗어 있는 종이 위에서 살고 있다. 당신에게 위와 아래란 없다. 있는 것이라곤 앞, 뒤, 좌, 우뿐이다. 걷기를 시작하면 영원히 걸을 수 있고 항상 당신이 출발한 곳보다 먼 곳에 도달한다.

그러나 이제 당신에게 속임수가 가해졌다. 당신을 종이에서 벗어나 농구공 위에 올려놓았다. 당신은 여전히 앞, 뒤로만 움직일 수 있다. 그러나 이제 똑바로 걸어간다면 마침내 당신은 출발한 곳으로 되돌아갈 것이다. 놀라워라! 당신이 기하학을 잘 이해하고 있다면 2차원 공간이 또 다른 높은 차원의 일부 공간임을 깨달을 수 있다. 더구나 앞으로 전진하다보면 출발점으로 다시 되돌아오기 때문에 공간의 모습을 추측할 수도 있다. 그런 형태의 공간은 막혀 있다. 그 자체로 다시 곡선을 그리며 되돌아오기 때문이다. 그 공간에는 경계가 있으며 유한하다.

열린 공간은 다른 방향으로 굽어 있는 공간이다. 자신으로부터 멀어지는 방향으로 굽어 있다. 그래서 말안장처럼 생겼다. 만약 열린 공간에서 살고 있다면 영원히 걸어갈 수 있고 출발한 곳으로 절대 다시 돌아올 수 없다. 열린 공간, 닫힌 공간, 편평한 공간 이 세 공간은 서로 다른 성질을 갖고 있다. 예를 들어 고등학교 때 배운 수학을 기억한다면, 삼각형의 내부각을 재어서 모두 더한다면 180도가 된다. 그러나 그것은 책의 면처럼 공간이 편평할 때로 한정된다. 구의 표면에 삼각형을 그리고 각을 합해보면 각의 합이 항상 180도보다 크다는 사실을 발견할 것이다!

상상해보자. 지구본이 있다. 북극점에서 시작하여 영국 그리니치를 통과하여 적도까지 아래로 선을 그었다. 그 다음 지구본 둘레를 90도만큼 서쪽으로 이동한다. 이제 북극점으로 돌아가는 직선을 그린다. 당신은 삼각형을 그렸다. 그 내각은 모두 90도이며 더하면 270도가 된다. 분명히 선생님은 편평한 공간에 대해서만 이야기했다. 열린 공간이나 닫힌 공간에서는 상당히 다를 수 있다. 열린 공간에서는 내각의 합이 180도와 같지 않다.

그래서 그 개미가 대단히 영리하다면 삼각형을 그리고 그 각을 신중하게 재어서 공간이 열렸는지, 닫혔는지, 편평한지 추측해볼 수 있다.

당신이 개미라면 이것은 타당하다. 그러나 우리가 존재하는 3차원 공간에서는 어떻게 되는가? 실제로 동일한 이론이 적용된다. 공간 그 자체가 휘어져 있고 이 세 공간 중 하나의 모습을 하고 있다. 그 개미처럼 출발한 곳으로 다시 돌아오는지 걸어서 시도해볼 수 있다. 문제는 우주가 너무나 커서 우리가 상상할 수 있는 가장 빠른 로켓일지라도 수십억 년, 아니 수조 년이 걸릴지도 모른다. 누가 그런 시간을 보낼 수 있는가?

보다 쉬운 방법이 있다. 19세기의 수학자 칼 프리드리히 가우스는 우주의 기하에 관해 수많은 연구를 했다. 그는 실제로 세 봉우리의 꼭대기에서 큰 삼각형을 그려 측정을 해보았으나 합한 내각이 180도보다 큰지 작은지 알아낼 수 없었다.

또 다른 방법이 있다. 믿을 수 없을 만큼 먼 천체를 찾아 그 움직임을 조심스레 관측한다. 복잡한 물리를 사용하면, 우주의 기하를 결정하는 것이 가능하다. 현재 최선의 측정방법으로는 우주가 평탄함을 보여주는 것이다. 큰 규모 하에서 우주가 휘어 있다 해도 보기에 매우 어렵다.

이제 다시 당신이 공 위에 있는 개미라고 생각하자. 꽤 현명한 개미는 스스로에게 묻는다. 나의 우주가 굽어 있다면 그 중심은 어디일까? 그곳에 갈 수 있고 또 볼 수 있을까?

대답은 '아니다' 이다. 당신이 위와 아래의 개념이 전혀 없는 공의 표면에 붙어 있음을 기억하라. 공의 중심은 표면에 있지 않다. 그 내부에 있다.

당신이 접근할 수 없는 3차원 속에 감추어져 있다. 모든 방법을 동원하여 찾아보겠지만 절대로 중심을 찾을 수 없다. 그것은 당신이 알고 있는 우주 공간에 존재하지 않기 때문이다.

우리의 3차원 우주에서도 동일하게 말할 수 있다. 중심이 있다면 아마 우리 우주 안에 있지 않고 보다 높은 차원에 있을 것이다.

이것이 사실이 아닐지라도 그럴 수 있다. 기괴하게 들릴지 모르지만 가우스는 수학적으로 우주는 어떤 것 내부로도 휘어짐이 없이 굽어 있다는 것을 밝혔다. 공간은 단지 존재하는데, 굽어 있다는 것이다. 그래서 만약 4차원이 있더라도 우리는 4차원 속으로 굽어 있지 않다. 4차원은 전혀 존재하지 않을지도 모른다. 그리고 우리의 우주는 단순히 중심이 없을지도 모른다.

어쨌든 이것은 수치스런 일이다. 첫째는 우주의 중심으로부터 우리를 배제한 것, 둘째는 우리가 중심에 있는 것처럼 보이고, 실상은 어떤 곳도 중심에 있다고 주장할 수 없다는 사실이 말이다. 특히 어떤 곳에도 중심이 없다는 사실을 듣는 것은 좌절감을 안겨준다.

아직 우리는 완전히 알지 못했다.

아인슈타인은 공간이 실체가 있는 어떤 것이라는 사실을 깨달음으로써 시작을 했다. 그는 시간이란 여러 측면에서 공간과 비슷한 양임을 발견했다. 사실 공간과 시간은 얽혀 있어서 '시공 연속체'란 용어는 통일의 의미로 여겨졌다.

또한 그는 창조의 순간인 빅뱅이 단순한 폭발보다 더 많은 것을 의미한다는 사실을 깨달았다. 그것은 공간 안에서의 폭발이 아니었다. 그것은 공간 그 자체의 폭발이었다. 공간과 시간을 포함하여 모든 것이 처음 그 순간에 창조되었다. 그러므로 빅뱅 이전에는 무엇이 있었는가 하는 질문은 실제로 의미가 없다. 이것은 "내가 태어나기 전에 나는 어디에 있었는가?"라는 질문과 동일하다. 아무 곳에도 없었다. 존재하지 않았으니까.

그러나 시간도 또한 그 순간에 창조되었다. 그러므로 "빅뱅 이전에 무슨 일이 있었는가?"를 묻는 것은 무의미한 질문이다. "북극점의 북쪽은 어디인가요?"라고 묻는다면 답은 "아무곳도 아니다"이다. 그 질문은 성립되지 않기 때문이다.

우리는 사건이 연속적으로 일어나는 것에 익숙해져 있으므로 이것이 의미 있기를 원한다. 나는 아침에 일어나 자전거를 타고 일하러 가서 커피를 마신다. 내가 일어나기 전에 무엇을 했을까? 나는 자고 있었다. 그 이전엔? 잠을 자러 갔다. 이런 식이다. 그러나 생각해보면 첫 번째 순간이 있었다. 나의 경우에는 1964년 1월의 어느 순간이었다. 그날은 추운 날이었고 미래의 부모님들이 서로에게 가깝게 다가가기를 결정했기 때문에 내가 태어났을 것이다.

그보다 더 이전의 어떤 것이 있다. 또 그 이전의 어떤 것이 있다. 마침내 우리는 그곳에서 벗어난다. 최초의 순간이 있었고 최초의 사건이 있었다. 빅뱅이다.

텔레비전 다큐멘터리에서 검은 공간으로 퍼져나가는, 폭발하는 구의 불덩어리로 표현된 빅뱅의 애니메이션을 매우 자주 볼 수 있다. 그러나 이것은 틀렸다. 그 폭발이 공간 그 자체의 최초 팽창이기 때문에 우주가 퍼져나갈 어떤 것은 없었다. 퍼져나가고 있는 것이 우주 전부이다. 빅뱅 이전에는 시간도 없었다. 북극점의 북쪽은 어디인가?

크게 팽창하는 구에서 살고 있다는 착각도 존재한다. 나 스스로도 그 생각을 떨쳐버리려고 고생했다. 당신은 우주 중심을 향한 어떤 방향이 있다고 생각할지도 모른다. 만약 그 방향으로 본다면 중심을 보게 될 것이다.

여전히 혼란스러운가? 좋다. 천문학자들도 때로는 이해하지 못하면서 4차원과 공간의 휘어짐을 그려보려고 애쓰다가 두통만 생긴다고 말한다. 천문학에는 표정이 있다. 우주론 학자도 때로는 틀린다. 그러나 스스로는 확신하고 있다.

우리는 이 광대한 우주를 이해하려고 계속 노력하고 있다. 아마 아인슈타인 그 자신도 다음의 말을 최고로 생각했을 것이다.

"우주에 대해 가장 놀라운 사실은 우리가 그것을 결국 이해할 수 있다는 것이다."

18

북극성은 중요한 별이지만 밝지는 않다?

몇 해 전, 나는 친구와 채팅을 하고 있었다. 전날 밤, 그 친구는 하늘에서 천천히 흘러가는 물체를 보았다고 주장했다. 나는 즉시 그가 인공위성을 본 것이라는 사실을 깨달았지만 그의 설명이 나를 혼란스럽게 했다. 문제점은 그것이 하늘의 어디에 있었는지 설명하는 방식이었다. 그는 그 물체가 지평선 부근 서쪽 하늘에 있었다고 했다. 그러나 동시에 북극성 부근에 있었다고도 했다.

"하지만 북극성은 서쪽에 있지 않아."

내가 그에게 말했다.

"북극성은 북쪽에 있고, 지평선에서도 꽤 떨어져 있어."

"아, 음…… 내가 본 그 대상은 해가 진 직후 정말로 밝은 별 옆에 있었어."

그가 대답했다.

아하! 나는 생각했다. 가장 밝은 별은 분명 행성인 금성이었을 것이다. 그 무렵에 금성은 노을 진 서쪽 하늘에 낮게 떠 있었다. 금성은 하늘에 있는 어떤 별보다도 훨씬 밝고, 심지어는 비행기보다도 더 밝다. 그는 그 별이 북극성이라고 생각했던 것이다. 이 모든 것을 이해했을 때 나는 더욱 심한 불량 천문학과 만났음을 깨달았다.

많은 사람들은 북극성이 하늘에서 가장 밝은 별이라고 생각한다. 이 생각을 날려버리자. 이것은 사실이 아니다. 북극성은 하늘에서 가장 밝은 별 50개에 겨우 들어간다. 실제로 오늘날 어느 정도 광해가 덮인 지역에 살고 있다면 보기에도 어렵다. 워싱턴 D.C.의 근교에서 자란 나도 북극성을 거의 볼 수 없었다. 만약 미국의 동쪽 해안가처럼 하늘에 약간 안개라도 낀다면 북극성을 전혀 볼 수 없다.

북극성은 작은 희미한 별이다. 그렇다면 왜 북극성은 강력한 별로 잘못 인식되어져 있는가? 나의 생각은 이러하다. 사람들은 밝은 것과 중요한 것을 혼동한다.

북극성은 밝은 별이 아니다. 그러나 중요한 별이다. 북극성이 중요한 이유는 천구의 북극 지점에 매우 가까이 있기 때문이다. 하늘이 왜 북극점을 갖게 되는가를 알려면 이 책에서 이미 여러 번 했던 상상을 해야만 한다. 우리의 발 아래에 있는 지구에서 시작해보자.

지구는 본질적으로 거대한 공이다. 그것도 회전하는 공이다. 공 그 자체에 앉아 있는 우리에게 실제로 위와 아래는 없다. 그러나 회전을 하면, 쉽게 정의되는 두 지점이 자동적으로 생겨난다. 회전하는 축이 표면과 만나는 지점이다. 지구에서는 이곳을 '북극점'과 '남극점'이라고 부른다. 정의에 의하면, 우리가 우주에서 내려다보았을 때 북극점은 지구가 시계 반대 방향으로 도는 것처럼 보이는 지점이다. 또 다른 흥미로운 지점은 두 극지점의 중간에서 지구를 한 바퀴 두르는 선이다. 이것을 '적도'라 한다.

물론, 여러분들은 이미 이것을 알고 있다. 그러나 지금부터 흥미로운 이야기가 나온다. 우리는 하늘을 지구에서 본다. 하늘 그 자체는 돌지 않더라도 우리가 돌고 있기 때문에 하늘은 도는 것처럼 보인다. 우리는 태양이나 별들이 낮과 밤 동안 떠오르고 지는 것처럼 생각한다. 그러나 실제로는 하늘이 아니라 우리가 거대한 구 위에서 돌고 있는 것이다. 그렇더라도 여전히 하늘이 돌고 있는 것으로 생각하는 것이 편리하다. 고대의 천문학자들은 별이란 거대한 구 위에 있는, 하늘의 빛을 내뿜는 구멍이라고 생각했다. 이제는 사실을 알게 되었지만 그 생각은 여전히 유용한 모델이다.

하늘이 우리 주위에서 돌고 있는 큰 구라고 생각하자. 지구처럼 북극점과 남극점이 발생한다. 우리는 이것을 지구의 것과 구별하기 위하여 '천구의 북극NCP', '천구의 남극SCP'이라 부른다. 이것들은 지구 그 자체의 것을 하늘에 반영한 것이다. 만약 당신이 지구의 북극점에 서 있다면 천구의 북극은 바로 위, 머리 위에 나타난다. 천구의 남극은 발바닥 밑 바로 아래에 있어서 당신은 볼 수가 없다. 그 사이엔 13,000킬로미터나 되는 회전하는 땅이 있다.

잠시 북극점을 생각해보자. 밤이어서 당신은 별을 볼 수 있다. 발 아래의 지구가 회전을 하면 머리 위의 하늘이 회전하는 것을 볼 수 있다. 모든 별들은 24시간 동안 원을 그리는 것처럼 보인다. 천구의 북극 부근에 있는 별은 작은 원을 그릴 것이다. 지평선 부근의 별은 큰 원을 그릴 것이다. 이 모든 원들은 당신의 머리 바로 위 한 지점을 중심으로 하고 있다. 바로 천구의 북극이다.

상상이 어려운가? 그렇다면 일어서보자. 정말이다. 천장에 전등이 있거나 천장에 무엇인가가 부착되어 있어서 기준점으로 삼을 수 있는 방을 찾아라. 그곳에서 천천히 회전을 해보자. 혼돈스러우면 이 장의 남은 부분을 읽을 수 없다. 당신이 제자리에서 도는 동안 머리 위의 그 지점이 제자리에 있음을 눈여겨보아라. 그 지점이 바로 당신 자신의 천구의 북극점이기 때문이다. 창문을 보아라. 당신이 회전함에 따라 창문은 큰 원을 그린다. 그러나 전등 옆에 이미 죽어서 한 달 동안이나 치워버리려고 했던 거미는 단지 아주 작은 원만을 그린다.

하늘도 마찬가지다. 천구의 북극 옆에 있는 별은 작은 원을 그린다. 멀리 떨어져 있는 별은 큰 원을 그린다. 천구의 북극은 하늘에 있는 모든 별들이 이곳을 중심으로 도는 것처럼 보이기 때문에 특별히 중요한 자리를 차지한다. 이것은 천구의 북극이 보이는 지구상의 어떤 지점에서도 동일하다. 즉 적도의 북쪽 어떤 곳이나 마찬가지이다. 천구의 남극에 대해서도 동일하다. 기억해야 할 중요한 사실은 당신 자신이 아니라, 지구가 돌기 때문에 당신이 어디에 있든지 간에 별들은 천구의 북극 주위를 돈다는 점이다. 반면, 천구의 북극은 하늘에서 항상 동일한 지점에 있다. 이것은 마치 지구의 자전축이 북극점에서는 지구에 붙어서 항상 하늘의 동일한 방향을 가리키는 화살과 같다. 북극점이 북쪽이므로 당신이 지구상 어디에 있든지 상관없이 천구의 북극은 항상 북쪽에 있다.

기억하라. 하늘에 있는 이 지점은 지구상의 지점과 같으며 하늘에 투영된 지점이라는 것이다. 내가 마당에 나가 하늘을 볼 때, 천구의 북극은 오

장시간 밤하늘을 보고 있으면 별들의 움직임을 알 수 있다. 자전하는 지구의 입장에서 본다면 별들이 하늘에서 원을 그리는 것처럼 보인다. 콜로라도에서 북쪽 방향으로 찍은 사진에서 북반구 별들은 북극성 주위를 돈다. 북극성이 정확히 북쪽에 있지 않아서 북극성 역시 작은 원호를 그린다. (존 코브의 사진 허가, http://home.datawest.net/jkolb/.)

래된 고목의 뒤쪽에 있었다. 당신에게는 옆 빌딩 뒤에 있을 수도 있고, 산 위나 아파트 돌출부 아래에 있을 수도 있다. 그러나 항상 그곳에 있다. 천구의 북극은 절대로 움직이지 않는다.

이제 천구의 북극 옆에 중간 정도로 밝은 별이 있다고 하자. 만일 이 별이 떠오르거나 지지 않는다면 하늘의 다른 곳에 있지 않고 천구의 북극 부근에 있기 때문이라는 사실을 한순간에 알 수 있을 것이다. 하늘에서 다른 별들이 뜨고 지는 동안 이 별은 밤새도록 그 자리에 머물러 있다. 그 별이 중요하다고 생각되지 않는가? 이런 방식으로 생각해보자. 사람들이 위성이나 비행 정찰, 또는 지피에스GPS 장치를 갖기 전에도 북쪽과 남쪽, 동쪽과 서쪽을 알아야만 했다. 이 별은 밤새도록 어느 방향이 북쪽인지 알려주기 때문에 매우 중요한 역할을 했다. 심지어 오늘날에도 나침반 없이 길을 잃는다면 이 별을 찾게 될 것이다.

이 별은 작은곰자리 알파별이라는 다소 평범한 이름을 갖고 있지만 천구의 북극에 가까이 있기 때문에 북극성이라는 대중적인 이름을 얻게 되었다. 실제로 이 별 그 자체는 오히려 흥미로운 점이 있다. 이 별은 적어도 6개의 별이 서로 궤도를 그리며 공전하는 다중성이다. 430광년이라는 너무나 먼 거리 때문에 이 별들은 하나의 빛의 점으로 겹쳐져서 한 개의 별로 우리에게 보인다. 매우 멀리 있는 자동차의 두 전조등 불빛이 하나인 것처럼 보이는 현상과 같다.

북극성은 수백 광년이나 떨어져 있으므로 천구의 북극 부근에 있다는 사실은 단순한 우연일 뿐이다. 이 사실을 증명하기 위하여 천구의 남극에 가까이 있는 별을 보자. 이 별은 팔분의자리 시그마별로서 간신히 보이며 하늘에서 대략 3천 번째쯤 밝은 별이다. 그리고 이 별들은 오직 지구에서만 그러하다. 또 다른 행성인 목성에서 북극성은 천구의 북극 부근에 있지 않다.

실제로 지구에서 보이는 것처럼 북극성은 천구의 북극에 정확히 일치하지 않는다. 현재 북극성은 천구의 북극에서 약 1도 떨어져 있다. 지구에서 보았을 때 보이는 보름달 지름의 두 배와 동일한 거리이다. 그렇더라도 전체 하늘 넓이에 비하면 대단히 가까운 것이다.

그러나 공간에 대한 단순한 우연의 일치에 또 더해져야 하는 점이 있다. 시간에 대해서도 일치되어야 한다.

북극성은 지구의 자전축이 그곳을 향하기 때문이란 사실을 기억하라. 그러나 지구의 자전축은 우주 공간에서 완벽하게 고정되어 있지 않다. 지구의 자전축은 공간을 천천히 떠돈다. 약 26000년을 주기로 대략 하늘의 1/4 정도 되는 영역을 큰 원을 그리며 움직인다. 이 세차운동은 지구의 북극점이 하늘에 대해서 시간에 따라 그 위치를 바꾼다는 점을 의미한다. 그러므로 지금 현재 천구의 북극이 북극성 주변에 있는 것은 단순한 우연일 뿐이다. 수 년 동안 지구의 북극점은 북극성으로부터 천천히 멀어지고 있다. 비교적 어두운 별인 북극성을 중요한 위치에서 하늘에 있는 평범한 2등급 별로 강등시키고 있다.

14,000년경이 되면 상황은 더 나빠진다. 직녀성이 천구의 북극 근처에 있게 된다. 직녀성은 북쪽 하늘에서 두 번째로 밝은 별이다. 북반구 여름 하늘에서 가장 밝게 빛나는 푸른 보석 같은 별이며, 광해에 찌든 하늘에서도 매우 분명히 보인다. 만약 지금처럼 사람들이 별의 밝기를 그 중요성과 혼동한다면 흐릿한 북극성을 왕좌에 올려놓은 것처럼 직녀성이 그 자리를 차지하는 그때에는 이 오해가 더 악화될 것이다.

먼 훗날 그 시점 이전까지 우리는 여전히 현재의 북극성이 북쪽을 알려주므로 필요할 것이고 그것만으로도 중요할 것이다. 그러나 북극성은 여전히 밝지 않다. 이것이 사람들이 그 밝기와 별의 위치를 혼동하는 이유라고 생각한다. 역시나 사람들처럼 별도 매우 밝지 않더라도 중요할 수 있다.

19

일식을 직접 보면 눈이 멀어버릴까?

지구가 특별한 장소가 아니라는 사실을 알게 되기까지 우리 인류는 오랫동안 힘든 시간을 보냈다. 지구는 우주의 중심이 아니며, 은하계 내에는 지구와 같은 행성이 적어도 수백만 개가 있을 것이고, 우리는 아마 생명이 존재하는 단 하나의 행성도 아닐 것이다.

그러나 우리의 푸른 고향에는 특별한 것이 하나 있다. 태양은 달보다 적어도 400배나 더 크고 또한 우리로부터 400배나 더 멀리 떨어져 있다. 이 두 가지가 서로 상쇄되어 이곳 지구에서 특정한 시각에 달과 태양은 하늘에서 똑같은 크기로 보인다. 이런 일은 태양계 내에서 모든 행성과 위성들을 통틀어 지구에서만 발생하는 일이다.

보통 이것을 알기란 매우 어렵다. 그 이유는 태양은 쳐다보기에 너무 밝아서 그 크기를 판단하기가 쉽지 않기 때문이다. 또 다른 이유는 태양과 달이 하늘에서 서로 가까이 있을 때 달은 아주 얇은 초승달이라 보기 어렵기 때문이기도 하다.

이 둘이 동일한 크기라는 사실이 확연히 드러날 때가 있다. 바로 달이 태양의 바로 앞을 지나갈 때이다. 이런 일이 일어나면, 달은 태양을 가리고 '일식'이라는 현상이 일어난다. 일식이 조금 시작되었을 때에는 달의 일부분에 의해 태양의 아주 작은 부분이 가려진다. 그러나 지구 주위를 도는 궤도에 따라 달이 움직이면 태양의 더욱더 많은 부분이 달의 뒷면으로 사라진다. 우리는 어두운 원이 천천히 태양을 가리는, 실루엣 형태로 달을 볼 수 있다. 마침내 태양의 전체 면이 가려진다. 이것이 일어나면 하늘은 해가 질 때처럼 진한 푸른색, 아니 거의 자줏빛으로 바뀐다. 기온은 내려가며 새들은 울음을 멈춘다. 귀뚜라미가 울며 한낮에 느닷없이 작은 밤이 찾아온 것과 같아진다.

이것은 매우 이상한 현상이다. 달에 의해 태양이 완전히 가려진 상황에서는 태양의 외부 대기인 코로나(태양 대기의 가장 바깥층에 있는 얇은 가스층. 온도는 100만℃ 정도로 매우 높다. 개기일식 때에는 맨눈으로 볼 수 있으며, 보통 때에는 코로나 그래프 따위로 관측할 수 있다-편집자 주)가 갑자기 보인다. 보통의 경우에는 태양의 표면이 너무나 밝고, 또 코로나가 안개처럼 흐리고 희미하며 태양 주위를 햇무리처럼 감싸고 있기 때문에 보이지 않는다. 코로나가 보이면 관측자는 두려움과 환희 속에서 거의 우주적인 한숨을 내쉰다. 어떤 사람은 그 아름다움에 눈물을 흘리기도 한다.

일식은 장엄하다. 일식은 자주 일어나진 않지만 예측 가능하다. 천구를 운행하는 달은 천 년 이상 기록되어 왔고 고대 천문학자들도 놀라운 정확도로 일식을 예측할 수 있었다. 역사의 기록이 일식에 관한 이야기로 가득

차 있음은 그리 놀라운 일이 아니다.

마크 트웨인도 그의 소설 《아더왕 궁전의 코네티컷 양키》에서 일식을 묘사하고 있다. 그 이야기에서는 미국의 한 젊은이가 중세 영국의 시간으로 옮겨진다. 갖가지 고난 끝에, 그 젊은이는 말뚝에 묶여 화형을 당하게 된다. 그러나 개기일식이 일어날 것이란 사실을 우연히 알고 있던 그는 자신을 놓아주지 않는다면 태양을 없애버리겠다고 말한다. 물론 일식은 예정대로 일어났고 그는 풀려났다.

이 이야기가 우스개처럼 들리지만 실제의 사건에 근거를 두고 있다. 그리고 바로 다른 사람도 아닌 크리스토퍼 콜럼버스가 그 선도적 역할을 하고 있다. 1503년, 미국으로의 4번째 항해에서 콜럼버스는 자메이카에서 길을 잃었다. 그의 배는 크게 파손되어 항해가 불가능했다. 그곳에서 만난 원주민들은 처음에는 콜럼버스 일당을 도왔지만 시간이 지나자 그들을 싫어하게 되었다. 그때 콜럼버스는 지구의 그림자가 달을 가려 어두워지는, 월식이 곧 일어날 것이라는 사실을 기억했다. 트웨인이 약 400년 후에 이 이야기를 다시 언급한 것처럼(월식 대신에 일식을 말했지만) 그 현상은 원주민들을 두려움에 떨게 했고 원주민들은 콜럼버스에게 달을 돌려달라고 간청했다. 그는 그렇게 해주었다. 그리고 콜럼버스와 동료들은 구조될 때까지 그 섬에서 편히 머무를 수 있었다.

때때로 콜럼버스 이야기와 정반대인 사건도 있었다. 일식을 예측하지 않으면 곤란에 빠질 수도 있다. 고대 중국에서는 일식을 예측하는 것이 궁중 천문학자들의 의무였다. 중국인들은 일식이란 거대한 용이 태양을 먹는 것이라고 생각했다. 만약 사전에 충분한 시간을 두고 미리 알게 되면 북을 치고 화살을 하늘로 쏘아 용을 쫓아버릴 수 있다고 생각했다.

기원전 2134년경 설화에 따르면 시와 호라는 두 명의 운 나쁜 천문학자가 안타깝게도 그 의무를 수행하지 못했다. 그들은 일식이 일어날 것이라는 사실을 알았지만 먼저 술집에 들린 후에 황제에게 알리기로 했다. 그들은 술을 너무 많이 마시는 바람에 소식을 전하는 것을 잊어버렸다. 일식이 일어나자 궁중 천문학자들이 몰랐던 죄로 잡혀갔다. 다행히도 황제가 용을 겁나게 하여 물리칠 수 있었으므로 왕국은 안전했다. 하지만 시와 호는 운이 좋지 않았다. 둘은 묶여서 왕 앞에 끌려가 벌을 받은 후 추측컨대 참수를 당했다. 전설에 따르면 황제가 그들의 목을 하늘에 너무 높이 던지는 바람에 그들은 별이 되었다. 이 별은 현재 페르세우스와 카시오페아 별자리 사이에서 희미하게 빛나고 있다(오늘날 우리는 이 두 별이 수천 개의 별들로 이루어진 성단임을 알고 있다. 이것은 소형 망원경에서도 꽤 예쁜 모습을 보여준다)

심지어 오늘날에도 사람들은 미신처럼 일식의 두려움에 사로잡힌다. 1999년 8월 유럽 전역에서도 이런 모습을 볼 수 있었다. 일식 후에 나는 격심한 내전으로 고생하고 있던 보스니아의 한 어린 소녀와 편지를 교환했다. 일식이 일어나는 동안 그것을 쳐다보면 죽임을 당할 것이라고 생각했는지 거리에는 인적이 자취를 감추었고 그것을 본 소녀는 충격과 슬픔에 사로잡혔다. 그렇게 걱정할 필요가 없었음에도 사람들은 그 현상을 두려워하며 숨어야만 했다.

고대 사람들에게는 일식에 관한 많은 전설이 있다. 태양이 먹히는 것은 일반적인 두려움이었다. 어떤 사람들은 일식을 나쁜 징조로 보아 일식이 일어나는 동안 기도를 하기도 했다. 또 다른 사람들은 일식을 외면하며 악운이 그들에게 일어나지 않도록 주문을 외웠다.

이것은 우리에게 일식이 일어나는 동안 논쟁을 벌일만한 소재를 제공한다. 일식을 보는 것이 눈을 멀게 할 것이란 이야기를 얼마나 자주 들었는가? 일식이 일어날 때마다 뉴스에는 경고와 권고문이 넘쳐난다. 문제는 왜 눈이 멀게 되는지 이유를 설명하지 않는다는 것이다. 또 얼마만큼 눈이 상처를 입게 되는지에 대해서도 말해주지 않는다.

'일식을 보는 것은 정말로 위험할 수 있다' 라는 말을 생각해보자. 분명히 태양을 보는 것은 매우 힘들다. 찡그리거나 멀리 쳐다보지 않고 태양을 보는 것은 매우 어렵다. 태양은 그냥 보기엔 너무나 밝다. 내가 지금까지 읽었던 천문학 책에도 태양을 직접 보는 것에 대한 경고가 있다. 일시적으로나마 태양을 직접 보는 것은 눈에 영구적인 장애를 줄 수 있다는 것이 일반적인 상식이다.

태양에 의한 눈의 장애에 대해 자료를 찾는 동안 놀라운 아이러니에 직면했다. 맨눈으로 일식을 보는 것은 위험하고 일식이 아닌 때에 태양을 보는 것은 훨씬 덜 위험하다는 것이다! 이 말은 다소 모순되게 들릴지 모르지만 이것은 실제로 과다한 빛에 노출되는 것을 방지하기 위한 눈 내부 구조의 작용에 의한 것이다.

평소 태양을 보는 것은 일시적인, 또는 오랜 기간의 장애를 거의 일으키지 않는다는 많은 증거가 있다. 이런 자료를 접했을 때 나는 충격을 받았다. 나는 맨눈으로 태양을 보는 것이 영구적이고 완전한 눈의 장애를 가져온다고 말하는 관습의 끝자락에 서 있었다. 그러나 이것은 확실히 사실이 아니었다.

샌디에이고 대학의 천문학과 조교수인 앤드루 영은 태양으로 인한 눈의 장애에 관하여 수많은 잘못된 내용을 모았다. 그의 연구를 보면 태양으로 인한 장애에 관한 일반적 상식을 다루고 있다. 그는 꽤 강한 어조로 말한다. 보통의 경우에 태양을 쳐다보는 것은 눈에 영구적인 손상을 입히지 않는다.

"눈은 해로운 빛을 거부할 만큼 충분히 잘 작동하고 있다."

영이 말했다. 밝은 빛에 노출되면 눈에 있는 동공이 놀랍도록 수축되어 눈으로 들어오는 대부분의 빛을 차단한다. 대부분 사람들의 망막은 태양을 바라볼 때 과다하게 노출되지 않는다. 생물리학 논문지에 발표된 〈태양 관측에 기인한 해부학적 망막 온도의 증가〉라는 영의 논문에 따르면 보통의 경우 눈의 동공 수축은 태양으로부터 오는 망막을 손상시킬 만큼의 과다한 빛을 차단해준다. 조직 내부에서 약 4도만큼의 작은 온도 상승이 있으나 이것은 영구적인 손상을 일으키기에 충분하지 않다.

그러나 사람에 따라 동공 수축에 자연적인 차이가 있으므로 어떤 사람은 이때에도 망막에 손상을 일으킬 수 있다. 이러한 사람들이 태양을 보다가 눈의 손상을 당한 태양 장애 환자 대대수를 차지한다.

영국 런던에 있는 무어필드 안과병원 의사에 의하면 태양을 보는 것은 눈에 손상을 줄 수 있지만 완전한 시력 장애를 유발하지 않는다고 한다. 그는 시력 장애를 입은 사람들의 절반이 다시 완전히 회복되었으며 단지 10%만이 영구적인 시력 손상을 경험했다고 한다. 매우 흥미롭게도 태양으로 인하여 완전히 시력을 잃어버리는 일은 전혀 없다는 것이다.

그래서 눈의 손상이 있고, 때때로 심각하지만 대부분의 사람들은 다시 치유되어 어느 누구도 태양을 본다고 해서 완전히 장님이 되는 일은 일어나지 않는다. 그러나 사람마다 동공의 수축에 자연적인 차이가 있어서 태양을 보는 것이 여전히 위험을 가져올 수 있다면, "태양을 보는 것이 매우 안전할 것이다(또는 적어도 매우 위험하지는 않다)"라고 말하기에는 무리가 있다고 생각한다. 손상이 매우 작기는 하겠지만 그럴 여지를 남길 필요가 있을까? 태양을 쳐다보지 않으려 노력하고 태양을 보는 일을 최대한으로 줄이려고 노력하라. 당신도 태양 때문에 고생하는 사람들에 포함될 수 있다.

그러므로 평소 태양이 그렇게 위험하지 않다면 일식을 보는 것이 왜 눈에 상해를 입히는가? 일식 동안에는 태양의 일부, 또는 전부가 달에 가려진다. 당신이 일식을 볼 때 눈 내부에서 어떤 일이 발생하는지 생각해보자. 개기일식 동안 태양의 표면은 달에 의해 완전히 가려져 있다. 그리고 하늘도 어둡다. 이때에는 동공이 확대된다. 즉, 동공이 넓게 열린다. 더 많은 빛을 받아들여 어둠 속에서 더 잘 볼 수 있도록 이런 현상이 일어난다.

달은 기껏해야 수 분 동안 태양의 표면을 완전히 차단한다. 개기일식 순간이 끝났을 때 다시 태양의 작은 부분이 드러난다. 비록 태양으로부터 오는 전체 빛은 일식이 일어나지 않았을 때보다 더 적지만 태양의 각 부분은 여전히 많은 빛을 내놓는다. 달리 말하면, 99%의 태양표면 빛을 가리더라도 남은 1%는 여전히 꽤 강력하다. 그것은 보름달보다 4000배나 더 밝다. 일식은 눈이 상하지 않도록 빛을 차단해주는 필터와는 다르다. 드러나는 한 조각의 빛이라도 당신의 망막은 이 해로운 빛을 집중시켜서 손상을 입는다.

그래서 동공이 커진 상태로 태양이 다시 보이기 시작하면 그 모든 빛은 눈으로 들어와서 망막을 강타한다. 이 순간이 바로 태양빛이 진정으로 당신의 눈을 해치는 때이다. 비록 영구적이지 않더라도 푸른색 빛일수록 망막에 광화학적 변화를 유발할 수 있다. 영에 따르면 사람은 늙어가면서 눈의 수정체가 노랗게 변해가기 때문에 이 효과는 어린이에게 더 치명적이다. 노란색은 푸른색 빛을 차단하므로 늙은 사람의 망막이 손상에서 더 잘 보호된다. 그러나 어린이의 눈은 여전히 깨끗하기 때문에 해로운 빛을 그대로 통과시킨다. 그러므로 일식을 보는 것이 위험하다면 어린이에게 훨씬 더 해롭다.

일식과 관련된 또 다른 오해는 태양의 코로나로부터 방사되는 엑스선이 눈을 손상시킨다는 것이다. 코로나는 대단히 뜨겁지만 너무나 희박하여 평소의 밝은 태양은 완전히 코로나를 압도한다. 그래서 낮 시간 동안 관측하기가 대단히 어렵다.

코로나는 너무나 뜨거워서 엑스선을 내놓는다. 모든 사람들은 엑스선이 위험하다는 사실을 알고 있다. 그래서 이 두 사실을 합쳐서 일식 동안 당신의 눈을 손상시키는 것은 코로나라고 생각한다.

이것은 틀렸다. 하늘에 있는 천체로부터 오는 엑스선은 지구 대기를 뚫지 못한다. 지구 대기는 그 목적에 충실하게 우주로부터 오는 엑스선을 흡수한다. 그것은 방패막처럼 우리를 보호한다. 만약 심지어 대기가 이곳에 없었더라도 코로나는 우리의 눈을 해롭게 하기엔 너무 희박하다. 그리고 기억하라. 태양이 일식 상태이든 아니든 코로나는 항상 그곳에 있다. 그것은 보기에 단지 너무 희미할 뿐이다. 일식 중에 코로나가 눈에 상처를 입힌다면 어느 때나 항상 상처를 입힐 것이다. 실제로 코로나는 눈을 손상시키지 않는다.

눈에 위험을 주지 않고 일식을 즐기는 몇 가지 방법이 있다. 태양을 종이나 벽에 투영시키기 위하여 망원경이나 쌍안경을 이용할 수 있다. 용접공들이 쓰는 매우 어두운 안경을 쓸 수도 있다. 그 용접유리는 #14로 등급이 매겨져 있고 눈이 편안할 만큼 충분히 안전하다.

천체망원경이나 쌍안경에 태양필터를 사용할 수 있지만 주경이나 반사경의 앞에 장착하는 종류만을 사용해야 한다. 이러한 필터는 주경에 들어오는 첫 부분에서 대부분의 빛을 걸러준다. 어떤 회사들은 아이피스에 끼우는 필터를 팔기도 한다. 이 필터는 주경에서 떠난 집중된 빛을 차단한다. 그러나 태양빛은 바로 이 필터의 앞에서 초점을 맺기 때문에 필터를 매우 가열시킨다. 이러한 필터는 깨지거나 녹아내릴 수 있다. 실제로 터져버렸다는 태양필터 이야기를 들은 적이 있다. 그렇게 되면 당신의 눈은 주경에 의해 집중된 모든 태양빛으로 가득 차게 되는 일이 발생한다. 그런 장비는 주의해야 한다.

또한, 빛을 차단하기 위해 필름을 사용해서는 안 된다. 심지어 믿을 만한 CNN에서도 이 방법으로 일식을 보면 안전하다고 주장한 적이 있었다. 이것은 실제로 대단히 위험한 방법이다. 필름은 빛을 조금만 통과시키기 때문에 동공이 확대된다. 그러나 그것은 빛의 위험한 파장은 차단시켜주지 않기 때문에 눈에는 더욱 위험하다. 나를 비롯한 수백 명의 사람들이 이메일로 CNN에 항의하여 그 내용은 사이트에서 급하게 수정됐다.

일식은 자주 일어나진 않지만 지구의 흩어진 각 지역에서 본다면 자주 일어난다. 나는 부분일식은 수십 번 보았지만 개기일식은 한 번도 본 적이 없다. 언젠가 직접 개기일식을 볼 기회가 있으리라 생각한다. 그때가 되면 나는 조심할 것이다.

나는 좀 더 서둘러야 할 것 같다. 달은 천천히 지구로부터 멀어지고 있다. 비록 일 년에 4센티미터에 불과하지만 해가 갈수록 그 거리는 멀어진다. 달이 멀어질수록 하늘에서 크기가 작아진다. 이것은 마침내 일식 동안 태양을 완전히 가리기에 너무 작아질 것이라는 점을 의미한다. 그 대신에 우리는 금환식을 볼 것이다. 달의 크기가 태양보다 약간 작아지는 일식으로 달의 어두운 원 주위로 태양의 고리를 볼 수 있다. 지금도 달의 궤도가 타원이기 때문에 우리는 이 식을 볼 수 있다. 달이 그 궤도에서 가장 먼 곳에 있을 때 일식이 일어나면 그것은 금환식이 된다. 그러나 결국 모든 일식은 금환일식이 될 것이다. 코로나는 태양의 광채에 의해 영원히 숨겨질 것이고 일식은 여전히 흥미롭겠지만 지금보다 얻게 되는 충격은 줄어들 것이다. 이것이 개기일식을 '시간과 공간의 우연한 일치'라고 말할 수 있는 이유이다. 충분한 시간이 주어지면 더 이상 개기일식은 일어나지 않는다.

또 하나의 잘못된 오해를 풀지 않고 이 장을 마칠 수 없다. 갈릴레이가 망원경을 통해 태양을 관측했기 때문에 눈이 멀었다는 사실은 매우 잘 알려진 이야기이다. 심지어 나 스스로도 이 사실을 사이트에 올린 적이 있다. 앤디 영이 이 사실에 관하여 나에게 이메일을 보내어 고쳐주었다.

갈릴레이는 실제로 눈이 멀었다. 그러나 그것은 태양을 보았기 때문이 아니다. 갈릴레이는 일찍부터 작은 망원경을 통하여 태양을 보는 것은 매우 고통스런 일이란 사실을 알고 있었다. 그는 보기에 더 어둡고 안전한 때인 태양이 지기 직전에만 태양을 보았다. 그는 훗날 태양을 볼 때 투영법을 사용했으며 태양흑점도 보았다. 그는 단지 망원경을 태양을 향해 두었고 벽이나 종이 위에 태양을 투영시켰으며, 그래서 보다 큰 태양의 상을 얻을 수 있었다. 이 방법이 훨씬 쉬웠을 뿐만 아니라 연구를 하기에도 더 큰 상을 제공했다.

분명히 태양을 보기 위해 망원경을 사용하는 것은 망원경이 태양빛을 모으고 그것을 당신의 눈에 집중시키기 때문에 눈의 손상을 유발할 수 있다

(돋보기를 사용하여 나뭇잎을 태우는 것과 동일한 방식이다). 그러나 이러한 손상은 태양을 보자마자 매우 급속히 일어난다. 갈릴레이는 태양을 본 수십 년 후인 70살이 된 후에야 눈이 멀었다. 그때까지 그의 눈은 상당히 좋았었다는 기록이 수많은 문헌들에 남아 있다. 갈릴레이는 말년에 백내장과 녹내장으로 고생했지만 이것은 분명히 그의 망원경 관측으로 인한 것이 아니었다.

갈릴레이가 태양 표면에서 흑점을 관측한 것은 큰 소동을 일으켰다. 가톨릭교회는 태양을 결점없이 완벽한 것으로 간주했다. 그는 목성, 금성, 달, 은하수 등에 관한 관측과 함께 과학과 자신, 그리고 우주를 보고 생각하는 우리의 방법에 혁명을 일으켰다. 그러나 우리는 여전히 그에 관한 단순한 이야기도 정확히 알지 못한다. 아마도 때때로 눈이 먼 사람은 우리들인가 보다.

20

별 이름 붙이는 별 사기꾼이 있을까?

내가 고등학생이었을 때 영화에 도사인 친구가 있었다. 그는 내가 들어 보지도 못한 모든 영화에 대해 모르는 것이 없었다. 감독, 배우, 음악 등 지식의 깊이는 놀라웠다. 어느 날 밤 우리집에서 망원경을 보다가 내가 말했다.

"자, 이제 알비레오를 보자. 그것은 멋진 이중성이야."

나는 망원경을 돌려 일이분 뒤에 대상을 아이피스에 넣었다. 그리고 나서 그가 아이피스에 눈을 대고 잠시 동안 예쁜 이중성을 보았다. 망원경에서 물러나면서 그는 하늘을 쳐다보고 나에게 말했다.

"저 별이 어디에 있는지 어떻게 알지? 저 많은 별을 봐!"

나는 하늘을 쳐다본 후 간단히 물었다.

"「지상에서 영원으로」를 누가 감독했지?"

조금도 주저함 없이 그가 대답했다.

"프레드 진네만."

그는 잠시 멈칫하더니 웃었다.

"그렇군."

내가 말했다.

그는 이해했던 것이다. 나는 별과 친하기 때문에 별을 안다.

하늘을 읽는 것은 지도를 읽는 것과 같다. 지도를 보고 잠시 후면 당신은 주변의 길을 알게 될 것이다. 영화를 충분히 보고 나면 당신은 영화의 캐릭터를 알게 될 것이다. 만일 당신이 충분히 관심을 가진다면, 다른 사람들이 알지 못하는 세부 내용을 알게 될 것이다.

그 후 십여 년 뒤, 나는 별을 손으로 가리키며 나의 딸을 웃게 만들 수 있게 되었다. 나의 딸은 별의 이름을 물었고 나는 대답해주었다. 아이는 나를 따라 별의 이름을 반복했고 가능한 빨리 다른 별도 묻고 싶어 했다. 딸아이는 모든 별의 이름을 알고 싶어 했다.

이것은 대단한 질문이다. 밤하늘에 있는 별은 절대 적지 않다. 예리한 눈을 가진 관측자는 맨눈으로 수천 개의 별을 볼 수 있다. 요즘의 망원경을 사용하면 수십만 개의 별을 볼 수 있다. 허블 우주망원경은 목표물을 찾아가기 위한 가이드성으로 수천만 개의 별이 들어 있는 목록을 사용한다. 상상해보면 별 모두에 이름을 붙이는 것은 대단한 작업이다.

그러나 미국에는 그렇지 않은 사람들이 있다. 자신이나 아니면 사랑하는 사람, 혹은 친구의 이름을 따라 별에 이름을 붙일 권리를 파는 업체가 있다. 적지 않은 돈을 지불한 대가로 하늘에 있는 어떤 별을 받는다. 어떤 회사는 심지어 별의 좌표를 알려주고 쉽게 찾을 수 있도록 멋진 지도도 준다. 이와 같은 기업들이 많다.

그러나 특정 별에 개인적인 이름을 붙일 수 있을까?

당연히 그럴 수 없다. 별의 이름을 붙이는 것은 사업이 아니다. 국제천문연맹만이 하늘의 천체들에 공식적인 이름을 부여하는 권한을 갖고 있다. 그리고 공식적인 이름이란 천문학자들이 그 대상을 부를 때 공통적으로 사용하는 이름을 의미한다. 대상마다 이름을 붙이는 규칙이 있다. 소행성, 달, 혜성, 심지어 다른 행성에 있는 크레이터에 이르기까지 특정한 방식을 따라 이름을 붙인다.

별들은 전형적으로 어떤 종류의 카탈로그 이름을 갖고 있다. 알려진 바와 같이 실질적으로 망원경으로 볼 수 있는 모든 별은 이미 이름을 갖고 있다. 더 정확하게 표현하자면 인식번호를 갖고 있다. 보통 대부분의 별들은 하늘에서의 위치에 따라 이름이 붙는다. 이것은 작은 섬을 그 위도와 경도에 따라 이름을 붙이는 것과 비슷한 방식이다. 단지 맨눈으로 보이는 가장 밝은 것들만이 베텔기우스나 베가, 북극성처럼 고유의 이름을 갖고 있을 뿐이다.

대부분의 별들은 그리스 문자와 별자리로 이름을 붙인다. 예를 들면 유명한 알파 센타우리나 시그마 옥탄스처럼 이름을 붙인다. 별자리에서 가장 밝은 별은 '알파'라 불리고 그 다음 밝은 별은 '베타' 등으로 이름이 붙는다. 이런 식의 이름은 금방 부족해져서 다 사용하고 나면 그 다음에는 숫자가 붙는다.

17세기의 천문학자인 존 플램스티드는 수천 개의 별을 목록화했고 그 중 상당수는 여전히 그 이름을 갖고 있다. 독일의 본 뒤르히머스테룽 목록에는 30만 개 이상의 어두운 별까지 실려 있고, 별의 위치를 의미하는 숫자 앞에 'BD'라는 약자가 쓰여 있다. 헨리 드레이퍼 목록에는 수천 개의 별이 실려 있다. 이 목록은 1870년대에 새로운 스펙트럼 망원경을 처음 사용한 천문학자의 영예를 기려서 이름이 붙은 것이다(이들은 이밖에도 내가 태어났던 날의 84년 전에 사상 처음으로 오리온 성운의 사진을 찍었다).

대부분의 별들은 6자리, 또는 더 애매한 기호로 표시되어 있다. 아주 극소수만이 개인의 이름이 붙어 있다. 반마넨의 별이나 버나드의 별 같은 것이 그 예이다. 이 별들은 특별히 가까이 있는 별이거나 빠른 속도로 은하를 가로질러 가는 독특한 별이다. 이 별들은 그 특이한 성질을 발견한 천문학자의 이름을 따서 붙인 것이다. 코르 코롤리라는 이름이 붙은 별만은 예외이다. 이것은 1600년대 천문학을 장려한 왕 찰스 2세의 심장을 뜻한다.

우리 대부분은 그렇게 운이 좋지 않다. 당신의 이름을 딴 별을 얻는 것은 매우 드문 사건이다.

만약 당신이 별을 살 수 있다고 믿는다면 당신 또한 하늘에서 불멸의 삶을 살 수 있다. 나는 천문학자로서 당신에게 비밀을 하나 알려주겠다. 천문학자들 대부분은 알파벳으로 이루어진 별 이름을 좋아하지 않는다. 그래도 '존 큐 퍼블릭'이란 식의 이름을 사용하는 것보다는 낫겠지만 말이다.

정말 별을 사고 싶다면 차라리 밖으로 나가 멋진 그래픽 소프트웨어를 사서 스스로 별 이름 증명서를 만들자. 하늘에서 가장 밝은 별이라도 좋다. 그리고 그것을 공식적이라고 생각한다.

더 좋은 방법도 있다. 대부분의 천문대와 플라네타리움 투영관은 자금이 부족하다. 별을 사는 대신에 교육 프로그램 스폰서로 돈을 기부할 수 있다. 당신의 이름을 땄지만 한 번도 보지 못한 별을 가지는 것 대신에 수십만 명의 다른 사람들에게 하늘에 있는 모든 별을 볼 기회를 제공하는 것이다.

별은 모든 사람의 것이란 사실을 명심하자. 그리고 별은 공짜이다. 가까운 천문대를 방문하여 별을 한번 보는 것이 어떤가?

IV

일상에서 만나는 과학 상식들

짐을 꾸려 이사를 가는 가족에 관한 오래된 우스개 소리가 있다. 이웃 사람들이 그들에게 왜 이사를 가느냐고 묻자 가족들이 대답한다.

"이곳의 10킬로미터 이내에서 대단히 치명적인 사고가 발생할 것이라고 들었어요. 그래서 우리는 20킬로미터 밖으로 이사를 간답니다."

때때로 나는 이처럼 단순하기를 원한다. 비교적 최근에 부모가 된 나는 딸이 집에서 얼마나 많이 배우는지에 대해 알게 되었다. 우리는 딸에게 말하고, 읽고, 셈하고, 논쟁하고, 양보하는 일 등에 대해 가르친다. 그러나 우리는 의도하지 않은 상태에서도 종종 가르치게 된다. 아이들은 선천적으로 과학자이다. 그들은 관찰하고 실험을 반복한다. 그들의 실험실은 집, 부모, 친구, 텔레비전 같은 주변의 이웃세계이다.

그렇지만 아이들이 모으는 모든 정보가 정확한 것은 아니다.

천문학은 지구의 바깥에 있는 모든 것들을 연구하는 학문이다. 그러나 불량 천문학은 놀랍게도 집에서 시작된다. 우주 저편을 가로질러 멀리 떨어진 은하까지 여행할 필요도 없이 냉장고나 심지어 목욕탕에서도 잘못된 과학 개념의 예를 바로 찾을 수 있다. 과학은 우주를 설명하는 학문이며 실제로 우주는 달걀통이나 당신의 화장실에서조차 찾아볼 수 있다.

앞으로 우리는 불량 천문학이 어떻게 집에서 시작되는지 살펴볼 것이다. 불운하게도 불량 천문학은 집에서만 머물지 않는다. 아마 당신은 봄이 시작되는 첫 날, 집에서 달걀 한쪽 끝을 세우는 시도를 해본 적이 있을 수 있다. 또 당신은 변기에서 물을 흘려보낼 때 어느 방향으로 흘러가는지 고민하지 않을 것이다. 그러나 물이 빠져나가면서 회전하는 배수 문제는 대화의 주제가 될 수도 있다. 심지어 '유성이 뜬다' 라든가 '광년 전에' 같은 어휘에서도 불량 천문학은 그 모습을 드러내기도 한다.

하지만 운 좋게도 우리는 진정한 과학을 통해 배수에 대한 잘못된 지식
이나 달걀에 대한 무지 등을 올바르게 바로잡을 수 있다.

21
달걀을 세우는 날은 춘분뿐이라는 엄청난 오해

작은 달걀 하나를 생각해보자.

외부는 단단한 하얀 칼슘 껍질로 싸여 매우 매끄럽고 둥글다. 표면에 작은 찌그러진 흠이나 요철 등이 있을지도 모르지만 전체적인 기하학 형상은 우리가 비슷한 형상의 물체를 보았을 때 흔히 '달걀 모양'이라고 부르듯이 매우 분명하게 정의되어 있다. 난형ovoid이라는 말은 실제로 '달걀egg'을 뜻하는 라틴어에서 유래되었다.

달걀의 내부에는 과학 용어로 '배젖'이라 불리는 흰자위와 노른자위가 있다. 이것은 병아리가 될 운명이지만 보통 그렇게 되지 않는다. 사람들은 달걀로 별별 짓을 다 한다. 달걀을 이용해 다양한 요리를 하기도 하고 할로윈데이 밤에 집을 장식하기 위해 사용하기도 한다.

달걀을 사용하여 행해지는 보다 기이한 연례행사가 있다. 매년 미국을 비롯한 많은 나라에서 봄이 시작되는 시점에 이 연례행사를 개최한다. 3월 21일 날, 또는 그 즈음에 학교의 어린이들과 일반 시민들은 달걀을 가지고 그 끝으로 세우는 시도를 한다.

내가 조사한 바에 의하면 미국 전체 인구의 절반에 가까운 사람들이 이 실험을 들어보았거나 해보았다고 했다. 이것은 대략 1억3천만 명의 사람들에 해당하므로 분명히 그 진상을 조사해볼 만한 가치가 있다고 생각된다.

만일 이 연례행사를 본 적이 있거나 직접 해본 적이 있다면 이 일에 대단한 인내와 세심함, 또 노력이 필요함을 알 것이다.

처음에는 천문학이 여기에 그리 영향을 미치지 않는다고 생각할 것이다. 그러나 고대인들의 종교적 의식처럼 중요한 것은 바로 시간이다. 이 연례행사는 춘분날 행해진다. 춘분은 태양이 남반구에서 북반구로 가로질러가는 바로 그 날이다. 춘분점의 '춘vernal'은 '초록green'의 의미를 뜻하므로 이것은 계절적으로 봄과 연결되어 있다. 내가 보기에 춘분날을 축하하기 위하여 달걀을 세우는 이 아이디어는 고대의 성직자들이 스톤헨지 아래에서 춤을 추는 것만큼이나 이상한 것이다.

달걀 세우기의 의미는 무엇일까? 대략 이런 것이다. 미신에 의하면 달걀을 완벽하게 균형을 잡아 그 끝으로 세우는 것은 춘분날에만 가능하다. 어떤 사람들은 심지어 정확히 춘분, 그 시각에만 가능하다고 주장하기도 한다. 다른 시간에, 그것도 몇 분 전이나 후에 하면 실패할 것이라 말하기도 한다.

이것이 전부이다. 간단하지 않은가? 매년 이 마술적인 날에는 미국 텔레비전 뉴스에서 생방송으로 달걀 세우기 행사를 중계한다. 또 수많은 학교 교실에서 과학적 실험을 해보려고 조그만 달걀을 세우는 시도를 한다. 때

한쪽 끝으로 세운 달걀은 일 년 중 어느 때인가와는 아무런 관련이 없다. 필요한 것은 안정된 손과 달걀, 많은 인내심이다. 이 달걀들은 춘분이 몇 달 지난 가을에 촬영되었다. 그러나 나의 말만 믿지 말고 당신도 직접 시도해보기 바란다.

때로 뉴스 캐스터들은 교실로 찾아가 이 실험이 행해지는 것을 보여준다. 그리고 잠시 뒤, 누군가가 달걀을 세웠다. 카메라 기사가 달려가고 미래의 과학자인 아이들의 얼굴이 비추어진다.

불운하게도 선생님이 더 이상의 설명을 하지 않는다면 과학자로서 그 아이의 미래는 암울해질 것이다. 이것은 실제로 미신을 이런저런 방식으로 증명한 것이 아니다. 좀 더 상세히 살펴보기로 하자.

우리는 명확한 질문에서부터 시작해보자. 달걀을 세울 수 있는 바로 그 날이 왜 하필 춘분날이어야 하는가? 나는 이 미신이 사실이라고 믿고 있는 사람들에게 물어보았다. 그들은 이 특별한 날에만 '중력이 일직선으로 정렬된' 라는 애매한 주장을 했다. 지구, 달걀, 태양이 일직선 상에 위치하여 달걀의 균형을 잡아준다는 것이다. 그러나 이것은 옳지 않다. 지구와 태양의 중심 사이에는 항상 일직선 상에 정확히 하나의 지점이 존재한다. 이것은 어떤 특정한 시점과 무관하다. 또 달 역시 어떤 영향을 주지 않을까? 지구에 미치는 달의 중력은 꽤 커서 상당한 영향을 미친다. 그러나 달은 이 미신에서 아무런 영향을 주지 않는다. 분명히 춘분날에 달은 이 주제의 핵심이 아니다.

운 좋게도 우리는 전적으로 이론에만 매달릴 필요가 없다. 춘분날 달걀 세우기는 직접 실험해볼 수 있는 것이다. 만약 달걀을 춘분날에만 세울 수 있다면 다른 때에는 세울 수 없을 것이다. 이렇게 생각을 한다면 실험의 방법은 분명해진다. 다른 날에 달걀을 한쪽 끝으로 세워보자. 춘분날은 보통 3월 21일 그즈음이다. 그 이론을 반박하기 위하여 춘분날에서 일주일이나 한 달쯤 지난 다른 날에 달걀 세우기를 시도해본다. 문제점은 대부분의 사람들이 이 실험을 반대의 관점에서 행하지 않는다는 점이다. 사람들은 춘분날에만 이 실험을 해보고 다른 날에는 해보지 않는다.

그러나 나는 직접 해보았다. 사진에는 부엌에서 한 개가 아닌 무려 일곱 개의 달걀이 세워진 것을 보여주고 있다. 내 말을 의심할 필요는 없다. 3월 21일이 아닌, 이 책을 읽는 바로 그 날이 기회이다. 달걀을 찾아 꺼내어 한번 시도해보라. 기다리고 있겠다.

끝났는가? 할 수 있었는가? 아마 어려웠을 것이다. 결국 그것은 쉽지 않았다. 떨리지 않는 손과 달걀을 세울 수 있다는 강한 열망을 가져야만 가능하다. 나의 경우 달걀 세우기를 한 번 성공한 다음부터 더 이상 어렵지 않았다. 이 실험을 성공했을 때 아내가 마침 아래층으로 내려와 무슨 일을 하는지 물었다. 곧 그녀도 흥미를 가졌다. 분명히 그녀를 이끈 것은 도전 정신이었다고 생각한다. 아내는 나보다 더 많은 수의 달걀을 세우려고 시도했다. 그리고 해냈다. 실제로 그녀도 처음에는 어려워했다. 시작할 때 노른자가 가라앉을 수 있도록 약간 흔든 다음 세우기를 시도하면 더 쉽다는 사실을 들었다고 얘기해주었다. 그녀는 그렇게 했다가 껍질을 너무 세게 눌러버렸다. 달걀을 흔들다가 손가락으로 껍질을 깨트려서 주위를 달걀로 범벅을 만들었다. 아마 우리 집에서만 이런 일이 일어난 것은 아니었을 것이다.

마침내 아내는 성공했다. 다른 달걀들을 세운 사람은 바로 그녀였다. 우리는 모두 8개의 달걀을 세웠다. 분명히 그녀의 손은 나보다 더 안정적이었을 것이다.

한번은 메사추세스 주 피즈필드 버크셔 자연사박물관에서 일반인들에게 불량 천문학에 대한 강연을 하게 되었을 때 폭풍우로 늦게 도착한 적이 있었다. 나는 재빨리 옷을 갈아입고 강연장으로 서둘러 갔다. 도착한 순간 숨이 차 헐떡였고 긴장과 흥분으로 내손은 약간 떨렸다. 보통의 경우 달걀 세우기를 하며 강연을 시작한다. 그러나 손이 약간 떨린 관계로 달걀 세우기가 매우 어려웠다. 강연 안내인이 나를 소개하는 내내 나는 달걀 세우기와 사투를 벌여야 했다. 마침내 기적적으로 나의 이름이 호명되는 순간에 달걀의 균형을 맞추어 세울 수 있었다. 오늘날까지 그 때는 내가 경험한 가장 기쁜 순간이었다.

여기서 얻을 수 있는 교훈은 만일 인내심이 있고 조심성이 있다면 언제나 달걀을 한두 개쯤은 세울 수 있다는 것이다. 물론, 당신은 속임수를 쓸 수도 있다. 먼저 탁자 위에 소금을 약간 뿌려서 소금이 달걀을 받치게 하고 그 다음 달걀 주위에 남은 소금을 불어서 날려보낸다. 달걀을 받치는 소금은 아마 거의 보이지 않을 것이고 더구나 멀리서는 절대 보이지 않을 것이다. 그러나 나는 절대 그렇게 한 적이 없다. 실제로 수 년 동안 속임수 없이도 달걀 세우기를 훌륭히 해냈다. 연습이 완벽함을 만든다.

여전히 이것은 달걀이 어떻게 균형을 잡게 되는지에 대한 해답을 주지 않는다. 달걀 끝은 곡면이어서 균형이 잡히지 않는다. 언제나 달걀이 쓰러져 넘어질 것이라고 예상한다. 그렇다면 달걀이 왜 바로 서는가? 나는 달걀의 구조에 대해 다소 무지하기 때문에 그 원인을 찾기 위해 전문가를 찾아보기로 결심했다.

나는 즉시 적합한 사람을 찾아냈다. 조지아 주 아덴스에 있는 미농림부 양계 전문가인 데이비드 스웨인 박사이다. 그는 달걀에 대한 질문을 허락해주었다. 나는 달걀의 해부학적 지식을 낱낱이 얻기 위해 수많은 질문을 했다. 달걀의 구조상 어떤 곳에 달걀의 균형을 잡는 비밀이 숨겨져 있을 것이라고 기대했다. 비록 달걀이 먼저인지 닭이 먼저인지 물어본다는 것을 잊어버리긴 했지만.

그는 나에게 설명하길, 달걀 형상의 특징은 닭의 생식기로부터 달걀을 밀어내는 압력 때문이라고 했다. 노른자위는 난소에서 만들어지고 흰자위는 나팔관이라 불리는 깔때기 모양의 기관을 지나갈 때 노른자위와 합해진다. 이 시점에서 흰자와 노른자는 반점액질 상태로 얇은 막으로 둘러싸여 있다. 수축과 이완을 반복하며 나팔관은 달걀을 내보낸다. 달걀의 뒤쪽 부분은 이 기관의 수축에 의해 짜내어져 원뿔형이 되고 앞쪽 부분은 약간 뭉툭한 형상이 된다. 이것이 바로 달걀의 앞뒤가 비대칭적인 이유이다.

마침내 달걀이 끝단에 다다르면 약 20시간 동안 머물면서 탄산칼슘이 부착된다. 탄산칼슘은 응고되어 덩어리가 된다. 이것이 바로 달걀이 아래쪽에 거의 홈을 갖지 않는 이유이다. 껍질이 형성되면 달걀은 닭의 몸 밖으로 배출된다. 이쯤에서 설명을 마치려 한다. 여러분들은 달걀의 마지막 순간을 상상할 수 있을 것이다. 스웨인 박사에게서 이 설명을 들은 후 나는 일주일 동안 달걀 요리를 먹지 못했다.

여기서 달걀 균형에 관한 두 가지 이론에 주목하게 된다. 만일 달걀을 따뜻하게 한다면 흰자위는 약간 얇아지고 노른자위는 가라앉게 될 것이다. 노른자위가 아래로 내려가면 달걀의 질량 중심은 낮아지고 세우기 쉽게 될 것이다. 그러나 스웨인 박사는 이 사실에 반대했다. 그의 설명에 따르면 "흰자위의 점도는 온도에 따라 변하지 않는다. 흰자위는 노른자위가 달걀의 중심에 위치할 수 있도록 돕는 역할을 한다"고 한다. 이 말은 이해가 된다. 노른자는 병아리 눈의 영양분이고 과도하게 치우치지 않아야 한다. 흰자위는 노른자위가 껍질의 안쪽 벽에 부딪혀 파손되는 것으로부터 보호해야 한다. 얇아진 흰자위는 이런 역할을 수행하기 어려울 것이므로 두꺼운 상태로 있어야 한다. 달걀을 뜨겁게 하는 것만으로는 달걀을 세우기에 그리 도움이 되지 않을 것이다.

나의 또 다른 이론은 껍질의 칼슘 홈이다. 이것은 달걀의 뭉툭한 끝쪽 부분에 거의 항상 존재한다. 내 생각에 이 불완전한 부분이 받침대가 되어 달걀 세우기를 도울 것이다. 나의 경험에 의하면 매끄러운 달걀의 경우 세워지지 않거나 세우기가 대단히 어려웠다. 반면 약간 홈을 가진 달걀은 요령을 터득한다면 매우 쉽다. 그러므로 달걀의 균형을 잡는 것은 우주의 광대함이나 태양 주위를 도는 지구의 대단히 미묘한 시간 포착이 아니다. 나는 이것을 달걀 끝단의 뭉툭한 작은 홈 때문이라고 결론을 내렸다. 과학의 위대한 승리이다.

춘분날 조금 전인 3월 중순 무렵 나는 달걀 세우기에 대한 수많은 편지를 받았다. 상당수는 내가 매우 틀렸다고 생각하는 사람들로부터 온 것이다. 그들은 당연히 이것은 춘분점의 문제라고 말한다. 모든 사람이 춘분날 직접 달걀을 세워보았고 또 성공했다고 이야기한다. 달걀은 똑바로 섰다!

물론 그렇다. 나도 그들에게 말해주었다. 달걀은 또 다른 날에도 설 수 있다. 만일 그들이 원한다면 바로 증명할 수 있을 것이다. 사람들은 스스로 실험을 해보지 않고 증거가 불충분함에도 자신이 옳다고 확신한다. 자신이 믿고 있는 것에 대해 확고히 의존한다. 그러나 그것은 대개 강력한 지지 기반이 되지 못한다. 단지 어떤 사람이 그렇다고 말한 것만으로는 그렇게 되지 않는다. 그것을 어디에서 처음 들었는지 누가 안단 말인가.

나는 그 시작을 찾아낼 수 있었다. 미국에서 이와 유사한 대부분의 미신들은 도심에서 반복해 회자되면서 기원을 잃어버리는 경우가 많다. 그러나 다행히도 이 경우에는 기원을 추적할 수 있었고 또 매우 분명한 역사를 갖고 있었다. 그 시작은 《라이프》 잡지이다. 유명한 마틴 가드너가 《회의적 질문》 1996년 5/6월호에서 한 말에 따르면 이 미신은 1945년 3월 19일 《라이프》 잡지에 애널리 쟈코비가 쓴 중국 전통행사에서 시작되었다. 중국에서는 봄의 첫날을 '이춘(입춘)'이라 부른다. 이 날은 춘분날보다 대략 6주 전에 있다. 대부분의 나라에서 춘분이나 동지, 하지가 계절의 시작을 의미하지 않는다. 그 대신에 이들 시점은 계절의 중간에 위치한다. 계절은 3달, 즉 12주나 지속되기 때문에 이 나라들은 봄의 실질적인 첫날이 춘분의 6주 전이라고 믿고 있다.

가드너에 의하면 중국의 미신은 기원이 불분명하지만 중국 전통행사에 대한 고서를 통해 널리 퍼져왔다. 1945년에 많은 사람들이 중경시에 모여 달걀 세우기를 했고 이 행사를 쟈코비가 《라이프》 잡지에 기고했다는 것이다. 그리고 미국 언론들이 이 이야기를 보도하여 널리 전파되었다.

미신이 탄생한 것이다.

흥미롭게도 쟈코비는 달걀 바로 세우기가 봄철의 시작일 날 행해진다고 보도했다. 그러나 중국의 봄철 첫날은 미국 사람들이 생각하는 봄철의 첫날보다 약 한 달 반이나 빠르다는 사실은 전혀 알려지지 않았거나 잊혀졌다. 이 사실이 미신의 전파를 방해할 수도 있었지만 실제로 전혀 그 속도를 늦추지 못했다.

1983년은 이 미신이 대중들에게 가장 유명세를 띤 해가 될 것이다. 스스로를 예술 및 전통 창시자라고 주장하는 도나 헤네스가 뉴욕시에 100여 명의 사람들을 모아두고 1983년 3월 20일 정확히 춘분 시점에 공개적으로 달걀 세우기를 행한 것이다. 이 행사는 《뉴요커》 잡지의 표지를 장식했고 1983년 4월 4일자에 관련 기사가 실렸다. 헤네스 여사는 관람자들에게 달걀을 나누어주고 예정된 시각 이전에 달걀을 세우지 말기를 주문했다. 오후 11시 39분이 되자 그녀는 달걀을 세우고 소리쳤다.

"봄이 왔어요."

사람들이 소리쳤다.

"신께 맹세하건데 달걀은 세워졌답니다."

그러나 한 기자는 이 말을 그대로 믿지 못했다. 춘분날로부터 2일 후, 그 기자는 10여 개의 달걀을 다시 그 자리에 가져왔다. 20분 동안 그 기자는 달걀을 세우려 고생했지만 단 한 개의 달걀도 그 끝으로 세울 수 없었다.

그 기자는 그 실패가 심리적인 면에 기인한 것이라는 점을 인정했다. "문제점은 우리가 달걀이 세워지는 것을 원치 않았다는 점일 것입니다. 우리는 도나 헤네스가 옳았다는 사실을 증명하기를 바랐던 것이지요."

몇몇 물리학자들에게 그 이야기에 대해 물어보았고 그들 모두가 천문학적 이유라 생각하지 않는다고 말했다. 나는 이것이 엉뚱하고 다소 문제가 있다고 느낀다.

헤네스 여사는 더 많은 달걀 세우기 행사를 계속했다. 1983년 시연 이후로 그 다음 해에는 5000명 이상의 사람들이 무역센터 건물에 모여 달걀 세우기 실험을 했다. 심지어 《뉴욕 타임즈》 신문도 동참했다. 4년 뒤인 1988년에는 신문 첫 면에 다음과 같은 제목이 커다랗게 실렸다.

"봄이 왔습니다. 달걀 세우기를 해보세요."

이틀 뒤 《뉴욕 타임즈》는 무역센터에서 수많은 사람들이 달걀 세우기를 하는 사진을 또다시 실었다.

그래서 이 미신은 쉽게 전파되었다. 《뉴욕 타임즈》의 설명이 더해지면 전파 속도는 더 이상 멈출 수 없게 된다. 멈추어지든 않든 나는 이러한 것을 허용할 수 없다.

갖은 노력을 기울여 1998년 춘분날 직전에 나는 지역 방송국의 기상 캐스터와 달걀 세우기에 대한 이야기를 했다. 그는 이전에 그 이야기를 한 번도 들어본 적이 없었지만 일기예보에 앞서 질문을 해볼 수 있다는 사실과 춘분날에 대한 좋은 소재거리임에 분명하므로 흥미로워했다. 그래서 그는 뉴스팀의 스포츠 캐스터와 두 명의 앵커에게 달걀을 춘분날에만 세울 수 있는지 질문을 던졌다. 놀랍게도 스포츠 캐스터는 춘분날이 그것과 아무런 연관성이 없을 것 같다고 말했다. 반면에 다른 두 사람은 그럴 가능성이 있다고 대답했다. 결국 두 앵커는 직접 달걀을 세우지 못했지만 스포츠 캐스터는 해냈다.

'짧고 둥근 달걀 같은 물체는 그 끝단으로 세울 수 없다'라는 사실과 '계절이 왜 발생하는가?'라는 의문이 합쳐져서 이러한 오해를 만들어냈다고 생각하는 것이 타당할 것이다. 안타깝게도 이것은 매년 기상 캐스터에 의해 다시 되새겨지고 있다. 내가 만난 방송국 뉴스팀처럼 모두가 쉽게 열린 마음으로 내 말을 받아들이는 것은 아니다.

처음에 언급했듯이 실제 학교 교실에서 벌어지는 일을 상상해보자. 30명가량의 어린이와 어린이 사이를 돌아다니며 격려해주는 한 명의 선생님이 있다. 갑자기 한 아이가 달걀 세우기에 성공했다. 이때 나머지 29명의 아이들은 달걀을 세우지 못했다. 누가 텔레비전에 나올까? 그렇다. 세우지 못한 아이가 나오는 것은 재미없다. 과학은 단지 당신이 옳았을 때만 나타나는 그런 것이 아니다. 과학은 당신이 틀렸을 때에도 나타난다.

나를 완전히 이해한 수많은 사람들로부터도 편지가 온다. 나는 미시간 주 만첼로나에 있는 중학교 선생님인 리사 빈센트로부터 편지를 받았다. 그녀는 이 달걀 세우기 미신을 직접 실험해보기로 결심했다. 나의 실험이 행해진 지 약 일 년 뒤인 1999년 10월 16일에 학생들과 실험을 해보았다. 빈센트뿐만 아니라 그녀의 학생들까지 춘분날부터 5개월 전에 수 개의 달걀을 세울 수 있었다. 뿐만 아니라 심지어 달걀의 뾰족한 앞쪽 끝단으로 세우기를 성공하기도 했다. 증거로 그녀는 자랑스런 학생들과 달걀이 뒤집힌 듯 보이게 세워져 있는 모습의 사진을 보내왔다. 이것은 그때까지 나 자신도 절대 이루지 못했던 것이다. 나는 약간의 질투심을 느꼈다.

나는 항상 그렇게 세우는 것이 가능하지 않을 것이라고 생각해왔다. 그러나 그것이 가능하다는 것을 알게 된 이후, 나는 보다 열심히 노력하여 마침내 달걀의 좁은 끝단으로 세우기를 성공했다. 이것은 심지어 과학자들도 생각이 고정된 자신만의 세계를 갖고 있다는 사실을 단적으로 보여준다.

놀랍게도 빈센트 선생님은 달걀을 세운 지 약 한 달 뒤인 11월 21일, 달걀을 넘어뜨리기로 결정할 때까지 달걀이 그렇게 서 있었다고 말했다. 여기에서 우리는 자신이 들은 사실을 그대로 받아들이지 않고 스스로 그것을 실험해보는 사람들의 과학적인 사례를 만날 수 있다. 이것이 바로 과학의 본질이다.

과학의 본질은 스스로 발전한다는 것이다. 한 이론은 그 다음의 예측에만 효과가 있다. 달걀 세우기에서 뭉툭한 홈에 관한 나의 이론을 기억하는가? 당연히 빈센트 선생님의 학생들은 내가 틀렸다는 사실을 증명했다. 그들은 달걀을 가장 뾰족한 끝단으로 세웠다. 나는 매끈하지 않은 뭉툭한 끝단을 가진 달걀을 본 적이 없다. 분명히 홈이 있는 달걀을 매끈한 달걀보다 더 쉽게 세웠기 때문에 그 홈은 도움을 주었을 것이다. 그러나 홈은 달걀 세우기에 절대적 요소가 아니었고 홈이 없었다고 하여 세울 수 없었던 것도 아니었다. 분명히 이 학생들은 인내와 강렬한 열망을 갖고 있었기에 세우기를 성공했을 것이다. 과학의 아름다운 점은 스스로 발전해나간다는 것이다. 또, 그 발전이 어디에서 나타날지 모른다는 점일 것이다.

과학은 '왜?' 또는 '왜 이 방법은 아닌가?' 라고 묻는 것이다. 때때로 문제의 주변에 대해 생각할 필요도 있다. 예를 들면, '춘분점이 특별하다면 추분점도 특별하지 않을까?' 하는 식이다. 이 두 지점은 기본적으로 동일하다. 그러나 아직 한 번도 추분날에 달걀을 세운다는 이야기를 들어본 적이 없다. 더 나아가서, 계절은 북반구와 남반구에서 정반대이다. 한쪽에서 봄이라면 다른 쪽에선 가을이다. 그러나 사람들은 이러한 사실을 깨닫지 못한다. 들은 것을 그대로 받아들이는 것은 너무 쉬운 일이다. 그러나 이것은 위험하다. 비판적으로 생각해보지 않고 어떤 사람이 옳다고 하여 받아들인다면 잘못된 쪽에 서 있게 되거나 잘못된 전제 하의 논리를 받아들일 수 있다. 이것은 당신을 죽이게 될지도 모르는 차를 생각없이 구입하는 것과 동일하다. 과학은 잘못된 정보로부터 옳은 정보를 구별해내는 방법이다.

과학을 실험해보는 것은 환상적이다. 당신을 생각하게 만들기 때문이다. 생각은 당신이 할 수 있는 가장 최선의 수단이다.

22

북반구와 남반구에서
변기의 물은 다른 방향으로 내려갈까?

아름다운 곳이었다. 난유키는 아프리카 케냐의 적도 바로 북쪽에 위치한 작은 마을이다. 이 마을은 20세기 초에 생겨났고 여전히 선구자적인 느낌을 갖게 하는 곳이다.

이곳은 케냐 산 부근을 여행하는 관광버스가 빈번히 멈추는 곳이다. 이곳에는 선물과 골동품을 파는 상점, 피터 맥리어리라는 사나이가 있다. 관광객들이 모이면 맥리어리는 사람들이 잊지 못할 어떤 것을 보여준다. 그러나 이 광경에는 많은 불량 천문학이 숨어 있었다.

맥리어리는 오래전에 불타버린 호텔의 앞마당에 그어진 선을 가리켜 그곳이 바로 지구 적도의 실제 위치라고 이야기한다. 이 선의 북쪽에서 물은 시계 방향으로 회전하며 빠져나가고 이 선의 남쪽에서 물은 시계 반대 방향으로 빠져나간다고 자신있게 말한다.

그 다음 이 사실을 증명해 보인다. 대략 30센티미터 가량 되는 사각통을 가져와서 물을 가득 담는다. 사람들이 물의 회전을 보다 잘 볼 수 있도록 그 속에 성냥개비를 몇 개 넣는다. 선의 한쪽 면을 따라 걷다가 사람들을 향한 다음, 마개를 뽑는다. 물은 아래로 빠져나간다. 분명히 적도선의 북쪽에서 이 실험을 해보면 물은 시계 방향으로 회전하며 빠져나간다. 그리고 적도선의 남쪽에서 해보면 물은 시계 반대 방향으로 회전하며 빠져나간다. 그리곤 이것이 지구가 자전하는 증거라고 이야기한다.

맥리어리는 수 년 동안 실험으로 증명을 하면서 이 실험이 사실이라고 믿는 관광객들로부터 돈을 거두어갔다. 이미 셀 수 없이 많은 관광객이 이것을 보았고 심지어 PBS방송 프로그램 「극에서 극까지」에서 이 실험을 다루기조차 했다. 이 방송은 몬티 파이튼(영국의 코미디 그룹-옮긴이)의 마이클 팔린이 세계를 돌아다니며 흥미로운 장면을 보여주는 프로그램이다. 팔린은 맥리어리가 이 실험을 하는 것을 본 후 "이것은 '코리올리 효과' 라고 알려져 있다. 이 효과는 이 실험에 영향을 미치고 있다"라고 말했다.

하지만 실제로는 전혀 그렇지 않다. 팔린뿐만 아니라 그 이전과 이후의 수많은 관광객들이 사기꾼에게 속은 것이다. 그리고 이것은 여기에서 끝나지 않는다. 이 생각은 북반구와 남반구에 있는 화장실 변기의 물이 내려갈 때 서로 다른 방향으로 내려가는지 여부를 설명하고 이에 더하여 개수대나 욕조의 배수 회전을 설명하기도 한다.

사실 코리올리 효과는 존재한다. 1800년 무렵 남북선을 따라 대포를 쏘면 포탄은 직선에서 벗어나 날아간다는 사실이 알려져 있었다. 항상 남쪽을 향해 쏘면 포탄은 목표지점의 서쪽으로 떨어지고 북쪽으로 쏘면 동쪽으로 떨어졌다. 1835년에 프랑스의 수학자 구스타브-가스팔드 코리올리는 〈물체들의 상대적 운동에 관하여〉라는 제목의 논문을 발표했다. 이 논문에서 코리올리 효과로 알려진 현상을 설명하고 있다.

당신이 지구 위에 서 있다고 상상해보자. 이것은 간단하다. 이제 하루에 한 바퀴씩 돌고 있다고 생각하자. 여전히 상상이 되는가? 그럼 이제 당신이 적도에 서 있다고 가정을 해보자. 지구의 자전은 당신을 동쪽으로 움직이게 한다. 하루가 지나면 당신은 우주 공간에 지구의 반지름과 동일한 크기의 거대한 원을 그린다. 적도에서는 하루 동안에 약 4만 킬로미터를 여행한 셈이 된다.

이제 당신이 북극점에 있다고 상상하자. 하루 후가 되면 서 있는 지점을 한 바퀴 돌았지만 실제로는 어느 곳으로도 움직이지 않았다. 북극점은 지구의 자전축이 지표면과 만나는 곳으로 정의된다. 그러므로 정의에 따르면 원을 그리지 않는다. 당신은 제자리에서 회전할 뿐이고 전혀 동쪽으로 움직이지 않는다.

만약 당신이 적도에서 조금 북쪽으로 움직인다면 동쪽으로 움직이는 속도는 줄어든다. 적도에서는 거의 시간당 1670킬로미터의 속도(40,000킬로미터/24시간=1670킬로미터/h)로 동쪽으로 움직인다. 북위 27도 부근에 있는 플로리다 주 사라소타에서는 시간당 1,500킬로미터의 속도로 동쪽으로 움직인다. 44도에 있는 메인 주 위스커셋에 이르면 1,200킬로미터의 속도로 줄어든다. 추위를 각오하고 71도 지점에 있는 알래스카 배로에 가면 겨우 550킬로미터에 불과해진다. 마침내 북극점에서는 전혀 동쪽으로 움직이지 않는다. 동쪽으로 조금도 움직임 없이 그 자리에서 회전하는 것이다.

배로와 비교하여 기온도 양호하고 이 상상에도 적합한 사라소타에 멈추었다고 생각해보자. 이제 여기에서 남쪽 아래 적도 지점에 있는 사람을 생각하자. 야구를 하는 사람이 당신을 향해 북쪽으로 공을 던진다. 공이 북쪽으로 날아감에 따라 공의 동쪽 방향 속도는 지면에 대해 증가한다. 공이 도달할 무렵에는 당신에 비해 동쪽으로 1,670킬로미터/h−1,500킬로미터/h=170킬로미터/h 만큼이나 빠른 속도로 움직인다. 이 공은 당신을 겨냥했지만 당신을 상당히 빗나간다. 당신이 있는 위도에 도달할 무렵이면 그 공은 한참 동쪽으로 날아가 버렸다.

이것이 바로 포탄이 북쪽이나 남쪽으로 날아가면서 휘어지는 이유이다. 처음 포탄이 포신을 출발할 때 포탄은 동쪽으로 일정 속도를 갖고 있었다. 그러나 북쪽으로 포탄이 발사되면 아래의 지면보다 동쪽으로 더 빨리 움직이며 목표 지점에 도달한다. 포탄을 쏘는 사람은 이를 조정하기 위하여 약간 서쪽으로 목표물을 겨눌 필요가 있다. 남쪽으로 발사된다면 그 반대도 성립한다. 포탄은 지면보다 더 천천히 동쪽으로 움직이며 도달하기 때문에 목표물을 맞추기 위해서 동쪽으로 겨누어야 할 필요가 있다.

위에서 예를 든 야구공에서는 거리와 시간이 크기 때문에 코리올리 효과가 나타난다. 실제로 이것은 매우 작은 효과이다. 메인 주 위스커셋에서 북쪽으로 차를 몰고 가고 있다고 생각해보자. 코리올리 효과는 초당 3미리미터의 양만큼 당신을 빗나가게 할 것이다. 한 시간 내내 달려가더라도 휘어진 양은 불과 10미터에 불과하다. 당신은 거의 이것을 인지하지 못할 것이다.

그러나 여전히 이 효과는 존재하고 있다. 이 효과는 작고 미묘하지만 긴 거리와 오랜 시간 하에서 그 영향은 계속 더해진다. 정확한 조건 하에서 이것은 강대해질 수 있다.

이제 그런 조건이 주어졌다. 대기의 저기압 지역은 진공청소기와 같아

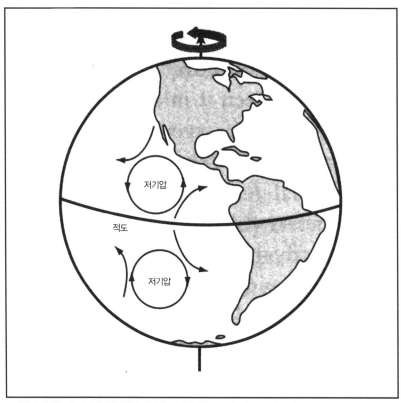

코리올리 효과는 큰 거리에서만이 중요해진다. 저기압이 높고 낮은 위도로부터 공기를 끌어들이면 허리케인이 발생한다. 코리올리 효과 때문에 북반구에서는 남쪽에서 불어오는 바람은 동쪽으로 휘고, 북쪽에서 불어오는 바람은 서쪽으로 휘어진다.

서 주변의 공기를 끌어들인다. 우리가 북반구에 있고 공기가 북쪽과 남쪽에서만 들어오는 단순화된 모습을 상상하자. 남쪽에서 들어오는 공기는 저기압 중심부 부근에 있는 공기에 비해 동쪽으로 더 빨리 움직이고 있다. 그래서 이 공기는 동쪽으로 휘어진다. 북쪽에서 들어오는 공기는 중앙에 있는 공기에 비해 동쪽으로 천천히 움직이고 있어서 서쪽으로 휘어진다.

이 두 휘어짐이 더해져서 저기압에서 반시계 방향으로의 회전을 발생시킨다. 이것은 '싸이클론 효과'라 불린다.

남반구에서는 그 반대가 된다. 저기압에서 시계 방향으로 회전한다. 북쪽에서 들어오는 공기는 동쪽으로 더 빨리 움직이고 남쪽에서 들어오는 공기는 더 천천히 움직이고 있기 때문이다. 회전 방향은 북반구와 반대가 된다.

오랜 시간 동안 수 일, 수주간에 걸쳐 저기압이 안정화되어 있다면 그 힘이 대단히 강해진다. 따뜻한 바닷물은 에너지를 저기압에 주고 그것을 강화시킨다. 공기가 중심부에 가까워지면 점점 더 빨라진다. 마치 스케이트 선수가 팔을 안으로 끌어들이면 더 빨리 회전하는 것과 같다. 만일 바람이 힘을 얻어 시간당 수백 킬로미터의 속도로 불면 허리케인이 된다. 또, 태평양에서라면 태풍이 된다.

차안에서 느끼지도 못하는 조그만 휘어짐에서 이 모든 것이 발생하는 것이다!

이것이 친숙하게 들리는가? 그렇다! 피터 맥리어리가 케냐에서 실험을 통해 물이 왜 이렇게 소용돌이로 회전하며 빠져나가는지 설명하는 데 사용했던 것과 동일한 발상이다.

하지만 문제가 있다. 우리가 이미 보았듯이 코리올리 효과는 상당한 거리와 긴 시간을 통해서만 측정이 가능하다. 아무리 큰 욕조라고 할지라도 수천 배나 작고 영향을 받기에는 너무나 빨리 물이 배수된다. 수학적으로도 물속에 있는 분자의 임의 자유 운동이 코리올리 효과로 인한 운동보다 수천 배나 강력하다. 이것은 임의로 발생한 물의 소용돌이가 코리올리 효과를 완전히 사라지게 한다. 만약 당신의 욕조에서 항상 한 방향으로만 회전하면서 물이 빠진다면 지구 자전의 효과라기보다 배수로의 구조적 형상과 관련이 깊다.

강박 관념에 빠진 물리학자들은 실제로 집안의 싱크대를 이용하여 실험을 해보기도 한다. 실험을 하려면 3주일 이상 물을 그대로 두어야만 한다. 그래야만 코리올리 효과를 확인할 수 있는 임의의 움직임들이 사라진다. 뿐만 아니라 한 번에 한 방울의 물을 싱크대에서 흘려보내야만 한다. 싱크대에서 손을 씻은 후 이 효과를 보기는 어려울 것이다.

당신의 화장실 변기에서도 동일하다. 이것은 항상 나를 웃게 만든다. 변기는 물이 회전하도록 설계되어 있다. 이것은 쉽게 잘 내려가지 않는 오물들을 제거하는 데 도움을 준다. 물은 기울어진 작은 관을 통해 변기통으로 내뿜어진다. 그래서 그것은 항상 동일한 방향으로 배수된다. 만약 변기를 벽에서 떼어내어 호주로 가져가더라도 지금과 동일한 방향으로 배수가 일어날 것이다.

코리올리 효과가 그처럼 작은 규모에서도 일어날 것이라는 생각은 잘못된 믿음이다. 나는 이런 것을 텔레비전 쇼와 잡지 기사에서 셀 수 없이 보았다. 배수구나 팬처럼 작은 물건에서 코리올리 효과가 영향을 미치지 않는다고 한다면 피터 맥리어리는 어떻게 해내었을까?

사실 맥리어리는 속임수를 쓴 것이다. 「극에서 극으로」 프로그램에서 그가 하는 행동을 살펴보면, 거짓을 찾아낼 수 있다. 그는 적도선에 서서 물을 채웠다. 그 다음 북쪽으로 수 미터를 이동했다. 그리고 재빨리 관객들을 향해 오른쪽으로 돌았다. 그는 통의 구멍을 막고 있던 마개를 열었고 물은 당연히 시계 방향으로 돌면서 빠져나간다. 다음에 다시 물을 채운 후, 적도선을 남쪽으로 내려간 다음 청중을 향해 이번에는 왼쪽으로 돈다.

물은 반시계 방향으로 돌면서 빠져나간다.

어떻게 이런 일이 일어났는지 이해했는가? 양 방향 중 한 방향으로 재빨리 돌면서 자신이 원하는 방향으로 물을 회전시킬 수 있었다. 네모난 통의 모양도 또한 도움을 준다. 통이 돌 때 통의 각진 모퉁이 부분이 물을 밀어내어 더 잘 흐르게 하기 때문이다.

유성 전문가 알리스터 프레서는 수업시간에 이 실험을 해보았다. 교실 한중간에 선을 그은 다음 이 선이 적도라고 선언했다. 그 다음 맥리어리가 했던 것과 똑같은 행동을 했고 동일한 결과를 얻었다.

여전히 믿어지지 않는가? 그럼 이렇게 생각해보자. 코리올리 효과는 북반구에서 배수되는 물을 반시계 방향으로 회전하며 빠져나가게 하고 남반구에서는 시계 방향으로 회전하도록 한다. 북반구에서는 북쪽으로 흐르는 물이 동쪽으로 휘고 반시계 방향으로 회전한다. 북쪽에서 남쪽으로 흐르는 물은 서쪽으로 휘고 마찬가지로 반시계 방향으로 회전한다. 남반구에서는 반대가 되며 시계 방향으로 회전한다.

그러나 사실 이것은 맥리어리가 설명한 것과 정확히 반대이다. 그는 사기꾼이다!

이 정도로 하겠다.

당연히 진실이 아니다. 이쯤에서 말할 것이 하나 더 있다. 난유키에 대한 정보를 찾다보니 그 마을의 바깥에서 대략 10미터가량 서로 떨어져 설치된 세 개의 배수구를 언급한 한 관광객의 이야기를 찾아낼 수 있었다. 하나는 적도의 남쪽에 있었고 두 번째 것은 정확히 적도선 상에 있었으며 세 번째 것은 적도의 북쪽에 위치해 있었다. 아마도 또 다른 사람이 맥리어리의 행위와 유사한 짓을 한 모양이다. 어쨌든 이 이야기를 쓴 관광객은 북쪽의 배수구가 시계 방향으로 회전해야 하고 남쪽의 배수구는 반시계 방향으로, 중앙의 배수구는 그대로 흘러내려 갔다고 주장했다. 분명히 배수 구멍은 계획자가 의도한 대로 물이 흘러가도록 만들어져 있었을 것이다. 단 한 번도 잘못된 방향으로 흘러가지 않았다!

이 모든 일들이 꽤 흥미롭다. 약간의 돈을 벌기 위해 그 모든 수고를 아끼지 않았으니 말이다. 또, 그는 제대로 사기를 치지도 못했다. 그들은 항상 자신의 목적에 맞게 회전을 시킬 뿐이다.

23

우리도 모르게 사용하는 과학용어들의 숨겨진 의미

과학은 우리가 의도하든 하지 않든 우리 일상과 밀접한 관계를 맺고 있다. 실례로 과학에 관심이 없는 사람들조차 자신도 모르게 과학용어를 종종 사용한다. 그렇지만 그 용어들의 실제 뜻과는 무관하거나 잘못 사용되는 경우가 많다. 신문이나 텔레비전의 광고에서조차 비일비재하게 사용되는, 우리가 오용하고 있는 과학용어들의 참된 뜻을 살펴보자.

광년 전에

내가 어렸을 때 천문학을 사랑했던 이유는 큰 수들 때문이었다. 심지어 가장 가까운 천체인 달만 해도 40만 킬로미터나 떨어져 있다. 나는 연필과 종이를 들고 방안에 틀어박혀 이 수를 인치, 센티미터, 밀리미터 같은 여러 종류의 단위들로 바꾸어보곤 했다. 이상한 놈처럼 보였겠지만 그 일은 재미있었다. 성인이 되고 나서도 나는 어린 시절 했던 것보다 훨씬 더 빨리 컴퓨터를 사용해서 이런 일을 하곤 한다.

진정한 재미는 바로 큰 수에 있었다. 지구에서 가장 가까운 행성인 금성은 절대 4천2백만 킬로미터 이내로 가까워지지 않는다. 태양은 평균 1억5천만 킬로미터나 떨어져 있다. 명왕성은 대략 60억 킬로미터가 떨어져 있다. 우리가 알고 있는 가장 가까운 별인 프록시마 센타우리는 무려 40조 킬로미터나 떨어져 있다! 이 수들을 센티미터로 바꾸어보라. 아마 훨씬 많은 0이 붙을 것이다.

이처럼 긴 수를 쓰지 않는 방법도 있다. 다음 두 측정치를 비교해보자. (1)나의 키는 178억 옹스트롬이다. (2)나의 키는 1.78미터이다. 분명히 (2)가 내 키를 표현하는 데 더 좋은 방법이다. 옹스트롬은 정말로 작은 단위이다. 1억 옹스트롬은 겨우 1센티미터에 불과하다. 옹스트롬은 원자의 크기나 빛의 파장을 재는 데 사용된다. 그 밖의 다른 것들에 사용하기에는 너무 이상하다.

중요한 점은 거리의 단위를 적절한 것으로 바꾸어본다면 보다 쉽게 이해할 수 있다는 사실이다. 천문학에서는 그렇게 큰 단위가 많지 않다. 그러나 매우 편리한 하나가 있다. 빛! 빛은 매우 빠르다. 너무 빨라서 19세기가 될 때까지 누구도 속도를 잴 수 없었다. 우리는 이제 빛이 1초에 30만 킬로미터의 속도임을 알고 있다. 이것은 소리보다 무려 100만 배나 빠르다. 최근까지 잴 수 없었다는 사실이 당연해보인다.

그래서 천문학자들은 빛 그 자체를 큰 단위로 사용한다. 소형 캡슐로 아폴로 우주인들이 달에 가려면 3일이 걸린다. 그러나 빛이라면 동일한 여행을 1.3초만에 한다. 그래서 우리는 '달은 1.3광초 떨어져 있다' 라고 말할 수 있다. 빛은 태양까지 8분 걸린다. 그러므로 태양은 8광분 떨어져 있다. 명왕성까지의 거리는 약 6광시이다.

광분 또는 광시는 태양계 내에서 유용하다. 그러나 우리은하에서는 작은 감자에 불과하다. 빛은 1분 만에 그리 먼 곳까지 가지 못한다. 은하 내에서는 빛이 일 년 동안 여행하는 거리를 의미하는 광년을 사용한다. 1광년은 10조 킬로미터에 해당하는 대단히 먼 거리이다. 프록시마 센타우리는 4.2광년 떨어져 있다. 대통령 취임식 때 떠난 빛은 임기 마지막 날 대통령이 그만두는 그 순간까지도 프록시마에 도달하지 못한다!

천문학자들에게 광년은 표준단위이다. 문제는 애매한 단어인 '년'에 있다. 이 용어에 친숙해 있지 않다면 1시간이나 1일처럼 시간의 단위라고 생각하기 쉽다. 특히 문제는 천문학 단위이기 때문에 사람들은 이것을 대단히 많은 햇수처럼 매우 긴 시간으로 생각한다. 그렇지 않다. 이것은 거리이다.

그렇다고 잘못된 사용법이 사라지지 않는다. '광년 전에' 라는 문구는 마치 시간을 앞서가는 것처럼 제품이 얼마나 첨단인가를 표현하는 일반적인 광고 슬로건으로 사용된다.

자사 제품이 '경쟁사보다 수 년 앞서 있다' 라고 말하는 광고 실무 회의를 상상할 수 있다. 광고팀의 한 사람이 손을 들고 말한다.

"그 대신에 광년이라고 쓰면 어떨까요?"

내가 생각하기에도 그럴 듯하게 들린다. 그러나 이것은 잘못된 것이다. 게다가 더 잘못된 불량 천문학도 탄생한다.

심지어 한 인터넷 서비스 회사는 이렇게 외친다.

'다른 접속망보다 ○○광년이나 빠르다.'

여기서는 광년을 속도로 쓰고 있다!

놀랄 필요도 없이 할리우드가 이 현상의 주범이다. 예를 들면 「스타워즈」 영화 첫 편에서 한 솔로는 오비 완 케노비와 루크 스카이워커에게 자신이 케슬 런을 12파섹보다 느리게 할 수 있다고 말한다(케슬 런은 케슬까지 갈 수 있는 통로를 의미한다. 이 통로는 블랙홀 옆을 지나게 되어 있어서 블랙홀에 얼마나 가까이 지나가는가에 따라 그 거리가 변한다. 즉, 한 솔로는 자신이 위험을 무릅쓰고 블랙홀에 최대한 가까이 우주선을 운전하여 12파섹 이내의 거리로 갈 수 있다고 이야기한 것이다. 그러므로 정확한 말은 '12파섹보다 느리게'가 아니라 '12파섹보다 짧게'라고 말해야 옳다—옮긴이).

광년처럼 파섹은 천문학에서 사용되는 또 다른 거리 단위이다. 1파섹은 3.26광년과 동일하다(어색한 단위처럼 보이겠지만 지구 공전 궤도로 인한 시차에 기반을 두고 있다)

「스타워즈」 팬들은 한이 이 말을 했을 때 오비완의 안색이 어두워졌다는 사실을 기억할 것이다. 아마도 그는 파일럿의 허풍에 인상을 찌푸리고 있었을 것이다. 나는 오비 완이 단위의 실수를 알고 있었다고 생각한다.

유성처럼 떠오른

맑은 날 밤, 도심의 불빛을 벗어나 멀리 나가서 긴 시간을 기다리면 별똥별을 볼 기회가 생길 것이다. 별똥별의 정확한 명칭은 '유성'이다. 당연히 유성은 별이 아니다. 유성은 작은 돌조각이나 먼지이며 혜성이 태양 주위의 먼 거리를 공전하는 동안 표면이 증발되면서 떨어져나온 것들이다. 이들 대부분은 매우 작다. 그 평균은 모래알 정도의 크기이다.

우주공간에 있을 때 이것들은 '유성체'라고 불린다. 이것들은 지구처럼 태양 주위를 돌고 있지만 때때로 그 궤도가 지구와 교차된다. 교차가 일어나면 이 작은 알갱이는 지구의 대기권으로 들어와 우리의 공기를 지나면서 발생하는 무시무시한 압력에 의해 엄청나게 가열되고, 너무 뜨거워져서 불타오른다. 이 빛이 바로 우리가 '유성'이라고 말하는 것이다. 만일 지면에 부딪히게 되면 '운석'이라고 부른다.

이 세 이름은 많은 혼동을 일으킨다. 공기를 지나는 동안 유성체는 유성이 되어 불타오르고 땅에 충돌하면 운석이 된다. 이 다양한 여행 기간 동안 유성을 어떻게 불러야 하는가에 대해 한번은 친구와 논쟁을 벌인 적이 있다. 나는 땅에 부딪힌 이후에 운석이라고 불러야 한다고 대답했다. 그는 "유성이 집에 부딪쳐서 2층 바닥에서 멈추었다면 무엇이라 불러야 하지?"라고 물었다. 나는 집이란 지면과 직접 붙어 있으므로 그 경우는 운석이라고 설명해주었다. 그는 반박하며 다시 물었다.

"만일 비행기에 부딪힌 다음 멈추면 뭐라고 불러야 하나?"

나는 그 질문에 머리를 긁적였다. 비행기가 착륙해 있다면 운석인가? 비행기가 부서진다면? 이 시점에서 우리는 어리석은 논쟁을 하고 있다는 결론을 내렸다. 그리고 밖으로 나가 유성을 보기로 했다.

어쨌든 유성은 우주공간에서 시작하여 지구로 떨어진다. 이것은 극적으로 나타나서 눈앞에서 불타다가 지면을 향해 대기를 통과하며 하강하는 동안 불타 없어진다. 때때로 뒤편으로 발광하는 빛 자국을 길게 남기면서 사라진다. 이것은 밝게 시작해서 어둡게 사라진다.

불량 천문학으로 들어가보자. 어느 날 나는 주요 신문을 읽고 있었다. 지면에서 '러시아의 정계에 유성처럼 떠오른 정치인'이란 제목의 글을 보았을 때 흥미로움을 느꼈다. 물론 기자는 그 정치인이 어디선가에서 갑자기 나타나 매우 빠르고 화려하게 최고의 위치에 올랐다는 것을 말하려 했을 것이다. 그러나 이 문구의 실제 의미는 정반대이다. 문구대로 해석해보자. 그 정치인은 정계에서 어느 순간 눈에 띄게 나타나 갑자기 서열에서 밀려나며 스스로를 태우며 사라졌다. 그는 자신의 뒤로 긴 흔적을 남겼을 수도 있고 마지막에 꽤 큰 충격을 주었을 수도 있다!

달의 어두운 면

어느 날 아침 '드림위버'라는 노래를 라디오에서 들으며 깬 적이 있다. 나는 어렸을 적에 그 노래를 좋아했었다. 그날 그 노래를 듣는데, 진부한 가사 중에 특별한 한 구절이 귀를 자극했다.

"나를 달의 밝은 면으로 날려 보내주세요. 그리고 반대 면에서 나를 마중해요."

물론 달에는 밝은 면이 있다는 사실을 당신은 알고 있다. 당신이 가만히 앉아 있다면 최대 2주일간 달의 밝은 면에 있게 된다. 밝은 면은 어두운 면과 마찬가지로 고정된 면이 아니다. 달이 자전함에 따라 변한다.

지구의 표면에서 본다면 달은 스스로 회전하지 않는다. 달은 항상 우리에게 같은 면을 보여주는 것처럼 보인다. 하지만 실제로 달은 자전하고 있다. 달은 지구 주위를 도는 동안 스스로도 돌고 있다. 오랜 세월 동안 달의 자전은 한쪽 면만을 우리에게 보여주도록 점점 바뀌어져 왔다. 우리는 이 면을 달의 앞면이라고 부른다. 우리가 절대 볼 수 없는 반대쪽 면은 뒷면이라 부른다. 탐사선이나 달 주위를 실제로 돌아본 우주인만이 달의 뒷면을 볼 수 있다. 이 면은 멀고, 잘 알려져 있지 않기 때문에 달의 뒷면은 탐사되지 않은 것처럼 느껴진다.

문제점은 일반 사람들은 뒷면과 어두운 면을 혼동한다는 것이다. 당신은 아마 '달의 뒷면'이란 용어를 한 번도 들어본 적이 없을 것이다. 그 대신에 항상 '달의 어두운 면'이라는 표현만을 들어왔을 것이다. 이 용어는 틀린 말이 아니지만 부정확한 것이다.

지구처럼 달도 자전한다. 지구는 24시간마다 한 바퀴 자전하여 그 표면에 서 있는 사람들은 태양이 하루에 한 번 뜨고 지는 것을 본다. 지구의 외부에서 본다면 태양의 반대편을 향한 면에 있는 사람은 지구의 어두운 면에 있을 것이다. 그러나 어두운 면은 영원한 현상이 아니다! 몇 시간 기다리면, 지구는 그 사람이 다시 햇빛 속으로 들어가도록 스스로 돌게 된다. 그 사람은 이제 지구의 밝은 면에 있게 된다. 지구의 어떤 부분도 영원히 어두운 면으로 남아 있지 않다.

하루가 29일이라는 것만 제외한다면 달도 동일하다. 달에 있는 사람은 해가 뜬 지 2주일 뒤에 해가 지는 것을 본다. 달의 절반은 햇빛 속에 있고 나머지 절반은 어둠 속에 있기 때문에 기술적으로 본다면 달에는 어두운 면이 있으나 그곳은 달이 자전함에 따라 바뀐다. 극지방을 제외한다면 달 표면에 있는 장소는 2주일 동안 햇빛 속에 있은 후 어둠 속에 있게 된다.

당신은 달의 어두운 면이란 단순히 달의 밤이 있는 면이라는 사실을 알 수 있을 것이다. 지구의 밤처럼 이 면은 고정되어 있는 면이 아니다. 때때로 뒷면이 어두운 면이 되기도 하지만 또한 밝은 면이 되기도 한다. 그것은 단지 당신이 언제 보는가에 달린 문제일 뿐이다.

가장 많이 팔린 뮤직 앨범으로 핑크 프로이드의 '달의 어두운 면'이란 것이 있다. 이 앨범은 대중적이지만 천문학적 의미로 본다면 월식을 의미한다. 신기하게도 그 앨범의 끝부분에는 다음과 같은 조용한 목소리가 들려온다.

"달에는 어두운 면이 없어요. 사실은 모두가 다 어둡거든요."

의미상으로 본다면 이 구절은 정확하다. 달은 실제로 매우 어두우며 단지 태양빛의 10% 이하만을 반사하고 있다. 이 사실은 달 표면을 그늘진 경사면처럼 어둡게 만든다. 달이 그렇게 밝게 보이는 것은 태양빛을 정면으로 받고 있기 때문이다. 우습게도 심지어 6번이나 되는 아폴로 탐사가 달의 앞면에서 이루어졌지만 탐사된 영역은 표면의 매우 적은 부분에 불과했다. 정확하게 말하자면 달의 앞면도 대부분이 미탐사 지역으로 남아 있으며 여전히 매우 멀리 위치해 있다.

솔직히 말하면 항상 어두운 달의 부분이 있을 수도 있다. 극 지역 부근에서 주위에 벽이 높게 쳐진 매우 깊은 크레이터가 있을 수 있다. 그곳에선 지구의 극지방처럼 태양은 항상 지평선 근처에만 뜬다. 달에 있는 그 크레이터는 매우 깊어서 태양은 항상 크레이터의 벽에 가려 뜨지 않는다. 태양빛은 결코 그 크레이터의 바닥에 도달하지 않는다. 그 크레이터의 바닥에는 태양의 뜨거운 광선에 닿지 않은 얼음이 있을 수도 있다.

만일 이것이 사실이라면 두 가지 방법으로 중요한 쓰임새가 있다. 하나는 달에서 살게 될 이주민들에게 공기와 물로 사용될 수 있다. 그러면 지구에서 굳이 가져갈 필요가 없어진다. 이것은 막대한 돈과 연료와 노력을 절감시킬 것이다.

또 하나는 '달의 어두운 면'이라는 용어가 크레이터의 깊은 바닥을 의미하게 되어 실제 제한적으로 사실이 된다는 것이다. 아마 나는 '그렇게 불량하지 않은 천문학'이라는 사이트를 만들어야 할지도 모르겠다.

양자 전이

앞에서 나왔던 광고 기획자들은 때때로 경쟁사보다 'ㅇㅇ광년 전에 있다' 라는 문구에 만족하지 않을 수 있다. 너무나 혁신적인 제품이 탄생하여 다른 것들을 쓸모없는 것으로 만들어버렸다고 하자. 이것은 'ㅇㅇ광년 전에' 보다 더 엄청난 것이다. 이것은 전적으로 새로운 제품이다. 이를 어떻게 표현할까?

그들은 때때로 이것은 다른 제품보다 '양자 전이된 것' 이라고 말한다. 그렇다면 이 양자 전이는 실제로 어떤 것인가?

물질의 근원은 수천 년간 풀리지 않은 문제였다. 사실 현재도 그렇다. 고대 사람들이 현재의 우리만큼 똑똑하지 못했다는 생각과는 달리 고대 그리스 사람들은 이미 원자의 존재에 대해 이론을 세웠다. 사상가 데모크리토스는 바위를 두 개로 쪼개고, 계속해서 또다시 쪼개면 마침내 더 이상 쪼갤 수 없는 한 조각에 도달하게 된다고 추론했다. 이 작은 조각을 그는 '원자' 라고 불렀고 그 뜻은 '나눌 수 없는' 이란 의미이다. 이 생각은 흥미로웠지만 그 후 수천 년간 아무런 근본적 의미를 갖지 못했다. 기술의 발달로 우리는 원자를 조사할 수 있게 되었다. 처음에 원자는 단단한 작은 공처럼 간주되었다. 그러나 곧 실험을 통해 두 개의 부분으로 분리된다는 사실이 밝혀졌다. 그것은 '양자' 와 '중성자' 라고 불리는, 중앙에 있는 핵과 전자를 말한다. 어떤 원자 모델은 핵을 태양으로, 전자를 그 주변을 도는 행성으로 표현하여 축소된 태양계처럼 묘사되기도 한다.

이 모델은 황당한 과학소설 이야기를 끌어내기도 했다. 소설 속에서 태양계 그 자체는 보다 큰 우주에 존재하는 물질의 단 하나의 원자에 불과했다. 이러한 원자 모델은 단순한 하나의 모델일 뿐 실제 모습을 묘사한 것이 아니다. 그럼에도 대중들의 마음속에 매우 견고하게 자리를 잡았다.

그러나 이 모델은 잘못된 것으로 판명되었다. 20세기 초에 새로운 물리학이 탄생했다. 이것은 양자역학이라는 것으로 그 이론에 따르면 전자는 제멋대로 자유롭게 돌고 있는 것이 아니라 핵으로부터 특정한 거리에 묶여 있다. 이 거리는 계단과 매우 닮았다. 맨 아래 계단과 두 번째 계단, 세 번째 계단에는 갈 수 있지만 2와 1/2 계단에는 있을 수 없다. 그런 영역이 존재하지 않기 때문이다. 당신이 맨 아래 계단에 있으면서 두 번째 계단에 가려고 한다면, 거기에 갈 만큼의 충분한 에너지를 갖고 있지 않다면 그대로 머물러야만 한다.

전자도 마찬가지이다. 다른 곳으로 전이할 만큼 충분한 에너지를 갖고 있지 않다면 현재의 특정한 궤도에 머물러야만 한다. 도약에 필요한 99%의 에너지를 갖고 있다 하여도 전이할 수 없다. 전자는 다음 단계로 도약하기 위해 정확히 그 만큼의 에너지를 필요로 한다. 이 도약이 바로 양자 전이로 알려져 있다. 실제로 양자 전이는 매우 작은 도약이다. 그 거리는 환상적으로 작아서 불과 1센티미터의 1000억분의 1에 불과하다.

그래서 다른 제품에 비해 양자전이만큼 도약된 제품이라고 광고에서 떠드는 것은 어리석은 짓이다. 그것은 불과 0.00000000001센티미터만큼 앞선 것이기 때문이다.

그러나 나는 이것이 나쁘다고 생각하진 않는다. 실제 도약한 거리는 매우 작지만 이것은 우리의 관점에 의한 것일 뿐이다. 전자의 입장에서 이것은 한 단계에서 다음 단계로 발전하는 급작스런 도약이다. 그래서 이 문구는 중요한 전진을 이루었다는 의미이며 이전에 있던 곳에서 새로운 영역에 도달했음을 가리키는 의미이다.

오늘날은 과학의 시대다. 많은 사람들이 매일 과학에 관한 이야기를 듣고 과학에 관심을 가지며 살아간다. 과학기술의 발전이 국가의 미래를 담보하는 이 시대에 많은 사람들이 과학에 관심을 갖는다는 것은 좋은 일이다. 그러나 과학과 연관된 이야기가 많아질수록 잘못된 과학 상식도 비례적으로 늘어간다. 흥미롭게도 잘못된 과학상식들은 더 빨리 사람들을 사로잡으며 퍼져나간다.

이 책은 우주와 천문학과 관련하여 일반인들의 잘못된 상식을 바로잡아주는 책이다. 하늘이 왜 푸른지, 계절이 왜 생기는지, 낮에 별이 왜 보이지 않는지에 대해 아주 쉽게 누구나 알 수 있도록 설명해준다. 우리 주변에서 흔히 볼 수 있는 현상을 전문적인 과학지식이 없더라도 어렵지 않게 이해 가능하도록 설명해준다. 여기서 이 책의 장점이 돋보인다.

혼히 접하면서도 그 내용을 제대로 모르거나 잘못 알고 있었던 내 이야기이기 때문에 이 책은 재미있다. 머리에 쏙쏙 들어온다. 비과학적인 지식과 과학으로 포장된 잘못된 지식을 명료하게 바로잡아주고 있다.

대부분의 과학책은 딱딱하다. 과학이란 학문 자체가 가지는 속성이기도 하지만 대부분의 과학자들은 다소 현학적이고 현실과 동떨어진 내용을 이해되지 않는 문장과 수식으로 책을 포장한다. 그렇다보니 어느 정도 과학 지식을 갖고 있는 사람이 아니라면 가볍게 과학책에 접근하기 어렵다.

이 책도 겉모습만 본다면 그런 느낌을 받을 수 있다. 내가 이 책의 번역을 시작하면서 첫 책장을 넘기던 순간, 나 역시 이 책을 다른 과학책과 동일한 책으로 여겼다. 내용은 좋지만 특정 부류의 사람들에게만 권할 수 있는 그런 책 말이다. 그러나 번역을 하면서 점점 이 책의 매력에 빠져들게 되었다. 저자의 유머스런 감각과 주위에서 뽑아내는 과학 소재들, 현상을 설명해주는 탁월한 재치 등에 빠져들었다. 번역을 끝냈을 때 새로운 시각으로 이 책을 다시 보게 되었다. 과학이라는 교육적 측면과 지적 재미라는 요소를 둘 다 잡은 책이었기 때문이다.

이 책은 우주와 천문에 관심을 가지고 있는 청소년부터 일반 성인에 이르기까지 누구나 쉽게 읽을 수 있는 책이다. 이 책의 저자가 미국사람인 관계로 다소 우리의 실정에 맞지 않는 예를 소개한 경우도 있지만 그렇다 해도 상상하기에 그리 어려운 점이 없어 흥미를 반감시키지 않는다.

여러분들도 이 책의 페이지를 넘겨갈수록 다른 과학책과는 다른 느낌을 얻으리라 확신한다. 매우 흥미롭고 유익하게 당신의 머리와 마음에 접근할 것이다. 끝으로 이 책의 출판에 많은 배려를 해주신 가람기획 관계자 분들께 감사드린다.

찾아보기

| ㄱ |

간상세포 218

간조 169

갈릴레이 271

감마선 213

격리쇼크 235

고다드 우주비행연구소 49

곱추형 164

광년 306

광분 306

광선 68

광시 306

광자 68, 138, 215

광전효과 215

광해 224

구스타브-가스팔드 코리올리 296

구심력 67

국제천문연맹 275

굴절 204

균일설 118

금성 105, 228, 255

금환식 271

| ㄴ |

나사 20

나스카 96

남극점 256

남반구 156

노을 효과 142

| ㄴ |

니콜라스 코페르니쿠스 150, 243

닐 암스트롱 37

| ㄷ |

달 76

달 착륙선 30

달의 위상 161

달의 착시 187

대기 204

대플리니우스 106

데이비드 스웨인 287

데이비드 허지스 228

| ㄹ |

라이만 스피처 45

래리 니벤 240

레이저 광선 68

레일리 경 139

레일리 산란 139

로렌스 E 제롬 125

로이드 카우프만 195

론 패리스 26, 89, 197

리처드 눈 100

리처드 호아그랜드 58

| ㅁ |

마틴 가드너 289

막스 플랑크 214

만조 169

| ㅂ |

반달 76

반사경 47

백색왜성 184

밴앨런대 27

베텔기우스 217

별 213

별똥별 232

보름달 76, 163

복사점 233

본 뒤르히머스테룽 275

부즈 올드린 33, 37

북극성 255

북극점 153, 256

북반구 156

빅뱅 106, 246

빌 케이싱 22, 44

빛무리 84

빨간색 광자 139

| ㅅ |

사리 179

산발유성 232

상현 162

성운 64

세레스 124

세차운동 157

센타우르스자리 알파성 70

셀 204

소행성 무리 65

소행성 진공지대 65

소행성 폭풍 66

소행성대 65

스타 트렉 64

스티브 호레이 51

스티븐 프레이그만 101

스펙트럼 138

시공 연속체 251

시리우스 207, 217, 226

시상 205

시차 87

신월 76, 162

싸이클론 효과 300

썬독 84

| ㅇ |

아인슈타인 72, 215, 247

아폴로 11호 33

아폴로 13호 44

아폴로 16호 35

아폴로 20

안드로메다 은하(M31) 69

안타레스 217

알렌 하이넥 227

알하잔 195

애닐리 쟈코비 289

액츄에이터 209

앤드루 영 266

야코부스 캅테인 243

양자 312

양자 전이 312

양자역학 215, 313

엑스선 269

엔터프라이즈호 51

옹스트롬 305
요하네스 케플러 150, 243
우주망원경 과학연구소 48
우주복 34
운석 232, 236, 308
원근법 효과 42
원자 312
원추세포 218
유럽남 천문대 210
유롭파 184
유성 231, 307
유성 폭풍 234
유성우 233
유성체 231, 307
유성흔 235
유에프오 88
융제 235
은하 병합 184
이오 183
이지러진 곱추형 164
이지러진 그믐달 164
이지러짐 164
익스플로러 1호 26
일식 263
임마뉴엘 배리코브스키 104

| ㅈ |
자전 179
작은곰자리 알파별 259
잭 케셔 88
적도 256
적응 광학(AO) 209

전자 312
전하결합소자(CCD) 52
점성술 121
제임스 랜디 129
제임스 밴앨런 27
제임스 오베르그 21
제임스 오베르그 89
조금 179
조석 169
조석 진화 182
조석력 99, 177
존 그리빈 101
존 루이스 238
존 영 35
존 플람스티드 275
중력 97, 98, 170, 248
중성자 312
지구 255
지구조 167
지축 151
직녀성 218
진 로든베리 64
질량 중심 173
짐 로벨 44

| ㅊ |
차등중력 172
찬 곱추형 164
찬 초승달 164
찰스 디킨스 222
천구의 남극(SCP) 256
천구의 북극(NCP) 256

천정 193

초신성 184

초신성 1987a 60, 75

춘분 283

충격파 65

| ㅋ |

카노푸스 226

카프리콘 21

칼 세이건 116

칼 프리드리히 가우스 250

케플러 127

코로나 263

코리올리 효과 296

크기의 일관성 191

크레이터 31

클레멘타인 달 탐사 57

태양 플래어 29

태양 회피 영역 56

태양계 95

태양빛 소거 기술 87

태양풍 29

| ㅌ |

토크 157

투어스의 그레고리 222

퉁구스카 폭발 236

| ㅍ |

파란색 광자 139

파섹 307

팔로마 천문대 49

퍼시벌 로웰 70

폰조 착시 193

프랙시스 74

프톨레미 243

| ㅎ |

하로우 샤플리 116

하현 163

할레이션 39

해석의 원리 125

핵 312

핵융합 213

행성 95

행성 직렬 93

허블 망원경 45

헤브루 역법 114

헤일 망원경 49

헨리 드레이퍼 276

혜성 232

황도면 151

후방산란 37, 167

히파르쿠스 73

| 영문 |

OWL 50

STS48 88

VLT 210

지구인들은모르는
우주이야기

초판 1쇄 펴낸 날 2009. 9. 25
초판 2쇄 펴낸 날 2011. 5. 13

지은이	필립 C. 플레이트
옮긴이	조상호
발행인	홍정우
편집인	이민영
디자인	문인순
발행처	도서출판 가람기획
등록	제17-241(2007. 3. 17)
주소	(121-841)서울시 마포구 서교동 465-11 동진빌딩 3층
전화	(02)3275-2915~7
팩스	(02)3275-2918
이메일	garam815@chol.com

값은 뒤표지에 있습니다.
잘못 만들어진 책은 구입하신 서점에서 바꾸어 드립니다.